세상이 변해도
배움의 즐거움은
변함없도록

시대는 빠르게 변해도
배움의 즐거움은
변함없어야 하기에

어제의 비상은
남다른 교재부터
결이 다른 콘텐츠
전에 없던 교육 플랫폼까지

변함없는 혁신으로
교육 문화 환경의 새로운 전형을
실현해왔습니다.

비상은 오늘, 다시 한번
새로운 교육 문화 환경을 실현하기 위한
또 하나의 혁신을 시작합니다.

오늘의 내가 어제의 나를 초월하고
오늘의 교육이 어제의 교육을 초월하여
배움의 즐거움을 지속하는 혁신,

바로, 메타인지 기반 완전 학습을.

상상을 실현하는 교육 문화 기업 비상

메타인지 기반 완전 학습

초월을 뜻하는 meta와 생각을 뜻하는 인지가 결합한 메타인지는
자신이 알고 모르는 것을 스스로 구분하고 학습계획을 세우도록 하는
궁극의 학습 능력입니다. 비상의 메타인지 기반 완전 학습 시스템은
잠들어 있는 메타인지를 깨워 공부를 100% 내 것으로 만들도록 합니다.

visang

900만*의 압도적 선택
온리원 1등* 스타강사 라인업

| 국어 | 임원영 | 수학 | 장계환 | 과학 | 안현정 | 사회·역사 | 윤미 | 영어 | 김민아 |

메타인지 시스템

공부 빈틈을 찾아 채우고
장기기억화 하는 학습

리얼타임 메타코칭

학습의 시작부터 끝까지
개인 맞춤 피드백 제시

1위	**10명 중 8명**	**2년 만에 167%**	**1년 만에 2배**
중등 강사 제작 교재*	내신 최상위권*	특목고 합격생 달성*	성적 장학생 증가*

Bonus! 온리원 중등 100% 당첨 이벤트

강좌 체험 시 상품권, 간식 등 100% 선물 받는다!
지금 바로 '온리원 중등' 체험하고 혜택 받자!

* 이벤트 경품은 당사 사정으로 사전 예고 없이 변경 또는 중단될 수 있습니다.

문의 1588-6563 | www.only1.co.kr

완자

기출
PICK

중학 과학

1·2

640제

구성 structure

PICK 1 실전 개념

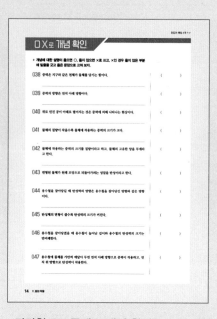

- 기출 문제를 분석하여 실전 개념 구성
- 빈출 유형의 주요 자료를 📎 기출 PICK 으로 선정
- 간단한 OX 문제로 개념 확인

PICK 2 난이도별 필수 기출

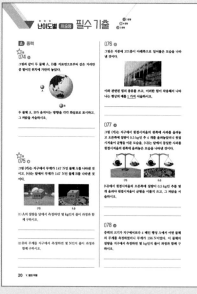

PICK 3 최고 수준 도전 기출

- 학교 기출 문제를 선별하여 주제별, 난이도(하, 중, 상)별로 구성
- 서술형 문제를 따로 모아 제시
- 한 단계 높은 최고 수준 문제에 도전!

◆ 실전 대비 BOOK: 시험 직전에 대비할 수 있도록 구성

차례 contents

완자 기출 PICK 중학 과학 1-1 구성

01 ▼ V. 힘의 작용

힘의 표현과 평형

A 힘의 표현

1 과학에서의 힘 물체의 **❶**⬚⬚이나 운동 상태를 변화시
키는 원인

└─ 물체의 속력이나 운동 방향 ─┘

(1) **힘의 단위**: N(뉴턴)

(2) **힘의 측정**: 용수철저울, 힘 센서 등을 사용하여 측정한다.

(3) **힘의 효과**: 물체의 모양이나 운동 상태를 변화시키거나,
모양과 운동 상태를 모두 변화시킨다.

모양이 변하는 예	• 색종이를 접는다. • 그릇을 깨뜨린다. • 알루미늄 캔을 밟아서 캔을 찌그러뜨린다. • 점토를 잡아당길 때 점토의 모양이 변한다. 
운동 상태가 변하는 예	• 공을 던진다. • 종이비행기를 날린다. • 창문을 밀어 움직인다. 
모양과 운동 상태가 변하는 예	• 축구공을 발로 세게 찰 때 축구공이 찌그러지며 날아간다. • 야구공을 방망이로 세게 칠 때 야구공이 찌그러지며 날아간다. • 테니스채로 테니스공을 세게 칠 때 테니스공이 찌그러지며 날아간다. 

2 힘의 표현 힘의 3요소를 **❷**⬚⬚⬚로 나타낸다.

(1) **힘의 3요소**: 힘의 작용점, 힘의 크기, 힘의 방향

(2) **힘을 나타내는 방법**: 힘이 작용하는 지점에서 힘의 방향과
크기를 화살표로 나타낸다.

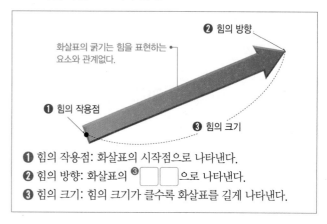

화살표의 굵기는 힘을 표현하는 요소와 관계없다.

❷ 힘의 방향

❶ 힘의 작용점

❸ 힘의 크기

❶ 힘의 작용점: 화살표의 시작점으로 나타낸다.

❷ 힘의 방향: 화살표의 **❸**⬚⬚으로 나타낸다.

❸ 힘의 크기: 힘의 크기가 클수록 화살표를 길게 나타낸다.

(3) **힘을 표현하는 예**

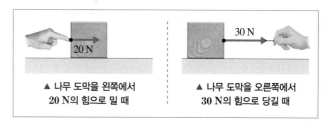

▲ 나무 도막을 왼쪽에서
20 N의 힘으로 밀 때

▲ 나무 도막을 오른쪽에서
30 N의 힘으로 당길 때

B 힘의 합력과 평형

1 힘의 합력❶ 물체에 둘 이상의 힘이 작용할 때, 이와 같은
효과를 나타내는 하나의 힘

(1) **같은 방향으로 작용하는 두 힘의 합력**

• 합력의 크기: 두 힘의 크기를 **❹**⬚⬚ 값

• 합력의 방향: 두 힘의 방향

같은 방향으로 작용하는 두 힘의 합력 예

10 N
30 N
합력
40 N

• 합력의 크기: 10 N+30 N=40 N

• 합력의 방향: 오른쪽 방향

(2) 반대 방향으로 작용하는 두 힘의 합력
- 합력의 크기: 큰 힘에서 작은 힘의 크기를 뺀 값
- 합력의 방향: 크기가 ⑤[ ] 힘의 방향

반대 방향으로 작용하는 두 힘의 합력 예

- 합력의 크기: 30 N − 10 N = 20 N
- 합력의 방향: 오른쪽 방향

(3) ⑥[ ][ ][ ]: 물체에 작용하는 모든 힘들의 합력, 물체가 받는 순 힘

2 힘의 평형❷ 물체에 작용하는 알짜힘이 0이여서 물체가 아무런 힘을 받지 않는 것처럼 보이는 상태

(1) 물체에 작용하는 두 힘이 평형을 이루는 조건

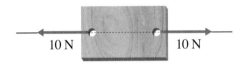

- 두 힘의 크기가 같다.
- 두 힘의 방향이 반대이다.
- 두 힘이 일직선상에서 작용한다.

(2) 힘이 평형을 이룰 때: 물체에 작용하는 알짜힘이 ⑦[ ]이 므로 물체의 모양이나 운동 상태가 변하지 않는다.

개념 더 알아보기

♦ 세 힘의 합력 구하는 법

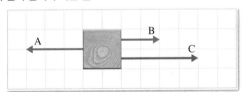

① 같은 방향으로 작용하는 두 힘의 합력을 구한다.

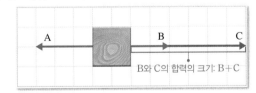

B와 C의 합력의 크기: B+C

② 전체 합력을 구한다.

전체 합력의 방향: 오른쪽
전체 합력의 크기: B+C−A

V

기출 PICK

기출 PICK A-1

과학에서 말하는 힘이 작용한 예가 아닌 경우

- 일상생활에서 말하는 '힘' 중 물체의 모양이나 운동 상태가 변하지 않는 경우
예 힘내. 내 힘으로는 못해.
- 물질의 상태나 성질이 변하는 경우
예 물이 끓는다. 얼음이 언다.

기출 PICK B-1

모눈종이에 있는 화살표로 힘의 합력 구하기

- 같은 방향으로 두 힘이 작용할 때(단, 모눈종이 1 칸은 10 N의 힘을 나타낸다.)

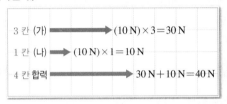

- 반대 방향으로 두 힘이 작용할 때(단, 모눈종이 1 칸은 10 N의 힘을 나타낸다.)

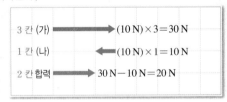

기출 PICK B-2

물체에 작용하는 두 힘이 평형을 이루지 않는 예

- 두 힘의 크기가 다를 때
예 문을 양쪽에서 밀었지만 문이 열렸다.
→ 문의 운동 상태가 변한다.
- 두 힘의 방향이 반대 방향이 아닐 때
예 두 사람이 수레를 한 방향으로 밀어 옮겼다.
→ 수레의 운동 상태가 변한다.
- 두 힘이 일직선상에서 작용하지 않을 때
예 책의 왼쪽 아래를 왼손으로 잡고, 책의 오른쪽 위를 오른손으로 잡고 직선 방향으로 당기며 돌렸다.
→ 책의 운동 상태가 변한다.

용어

❶ **합력**(合 합하다, 力 힘): 물체에 둘 이상의 힘이 작용할 때, 이와 같은 효과를 나타내는 하나의 힘
❷ **평형**(平 평평하다, 衡 저울대): 한쪽으로 기울지 않고 일정한 상태를 유지하는 것

답 ❶ 모양 ❷ 화살표 ❸ 방향 ❹ 더한 ❺ 큰 ❻ 알짜힘 ❼ 0

OX로 개념 확인

◆ 개념에 대한 설명이 옳으면 ○, 옳지 않으면 ×로 쓰고, ×인 경우 옳지 않은 부분
에 밑줄을 긋고 옳은 문장으로 고쳐 보자.

001 힘은 물체의 모양이나 운동 상태를 변하게 하는 원인이다. ( )

_____

002 힘의 크기를 측정하기 위해서는 온도계를 사용한다. ( )

_____

003 썰매를 밀어서 썰매의 빠르기가 변하는 것은 썰매에 힘이 작용하여 물체의 운 ( )
동 상태가 변하는 경우이다.

_____

004 힘을 나타낼 때는 힘이 작용하는 지점에서 힘의 방향만 화살표로 나타낸다. ( )

_____

005 힘을 나타낼 때는 화살표의 시작점으로 힘의 방향을 나타낸다. ( )

_____

006 같은 방향으로 작용하는 두 힘의 합력의 방향은 두 힘의 방향과 같다. ( )

_____

007 반대 방향으로 작용하는 두 힘의 합력의 크기는 두 힘의 합이다. ( )

_____

008 물체에 작용하는 모든 힘들의 합력을 알짜힘이라고 한다. ( )

_____

009 물체에 작용하는 두 힘이 평형을 이루는 것은 물체에 작용하는 두 힘의 합력의 ( )
크기가 0인 상태이다.

_____

010 물체에 작용하는 두 힘이 평형을 이루기 위해서는 두 힘의 크기가 같고, 방향 ( )
이 같으며, 일직선상에서 작용해야 한다.

_____

난이도별 **필수 기출**

상 5 문항
중 11 문항
하 7 문항

V

A 힘의 표현

★빈출
011 하

물체에 힘을 작용할 때 변하지 <u>않는</u> 것은?

① 모양　　　② 질량　　　③ 빠르기
④ 운동 방향　　　⑤ 운동 상태

012 하

힘을 표현하는 단위는?

① m(미터)　　　　② N(뉴턴)
③ K(켈빈)　　　　④ V(볼트)
⑤ s(초)

★빈출
013 하

과학에서의 힘이 작용한 경우가 <u>아닌</u> 것은?

① 색종이를 접는다.
② 창문을 움직인다.
③ 과학책을 읽는다.
④ 물풍선을 과녁에 던진다.
⑤ 축구공을 발로 세게 찬다.

014 하

다음은 힘을 화살표로 나타내는 방법을 설명한 것이다.

> 물체에 작용하는 힘을 표현할 때 화살표를 이용하여 나타낸다. 힘의 크기는 화살표의 (㉠)로, 힘의 방향은 화살표의 (㉡)으로, 힘의 작용점은 화살표의 (㉢)으로 나타낸다.

㉠~㉢에 들어갈 말을 옳게 짝 지은 것은?

	㉠	㉡	㉢
①	길이	방향	시작점
②	길이	시작점	끝 지점
③	굵기	끝 지점	시작점
④	굵기	시작점	끝 지점
⑤	굵기	방향	방향

★빈출
015 중

 이 문제에서 **볼 수 있는 보기는** 多

밑줄 친 '힘'이 과학에서 말하는 힘을 뜻하는 것은? (2 개)

① 아는 것이 <u>힘</u>이다.
② 민주주의 <u>힘</u>은 바로 투표이지.
③ 교실에서 책상을 <u>힘</u>을 주어 밀었다.
④ 이번 문제는 내 <u>힘</u>으로 풀 수가 없어.
⑤ 시험공부를 열심히 하니 <u>힘</u>이 들었다.
⑥ 친구들의 응원이 나에게 큰 <u>힘</u>이 되었어.
⑦ 이번 토론에서 나는 의견을 <u>힘</u>주어 말했다.
⑧ 알루미늄 캔을 손으로 <u>힘</u>을 세게 주어서 찌그러뜨렸다.

016 중

힘이 작용하여 물체의 운동 상태가 변하는 현상으로 옳은 것은?

① 점토를 누른다.
② 고무줄을 늘인다.
③ 대리석을 맨손으로 격파한다.
④ 농구 골대를 향해 공을 던진다.
⑤ 밀가루 반죽을 손가락으로 누른다.

017 중

그림은 어떤 힘을 화살표로 나타낸 것이다. 힘의 방향과 크기를 옳게 짝 지은 것은? (단, 화살표 1 cm는 3 N의 힘을 나타낸다.)

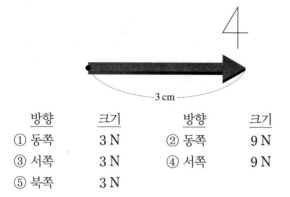

	방향	크기		방향	크기
①	동쪽	3 N	②	동쪽	9 N
③	서쪽	3 N	④	서쪽	9 N
⑤	북쪽	3 N			

018 중

이 문제에서 볼 수 있는 보기는 多

과학에서의 힘에 대한 설명으로 옳지 <u>않은</u> 것을 모두 고르면? (2 개)

① 힘의 단위는 N(뉴턴)을 사용한다.
② 힘을 표현할 때는 화살표로 나타낸다.
③ 힘의 방향, 힘의 크기, 힘의 작용점을 힘의 3요소라고 한다.
④ 힘을 나타낼 때 힘의 방향은 화살표의 방향으로 나타낸다.
⑤ 화살표로 힘을 나타낼 때 힘의 크기가 클수록 화살표를 짧게 나타낸다.
⑥ 물체에 힘이 작용하면 물체의 속력이나 운동 방향이 변한다.
⑦ 힘은 물체의 모양이나 운동 상태 중 하나만 변화시킬 수 있다.

019 상

물체에 힘이 작용하여 물체의 모양과 운동 상태가 함께 변하는 경우를 〈보기〉에서 모두 고른 것은?

> ─── 보기 ───
> ㄱ. 축구공을 발로 세게 찬다.
> ㄴ. 날아오는 야구공을 배트로 세게 친다.
> ㄷ. 알루미늄 캔의 중앙부를 힘으로 누른다.
> ㄹ. 공작 종이로 헬리콥터 모양의 물체를 만든다.

① ㄱ, ㄴ   ② ㄱ, ㄷ   ③ ㄷ, ㄹ
④ ㄱ, ㄴ, ㄹ   ⑤ ㄴ, ㄷ, ㄹ

020 상

그림은 테니스 선수가 테니스채로 공을 세게 치는 모습을 나타낸 것이다.

이에 대한 설명으로 옳은 것은?

① 공을 치기 전과 후의 공의 방향은 같다.
② 공을 치기 전과 후의 공의 운동 상태는 같다.
③ 힘을 강하게 할수록 물체의 운동 상태는 크게 변한다.
④ 공을 치고 시간이 한참 지나도 공의 모양이 바뀌어 있다.
⑤ 날아가는 테니스공의 운동 상태는 처음과 다르지 않다.

021 상

그림은 물체에 오른쪽으로 1 N의 힘이 작용하는 모습을 화살표로 나타낸 것이다.

위의 물체와 같은 지점에서 왼쪽으로 2 N의 힘이 작용하는 모습을 화살표로 나타낸 것은?

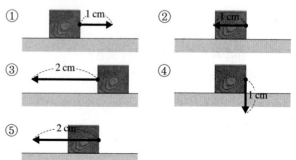

B 힘의 합력과 평형

힘의 합력

022 하

한 물체에 동일한 방향으로 10 N과 40 N의 힘이 작용한다면 합력의 크기는?

① 10 N　　　　　② 20 N
③ 30 N　　　　　④ 40 N
⑤ 50 N

023 하

한 물체에 두 가지 이상의 힘이 작용할 때 물체가 받는 모든 힘의 합력은?

① 미는 힘　　　　② 순간 힘
③ 알짜힘　　　　④ 평균 힘
⑤ 당기는 힘

024 중

그림 (가), (나)는 한 점에 작용하는 두 힘을 각각 화살표로 나타낸 것이다.

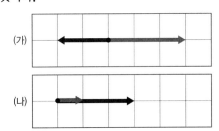

(가), (나)에서 작용하는 두 힘의 합력의 크기를 옳게 짝 지은 것은? (단, 모눈종이 눈금 1 칸은 1 N의 힘을 나타낸다.)

	(가)	(나)		(가)	(나)
①	1 N	2 N	②	1 N	3 N
③	1 N	4 N	④	3 N	3 N
⑤	3 N	4 N			

★빈출 025 중

그림은 나무 도막에 동쪽으로 2 N의 힘과 서쪽으로 6 N의 힘을 동시에 작용하고 있는 모습을 나타낸 것이다.

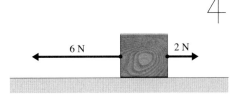

나무 도막에 작용하는 알짜힘의 방향과 크기를 옳게 짝 지은 것은?

방향	크기		방향	크기
① 동쪽	2 N	②	동쪽	4 N
③ 서쪽	2 N	④	서쪽	4 N
⑤ 북쪽	6 N			

026 중

그림은 짐을 실은 수레를 예솔이가 100 N의 힘으로 앞에서 끌고 있을 때 도윤이가 뒤에서 수레를 밀어 주는 모습을 나타낸 것이다.

수레에 작용하는 알짜힘이 150 N일 때 도윤이가 수레를 미는 힘의 크기는? (단, 수레에 작용하는 마찰력은 무시한다.)

① 50 N　　　② 100 N　　　③ 150 N
④ 200 N　　　⑤ 250 N

027 중

그림은 물체에 작용하는 힘을 화살표로 나타낸 것이다.

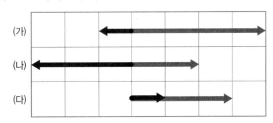

(가)~(다)의 합력의 크기를 옳게 비교한 것은?(단, 모눈종이 눈금 1 칸은 1 N의 힘을 나타낸다.)

① (가)>(나)>(다)　　② (가)>(다)>(나)
③ (나)>(가)>(다)　　④ (다)>(가)>(나)
⑤ (다)>(나)>(가)

028 상

그림과 같이 한 물체에 세 힘이 작용하고 있다.

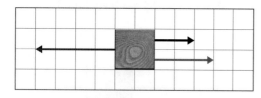

물체에 작용하는 알짜힘의 방향과 크기를 옳게 짝 지은 것은? (단, 모눈종이 눈금 1칸은 5 N의 힘을 나타낸다.)

	방향	크기		방향	크기
①	오른쪽	5 N	②	오른쪽	10 N
③	왼쪽	5 N	④	왼쪽	10 N
⑤	왼쪽	20 N			

힘의 평형

029 하

한 물체에 작용하고 있는 두 힘이 평형을 이루고 있다. 이때 왼쪽으로 10 N의 힘이 작용하고 있다면 물체에 작용해야 할 다른 힘의 방향과 크기는?

① 왼쪽으로 5 N　　　② 왼쪽으로 10 N
③ 오른쪽으로 5 N　　④ 오른쪽으로 10 N
⑤ 오른쪽으로 15 N

★빈출 030 중

한 물체에 작용하는 두 힘이 평형을 이루기 위한 조건을 〈보기〉에서 모두 고른 것은?

――――〈 보기 〉――――
ㄱ. 두 힘의 크기가 같아야 한다.
ㄴ. 두 힘의 방향이 같은 방향이어야 한다.
ㄷ. 두 힘의 방향이 반대 방향이어야 한다.
ㄹ. 두 힘이 일직선상에서 작용해야 한다.
ㅁ. 두 힘이 다른 직선상에서 작용해야 한다.

① ㄱ, ㄴ　　② ㄷ, ㅁ　　③ ㄱ, ㄴ, ㄹ
④ ㄱ, ㄷ, ㄹ　　⑤ ㄴ, ㄷ, ㅁ

★빈출 031 중

그림은 개미 두 마리가 서로 과자를 당기고 있지만 움직이지 않는 모습을 나타낸 것이다.

개미 A가 과자를 당기는 힘의 크기가 1 N일 때, 개미 B가 과자를 당기는 힘과 과자에 작용하는 알짜힘의 크기를 옳게 짝 지은 것은?

	개미 B가 과자를 당기는 힘	알짜힘
①	0	0
②	0	1 N
③	1 N	0
④	1 N	1 N
⑤	1 N	2 N

032 중

물체에 작용한 힘이 평형을 이루는 경우로 옳지 <u>않은</u> 것은?

① 식탁 위의 물컵이 가만히 놓여 있을 때
② 추가 용수철저울에 매달려 정지해 있을 때
③ 잠수부가 수심 30 m에서 뜨지도 않고, 가라앉지도 않을 때
④ 고장나서 멈춰있던 자동차를 앞에서 끌고, 뒤에서 밀어서 옮길 때
⑤ 한 물체를 같은 크기의 세 힘이 각각 120°의 각도를 이루며 잡아 당길 때

033 상

오른쪽 그림은 힘 센서에 물체가 매달려 정지해 있고, 힘 센서에 측정된 힘의 크기는 20 N인 모습을 나타낸 것이다. 이에 대한 설명으로 옳은 것을 〈보기〉에서 모두 고른 것은?

――――〈 보기 〉――――
ㄱ. 물체에 작용하는 알짜힘의 크기는 20 N이다.
ㄴ. 힘 센서가 물체에 작용하는 힘은 위쪽 방향이다.
ㄷ. 물체에는 아래쪽 방향으로 20 N의 힘이 작용하고 있다.

① ㄱ　　② ㄷ　　③ ㄱ, ㄴ
④ ㄴ, ㄷ　　⑤ ㄱ, ㄴ, ㄷ

★★★
난이도별 서술형 필수기출

A 힘의 표현

034 하

다음 대화에서 과학에서 말하는 힘이 작용하지 않은 까닭은 무엇인지 서술하시오.

⭐빈출
035 중

그림은 모래성, 접시, 농구공, 풍선에 힘이 작용하여 나타난 다양한 결과를 나타낸 것이다.

(가)

(나)

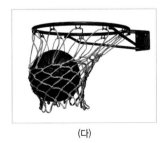

(다)

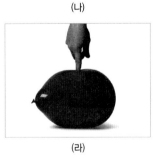

(라)

(가)~(라) 중 힘에 의한 변화가 <u>다른</u> 것을 쓰고, 그 까닭을 서술하시오.

036 상

그림 (가), (나)는 똑같은 힘의 크기와 방향으로 축구공을 찼지만 축구공이 다르게 날아간 모습을 나타낸 것이다.

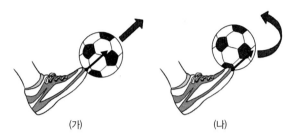

(가)   (나)

(가)와 (나)의 축구공이 다르게 날아간 까닭을 서술하시오.

B 힘의 합력과 평형

037 상

그림은 학생끼리 줄다리기를 하는 모습을 나타낸 것이다. 왼쪽 학생은 줄을 100 N의 힘으로 잡아당겼으나, 줄은 이동하지 않았다.

(1) 오른쪽 학생이 줄을 잡아당기는 힘의 크기를 풀이 과정과 함께 구하시오.

(2) 줄이 이동하지 않은 까닭을 힘의 평형 조건을 포함하여 서술하시오.

02 여러 가지 힘 - 중력, 탄성력

A 중력

1 중력 지구, 달, 행성 등과 같은 **①**[ ][ ]가 물체를 당기는 힘

(1) **중력의 방향**: 지구 **②**[ ][ ] 방향(연직**①** 아래 방향)

> 물체에 중력이 지구 중심 방향으로 작용하므로 지구 위의 모든 물체는 지구 중심 방향으로 떨어진다.

지구 중심

▲ 중력의 방향

(2) **중력의 크기** 천체마다 물체에 작용하는 중력의 크기가 다르다.
- 물체의 질량이 클수록 물체에 작용하는 중력의 크기가 크다.
- 물체에 작용하는 중력의 크기를 물체의 **③**[ ][ ]라고 한다.
- 물체에 작용하는 중력의 크기는 측정 장소에 따라 달라진다.

(3) **중력에 의한 현상과 중력을 이용하는 예**
- 위로 던진 공이 땅으로 떨어진다.
- 고드름이 아래쪽으로 얼어붙는다.
- 수직추를 이용하여 수직을 확인한다.

▲ 고드름　　　　　▲ 수직추

- 나무에 매달린 사과가 땅에 떨어진다.
- 비, 눈, 우박이 아래로 내린다.
- 폭포의 물이 위에서 아래로 흐른다.
- 말뚝 박기 기계는 중력을 이용하여 말뚝을 박는다.
- 수력 발전소는 중력에 의해 물이 아래로 내려오는 힘을 이용해 전기를 생산한다.

▲ 말뚝 박기 기계　　　　▲ 수력 발전소

- 미끄럼틀을 타면 아래로 내려온다.
- 암벽 등반 선수는 중력을 이겨내며 암벽을 오른다.
- 스카이다이빙은 비행기에서 뛰어내려 지상에 착지한다.
- 스키 점프 선수가 스키 점프대에서 도약 후 땅에 착지 한다.

2 무게와 질량

구분	무게	질량
정의	물체에 작용하는 **④**[ ][ ]의 크기	물체의 고유한 양
단위	N(뉴턴) → 힘의 단위	kg(킬로그램), g(그램)
측정 기구	용수철저울, 가정용 저울	양팔저울, 윗접시저울
특징	측정 장소에 따라 무게가 달라진다.	측정 장소가 달라져도 질량은 변하지 않는다.
관계	지구에서 물체의 무게=9.8×질량 예 지구에서 질량이 1 kg인 물체의 무게=**⑤**[ ] N	

지구와 달에서 무게와 질량 비교하기

- 달의 중력은 지구의 약 $\frac{1}{6}$이므로 달에서 물체의 무게는 지구에서의 $\frac{1}{6}$이다.
- 물체의 질량은 지구와 달에서 똑같다.

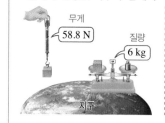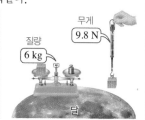

무게 58.8 N　질량 6 kg　　질량 6 kg　무게 9.8 N

지구　　　　　달

> 탄성체의 원래 모양을 유지할 수 있는 힘의 한계인 탄성 한계가 있기 때문에 탄성체를 너무 많이 당겼다가 놓으면 원래 모양으로 돌아가지 않는다.

B 탄성력

1 탄성과 탄성체

(1) **탄성**: 변형**②**된 물체가 원래 모양으로 되돌아가려는 성질

(2) **탄성체**: 힘을 받으면 원래 상태로 되돌아가려는 물체로 탄성이 있는 물체 예 용수철, 고무줄

2 탄성력 변형된 물체가 원래 모양으로 되돌아가려는 힘

(1) **탄성력의 방향**: 탄성체를 변형시킨 힘의 방향과 **⑥**[ ][ ] 방향

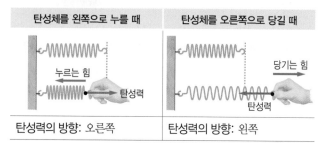

탄성체를 왼쪽으로 누를 때	탄성체를 오른쪽으로 당길 때
누르는 힘 / 탄성력	당기는 힘 / 탄성력
탄성력의 방향: 오른쪽	탄성력의 방향: 왼쪽

(2) 탄성력의 크기

- 탄성체에 작용한 힘의 크기와 같다.
- 탄성체의 변형이 클수록 탄성력이 ⑦[ ][ ].

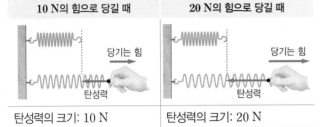

10 N의 힘으로 당길 때	20 N의 힘으로 당길 때
탄성력의 크기: 10 N	탄성력의 크기: 20 N

탐구 › 용수철의 탄성력 측정

용수철의 한쪽 끝을 고정하고 용수철의 다른 쪽 끝에 힘 센서를 연결한 뒤, 용수철을 잡아당기며 용수철이 늘어난 길이와 탄성력의 크기를 측정한다.

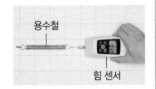

용수철

힘 센서

결과 및 정리

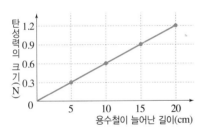

용수철이 늘어난 길이가 2 배, 3 배, …가 되면, 용수철의 탄성력의 크기도 2 배, 3 배, …가 된다. ➡ 용수철의 탄성력의 크기는 용수철이 늘어난 길이에 비례한다.

(3) 탄성력을 이용한 예

- 볼펜
- 컴퓨터 자판
- 자전거 안장
- 양궁
- 장대높이뛰기
- 용수철저울
- 트램펄린
- 번지 점프
- 집게

▲ 볼펜

▲ 컴퓨터 자판

▲ 양궁

▲ 번지 점프

기출 PICK A-1

사과나무에 매달린 사과에 작용하는 중력

나무가 잡아당기는 힘

중력

- 중력은 연직 아래 방향으로 작용하고, 나무가 사과를 잡아당기는 힘은 연직 위 방향으로 작용한다.
- 중력과 나무가 사과를 잡아당기는 힘이 평형을 이루어 사과가 정지해 있다. ➡ 사과나무에 매달려 정지해 있는 사과에도 중력이 작용한다.

기출 PICK A-2

다른 행성에서 중력의 크기에 따라 달라지는 질량이 3 kg인 물체의 무게 구하기

행성	지구	화성	목성
중력의 상대적 크기	1	$\frac{1}{3}$	2.5
3 kg인 물체의 무게	29.4 N	9.8 N	73.5 N

- 지구에서 측정한 물체의 무게: (3×9.8) N $= 29.4$ N
- 화성에서 측정한 물체의 무게: $(29.4 \times \frac{1}{3})$ N $= 9.8$ N
- 목성에서 측정한 물체의 무게: (29.4×2.5) N $= 73.5$ N

기출 PICK B-2

용수철저울에 작용하는 탄성력 크기로 물체의 무게 구하기

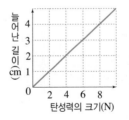

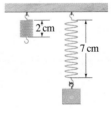

2 cm

7 cm

- 용수철이 1 cm 늘어날 때마다 증가하는 탄성력의 크기: 2 N
- 용수철의 늘어난 길이: 7 cm $-$ 2 cm $=$ 5 cm
- 용수철에 매달린 물체의 무게: (2×5) N $= 10$ N

용어

❶ **연직**(鉛 납, 直 곧다): 납과 같은 물체를 매단 실이 나타내는 지면에 대해 수직한 방향
❷ **변형**(變 변하다, 形 모양): 물체가 힘을 받아 모양이 변하는 것

답 ❶ 천체 ❷ 중심 ❸ 무게 ❹ 중력 ❺ 9.8 ❻ 반대 ❼ 크다

OX로 개념 확인

◆ 개념에 대한 설명이 옳으면 ○, 옳지 않으면 ×로 쓰고, ×인 경우 옳지 않은 부분에 밑줄을 긋고 옳은 문장으로 고쳐 보자.

038 중력은 지구와 같은 천체가 물체를 당기는 힘이다.　　　　　　　　　　　　(　　　)

_____

039 중력의 방향은 연직 아래 방향이다.　　　　　　　　　　　　　　　　　(　　　)

_____

040 위로 던진 공이 아래로 떨어지는 것은 중력에 의해 나타나는 현상이다.　　　(　　　)

_____

041 물체의 질량이 작을수록 물체에 작용하는 중력의 크기가 크다.　　　　　　(　　　)

_____

042 물체에 작용하는 중력의 크기를 질량이라고 하고, 물체의 고유한 양을 무게라고 한다.　　　　　　　　　　　　　　　　　　　　　　　　　　　　　　(　　　)

_____

043 변형된 물체가 원래 모양으로 되돌아가려는 성질을 탄성이라고 한다.　　　(　　　)

_____

044 용수철을 잡아당길 때 탄성력의 방향은 용수철을 잡아당긴 방향과 같은 방향이다.　　　　　　　　　　　　　　　　　　　　　　　　　　　　　　　(　　　)

_____

045 탄성체의 변형이 클수록 탄성력의 크기가 커진다.　　　　　　　　　　　(　　　)

_____

046 용수철을 잡아당겼을 때 용수철이 늘어난 길이와 용수철의 탄성력의 크기는 반비례한다.　　　　　　　　　　　　　　　　　　　　　　　　　　　　(　　　)

_____

047 용수철에 물체를 가만히 매달아 두면 연직 아래 방향으로 중력이 작용하고, 연직 위 방향으로 탄성력이 작용한다.　　　　　　　　　　　　　　　　　(　　　)

_____

★★★
난이도별 **필수 기출**

A 중력

중력

048 하

지구, 달, 행성 등과 같은 천체가 물체를 당기는 힘은?

① 중력   ② 합력   ③ 마찰력
④ 알짜힘   ⑤ 탄성력

☆빈출
049 하

그림과 같이 지구 주위에 물체 (가), (나)가 있다.

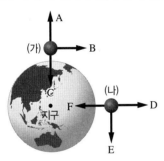

물체 (가), (나)에 작용하는 중력의 방향을 옳게 짝 지은 것은?

	(가)	(나)		(가)	(나)
①	A	D	②	A	F
③	B	E	④	C	D
⑤	C	F			

050 하   이 문제에서 볼 수 있는 보기는 多

중력에 의한 현상이나 중력을 이용하는 예로 옳지 <u>않은</u> 것은?

① 폭포   ② 고드름
③ 스키 점프   ④ 암벽 등반
⑤ 용수철저울   ⑥ 수력 발전소
⑦ 스카이다이빙   ⑧ 말뚝 박기 기계

☆빈출
051 중   이 문제에서 볼 수 있는 보기는 多

중력에 대한 설명으로 옳지 <u>않은</u> 것을 모두 고르면? (2 개)

① 지구가 물체를 당기는 힘이다.
② 지구의 중력은 항상 지구 중심 방향으로 작용한다.
③ 중력의 단위는 kg이다.
④ 물체에 작용하는 중력의 크기를 무게라고 한다.
⑤ 중력은 지구뿐만 아니라 다른 천체에서도 작용한다.
⑥ 물체의 질량이 클수록 물체에 작용하는 중력의 크기가 크다.
⑦ 질량이 같은 물체는 측정 장소에 관계없이 항상 무게가 같다.
⑧ 눈과 비가 아래로 떨어지는 것은 중력의 영향 때문이다.

052 중

그림과 같이 지구 주위의 한 위치에서 질량이 10 kg인 물체를 떨어뜨렸다.

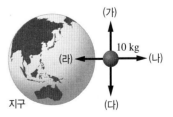

이에 대한 설명으로 옳은 것을 〈보기〉에서 모두 고른 것은?

〈 보기 〉
ㄱ. 물체에 작용하는 힘은 중력이다.
ㄴ. 물체는 (다) 방향으로 떨어진다.
ㄷ. 물체에 작용하는 중력의 크기는 98 N이다.

① ㄱ   ② ㄴ   ③ ㄱ, ㄷ
④ ㄴ, ㄷ   ⑤ ㄱ, ㄴ, ㄷ

053 중

그림은 사과나무에서 사과가 떨어지는 모습을 나타낸 것이다.

이에 대한 설명으로 옳은 것을 〈보기〉에서 모두 고른 것은?

─〈 보기 〉─
ㄱ. 사과는 중력이 작용하는 방향으로 떨어진다.
ㄴ. 사과의 질량이 클수록 사과의 무게가 커진다.
ㄷ. 나무에 매달린 사과에는 중력이 작용하지 않는다.

① ㄱ   ② ㄷ   ③ ㄱ, ㄴ
④ ㄴ, ㄷ   ⑤ ㄱ, ㄴ, ㄷ

054 상

지구보다 중력이 작은 행성에서 일어나는 현상에 대한 설명으로 옳지 <u>않은</u> 것은?

① 몸무게가 작아진다.
② 들고 있는 짐이 가볍게 느껴진다.
③ 중력의 방향은 행성의 중심 방향이다.
④ 위로 차올린 공이 지구에서보다 빠르게 떨어진다.
⑤ 같은 힘으로 지구에서보다 높이 뛰어오를 수 있다.

무게와 질량

055 하

표는 지구에서 질량과 무게의 관계이다.

질량(kg)	1	2	3
무게(N)	9.8	19.6	29.4

지구에서 질량이 5 kg인 물체의 무게는?

① 5 N   ② 9.8 N
③ 10 N   ④ 49 N
⑤ 50 N

☆빈출 056 하

표는 무게와 질량의 특징을 비교한 것이다.

구분	무게	질량
단위	—	(㉠)
측정 기구	(㉡)	—
장소에 따른 측정값	—	(㉢)

㉠~㉢에 들어갈 말을 옳게 짝 지은 것은?

	㉠	㉡	㉢
①	N	양팔저울	같다.
②	N	용수철저울	달라진다.
③	kg	양팔저울	같다.
④	kg	용수철저울	같다.
⑤	kg	용수철저울	달라진다.

☆빈출 057 하

달에서 어떤 물체의 질량을 측정하였더니 60 kg, 무게를 측정하였더니 98 N이었다. 지구에서 측정한 이 물체의 질량과 무게를 옳게 짝 지은 것은?

	질량	무게		질량	무게
①	10 kg	9.8 N	②	10 kg	98 N
③	10 kg	588 N	④	60 kg	98 N
⑤	60 kg	588 N			

☆빈출 058 중

 이 문제에서 볼 수 있는 보기는 多

무게와 질량에 대한 설명으로 옳지 <u>않은</u> 것을 모두 고르면? (2 개)

① 질량은 물체의 고유한 양이다.
② 질량은 측정 장소와 관계없이 항상 일정하다.
③ 중력의 크기를 무게라고 한다.
④ 무게를 나타내는 단위는 N(뉴턴)이다.
⑤ 지구에서 1 kg인 물체에 작용하는 중력의 크기는 9.8 N이다.
⑥ 달에서 무게를 측정할 때는 양팔저울을 사용한다.
⑦ 지구에서 물체의 무게는 달에서의 $\frac{1}{6}$ 배이다.

059 종

다음은 질량이 60 kg인 우주 비행사가 달에 다녀온 뒤에 기록한 일지의 일부분이다.

... 지구에서 출발 직전에 측정한 나의 질량은 60 kg으로 나의 무게는 (㉠) N이었다. 달에 도착하자마자 나는 나의 질량과 무게를 측정해 보았다. 조금 전 지구에서 측정한 무게와 달리 달에서 측정한 나의 무게는 (㉡) N이다. 그리고 질량도 바로 측정해 보았는데, 역시나 (㉢) kg이었다....

㉠~㉢에 들어갈 말을 옳게 짝 지은 것은?

	㉠	㉡	㉢
①	60	10	60
②	60	60	10
③	588	98	10
④	588	98	60
⑤	588	588	588

060 상

그림은 지구에서 무게가 49 N인 물체 A와 달에서 무게가 9.8 N인 물체 B의 모습을 나타낸 것이다.

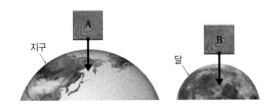

이에 대한 설명으로 옳지 않은 것을 모두 고르면? (2 개)

① A의 질량은 5 kg이다.
② B를 지구에 가져가면 무게가 58.8 N이다.
③ A를 달에 가져가면 무게가 49 N이다.
④ A를 달에 가져가도 질량은 변화가 없다.
⑤ 지구에 가져가면 질량은 A가 B보다 크다.

061 상

표는 지구, 달, 화성에서 중력의 상대적 크기를 나타낸 것이다.

행성	지구	달	화성
중력의 상대적 크기	1	$\frac{1}{6}$	$\frac{1}{3}$

지구에서 질량이 6 kg인 물체를 달과 화성에 가져갔을 때 측정한 무게와 질량에 대한 설명으로 옳은 것을 〈보기〉에서 모두 고른 것은?

〈 보기 〉
ㄱ. 지구에서 물체의 무게는 58.8 N이다.
ㄴ. 화성에서 물체의 무게는 19.6 N이다.
ㄷ. 달에서 물체의 무게는 화성에서의 2 배이다.
ㄹ. 물체의 질량은 달이나 화성에서도 6 kg이다.

① ㄱ, ㄴ   ② ㄱ, ㄷ   ③ ㄷ, ㄹ
④ ㄱ, ㄴ, ㄹ   ⑤ ㄴ, ㄷ, ㄹ

B 탄성력

062 하

10 N의 힘으로 잡아당기면 5 cm가 늘어나는 용수철이 있다. 이 용수철을 20 N의 힘으로 잡아당길 때 용수철이 늘어난 길이는?

① 5 cm   ② 10 cm   ③ 15 cm
④ 20 cm   ⑤ 25 cm

063 하

그림과 같이 무게가 5 N인 추를 매달았을 때 처음 길이에서 2 cm가 늘어나는 용수철을 손으로 잡아당겼더니 용수철이 처음 길이에서 6 cm가 늘어났다.

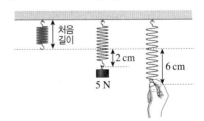

이때 용수철을 손으로 잡아당긴 힘의 크기는?

① 5 N   ② 10 N   ③ 15 N
④ 20 N   ⑤ 25 N

★빈출
064 하

그림은 용수철을 당길 때 용수철이 늘어난 길이를 용수철을 당긴 힘의 크기에 따라 나타낸 것이다.

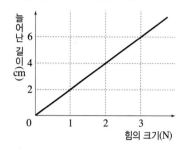

이 용수철에 가방을 매달았더니 용수철이 10 cm만큼 늘어났다면, 가방의 무게는?

① 1 N   ② 3 N   ③ 5 N
④ 10 N   ⑤ 20 N

★빈출
065 하   이 문제에서 **볼 수 있는 보기는** 多

탄성력을 이용한 예로 옳지 <u>않은</u> 것을 모두 고르면? (2 개)

① 양궁   ② 수직추
③ 미끄럼틀   ④ 트램펄린
⑤ 번지 점프   ⑥ 자전거 안장
⑦ 장대높이뛰기   ⑧ 볼펜 속 용수철

★빈출
066 중   이 문제에서 **볼 수 있는 보기는** 多

탄성력에 대한 설명으로 옳지 <u>않은</u> 것을 모두 고르면? (2 개)

① 변형된 물체가 원래 모양으로 되돌아가려는 힘이다.
② 힘을 받으면 원래 상태로 되돌아가려는 물체를 탄성체라고 한다.
③ 탄성체는 아무리 많이 변형되어도 원래 모양으로 되돌아갈 수 있다.
④ 탄성력의 방향은 탄성체를 변형시킨 힘의 방향과 같은 방향이다.
⑤ 탄성력의 크기는 탄성체에 가한 힘의 크기와 같다.
⑥ 탄성체의 변형 정도가 클수록 탄성력이 커진다.
⑦ 컴퓨터 자판은 탄성력을 이용한 예이다.

067 중

그림은 용수철을 양쪽으로 잡아당겨 길이를 늘인 모습을 나타낸 것이다.

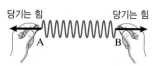

A, B에 작용하는 탄성력의 방향을 옳게 짝 지은 것은?

	A	B		A	B
①	←	←	②	←	→
③	→	←	④	→	→
⑤	↓	↓			

068 중

표는 용수철에 무게가 일정한 추를 아래로 매달 때, 매달린 추의 개수에 따라 용수철이 늘어난 길이를 나타낸 것이다.

매달린 추의 개수(개)	1	2	3	4	5
늘어난 길이(cm)	3	6	9	12	15

이에 대한 설명으로 옳지 <u>않은</u> 것은?

① 용수철은 탄성체이다.
② 추에 작용하는 중력과 용수철의 탄성력은 방향이 서로 반대이다.
③ 용수철이 늘어난 길이와 탄성력의 크기는 반비례한다.
④ 매달린 추가 1 개 늘어나면 용수철의 길이는 3 cm 더 늘어난다.
⑤ 매달린 추가 7 개이면 용수철이 늘어난 길이는 21 cm이다.

069 중

그림 (가)는 용수철에 작용하는 탄성력의 크기에 따라 용수철이 늘어난 길이를 나타낸 것이고, (나)는 (가)의 용수철을 잡아당겼을 때 용수철의 길이가 늘어난 모습을 나타낸 것이다.

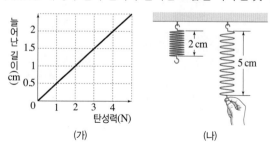

이때 (나)에서 용수철을 잡아당긴 힘의 크기는?

① 1 N   ② 3 N   ③ 4 N
④ 6 N   ⑤ 10 N

070 중

그림은 양궁 선수가 활시위를 당기는 모습을 나타낸 것이다. (가)에서는 활시위를 많이 당겼고, (나)에서는 활시위를 더 조금 당겼다.

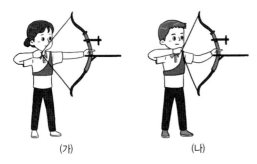

(가)   (나)

이에 대한 설명으로 옳은 것을 〈보기〉에서 모두 고른 것은?

─〈 보기 〉─
ㄱ. 활의 탄성력이 작용하여 화살이 앞으로 날아간다.
ㄴ. 활에 작용하는 탄성력의 방향은 활시위를 당긴 방향과 같다.
ㄷ. 탄성력의 크기는 (가)에서가 (나)에서보다 크다.

① ㄴ　　　　② ㄷ　　　　③ ㄱ, ㄴ
④ ㄱ, ㄷ　　　⑤ ㄱ, ㄴ, ㄷ

☆빈출 071 상

그림과 같이 어떤 용수철에 질량이 2 kg인 물체를 매달았더니 용수철의 전체 길이가 8 cm가 되었다. 같은 용수철에 질량이 3 kg인 물체를 매달았더니 전체 길이가 10 cm가 되었다.

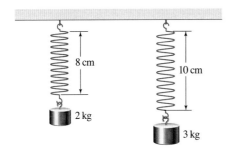

이 용수철의 처음 길이는?

① 2 cm　　　② 4 cm　　　③ 6 cm
④ 8 cm　　　⑤ 10 cm

☆빈출 072 상

그림 (가)와 (나)는 동일한 용수철에 연결된 물체를 처음 위치에서 각각 4 cm, 8 cm만큼 오른쪽으로 당긴 모습을 나타낸 것이다. (다)는 동일한 용수철을 4 cm만큼 왼쪽으로 민 모습을 나타낸 것이다.

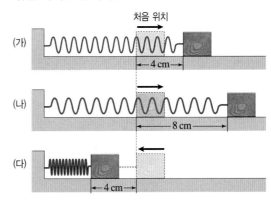

이에 대한 설명으로 옳지 않은 것은?

① (가)에서 물체에 작용하는 탄성력의 방향은 왼쪽이다.
② 물체에 작용하는 탄성력의 크기는 (나)에서가 (가)에서보다 크다.
③ (다)에서 탄성력이 가장 크게 작용한다.
④ (나)와 (다)에서 물체에 작용하는 탄성력의 방향은 서로 반대이다.
⑤ (가)와 (다)에서 물체에 작용하는 탄성력의 크기는 서로 같다.

☆빈출 073 상

지구에서 질량이 4 kg인 추를 매달면 6 cm가 늘어나는 용수철이 있다. 이 용수철을 달에 가져가서 질량이 12 kg인 물체를 매달았을 때 용수철이 늘어난 길이는?

① 3 cm　　　② 4 cm　　　③ 6 cm
④ 10 cm　　　⑤ 12 cm

A 중력

☆빈출 074 하

그림과 같이 두 물체 A, B를 지표면으로부터 같은 거리만큼 떨어진 위치에 가만히 놓았다.

두 물체 A, B가 움직이는 방향을 각각 화살표로 표시하고, 그 까닭을 서술하시오.

☆빈출 075 중

그림 (가)는 지구에서 무게가 147 N인 물체 A를 나타낸 것이고, (나)는 달에서 무게가 147 N인 물체 B를 나타낸 것이다.

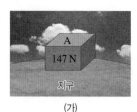

(가)   (나)

(1) A의 질량을 달에서 측정하면 몇 kg인지 풀이 과정과 함께 구하시오.

(2) B의 무게를 지구에서 측정하면 몇 N인지 풀이 과정과 함께 구하시오.

076 중

그림은 지붕에 고드름이 아래쪽으로 얼어붙은 모습을 나타낸 것이다.

이와 관련된 힘의 종류를 쓰고, 이러한 힘이 작용해서 나타나는 현상의 예를 1 가지 서술하시오.

077 상

그림 (가)는 지구에서 윗접시저울의 왼쪽에 사과를 올려놓고 오른쪽에 질량이 0.5 kg인 추 4 개를 올려놓았더니 윗접시저울이 균형을 이룬 모습을, (나)는 달에서 동일한 사과를 윗접시저울의 왼쪽에 올려놓은 모습을 나타낸 것이다.

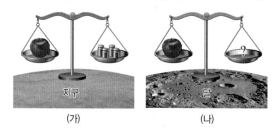

(가)   (나)

(나)에서 윗접시저울의 오른쪽에 질량이 0.5 kg인 추를 몇 개 올려야 윗접시저울이 균형을 이룰지 쓰고, 그 까닭을 서술하시오.

078 상

중력의 크기가 지구에서보다 4 배인 행성 A에서 어떤 물체의 무게를 측정하였더니 무게가 196 N이었다. 이 물체의 질량을 지구에서 측정하면 몇 kg인지 풀이 과정과 함께 구하시오.

B 탄성력

079 하

그림은 용수철이 연결된 인형을 손으로 누르고 있는 모습이다.

인형을 눌렀을 때 용수철에 작용하는 힘의 종류를 쓰고, 힘의 방향을 서술하시오.

⭐빈출 080 하

그림은 용수철에 추를 매달았을 때 추의 무게와 용수철이 늘어난 길이의 관계를 나타낸 것이다.

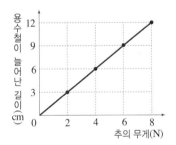

이 용수철에 어떤 물체를 매달았더니 21 cm가 늘어났다면 물체의 무게는 몇 N인지 풀이 과정과 함께 구하시오.

081 중

그림과 같이 용수철에 연결된 힘 센서를 오른쪽으로 6 cm만큼 당겼더니 힘 센서에 10 N의 힘이 측정되었다.

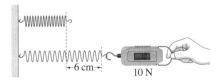

이 용수철을 왼쪽으로 3 cm만큼 밀었을 때 탄성력의 방향과 크기를 서술하시오.

⭐빈출 082 중

그림 (가)는 용수철에 무게가 동일한 추를 매달았을 때 용수철이 늘어난 길이를 측정하는 모습을, 표 (나)는 매단 추의 개수에 따른 용수철이 늘어난 길이를 나타낸 것이다.

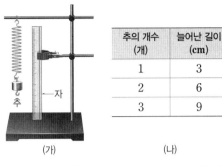

추의 개수 (개)	늘어난 길이 (cm)
1	3
2	6
3	9

(가)　　　　　(나)

(1) 용수철이 늘어난 길이가 21 cm일 때 용수철에 매단 추의 개수를 쓰시오.

(2) 용수철에 매단 추의 개수와 용수철에 작용한 탄성력의 크기 사이의 관계를 서술하시오.

083 상

그림은 번지 점프를 하고 있는 모습을 나타낸 것이다.

사람의 몸에 작용하는 힘의 종류를 2 가지 쓰고, 힘의 방향을 각각 서술하시오.

V. 힘의 작용

여러 가지 힘 - 마찰력, 부력

A 마찰력

1 **①**☐☐☐ 한 물체가 다른 물체와 접촉해 있을 때 접촉면에서 물체의 운동을 방해하는 힘이다.

(1) 마찰력의 방향: 물체의 운동 방향이나 물체가 운동하려고 하는 방향과 반대 방향으로 작용한다.

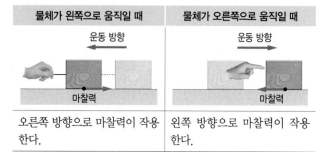

물체가 왼쪽으로 움직일 때	물체가 오른쪽으로 움직일 때
운동 방향 ← / 마찰력	운동 방향 → / 마찰력
오른쪽 방향으로 마찰력이 작용한다.	왼쪽 방향으로 마찰력이 작용한다.

(2) 마찰력의 크기

- 두 물체의 접촉면이 거칠수록 마찰력의 크기가 크다.
- 물체의 무게가 무거울수록 마찰력의 크기가 크다.
- 접촉면의 넓이는 마찰력의 크기와 관계없다.

탐구 / 마찰력의 크기 비교

다양한 재질의 판에 나무 도막을 올려놓고 힘 센서로 나무 도막을 천천히 잡아당기면서 나무 도막이 움직이는 순간에 측정된 마찰력의 크기를 비교한다.

결과 및 정리

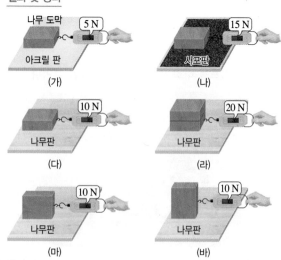

나무 도막 / 아크릴 판 (가) 5 N
사포판 (나) 15 N
나무판 (다) 10 N
나무판 (라) 20 N
나무판 (마) 10 N
나무판 (바) 10 N

❶ (가)와 (나)를 비교하면 접촉면이 거칠수록 마찰력이 크다.
❷ (다)와 (라)를 비교하면 물체의 무게가 **②**☐☐☐수록 마찰력이 크다.
❸ (다), (마), (바)를 비교하면 접촉면의 넓이는 마찰력의 크기와 관계없다.

개념 ⊕ 알아보기

♦ 빗면 위에 놓여 있는 물체에 작용하는 힘

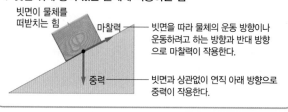

빗면이 물체를 떠받치는 힘 / 마찰력 / 중력

마찰력 — 빗면을 따라 물체의 운동 방향이나 운동하려고 하는 방향과 반대 방향으로 마찰력이 작용한다.

빗면과 상관없이 연직 아래 방향으로 중력이 작용한다.

2 마찰력을 이용한 예

마찰력을 **③**☐게 하는 경우	- 계단에 미끄럼 방지 패드를 붙인다. - 체조 선수가 손에 백색 가루를 묻힌다. - 등산화의 바닥을 울퉁불퉁하게 만든다. - 빙판길에 모래를 뿌려 미끄러지지 않게 한다. - 고무장갑의 손바닥 부분을 울퉁불퉁하게 만든다. - 자동차가 눈길에 미끄러지지 않도록 바퀴에 체인을 감는다.

▲ 체조 선수 손의 백색 가루 ▲ 울퉁불퉁한 등산화 바닥

마찰력을 **④**☐게 하는 경우	- 수영장 미끄럼틀에 물을 뿌린다. - 자전거 체인에 윤활유**①**를 칠한다. - 창틀 사이에 작은 바퀴를 설치한다. - 눈 위에서 잘 미끄러지도록 스키나 스노보드를 탄다. - 컬링 경기 중에 얼음판을 문질러 얼음을 녹이면 스톤이 잘 미끄러진다.

▲ 물을 뿌리는 미끄럼틀 ▲ 자전거 체인의 윤활유

B 부력

1 부력② 액체나 기체에 잠긴 물체를 위로 밀어 올리는 힘

(1) 부력의 방향
- 중력의 방향과 반대 방향으로 작용한다.
- **⑤**☐쪽으로 작용한다.

부력 / 물 / 중력

▲ 부력과 중력의 방향

(2) 부력의 크기

- 물에 잠긴 물체의 부피가 클수록 부력의 크기가 크다.
- 물체에 작용하는 부력의 크기는 물체가 물에 잠긴 후 ❻ ☐☐한 무게와 같다.
  ┗ 부력의 크기는 물체가 물에 잠기면서 흘러넘친 물의 무게와 같다.

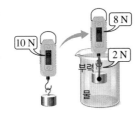
▲ 부력의 크기

(부력의 크기)=(물 밖에서의 무게)-(물속에서의 무게)

[물에 잠긴 부피가 다를 때 부력의 크기 비교]

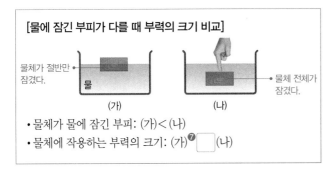

물체가 절반만 잠겼다. (가)
물체 전체가 잠겼다. (나)

- 물체가 물에 잠긴 부피: (가)<(나)
- 물체에 작용하는 부력의 크기: (가)❼ ☐ (나)

---

(3) 부력과 중력의 크기 비교

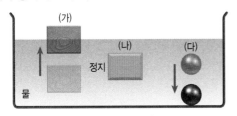

(가) (나) 정지 (다) 물

(가) 부력>중력	(나) 부력=중력	(다) 부력<중력
위쪽으로 작용하는 ❽☐☐이 크므로 물체가 위로 떠오른다.	알짜힘이 0이므로 물체가 물 위나 물속에 가만히 떠 있다.	아래쪽으로 작용하는 중력이 크므로 물체가 가라앉는다.

2 부력을 이용한 예

- 크고 무거운 배가 물에 뜬다.
- 풍등을 띄우면 하늘로 올라간다.
- 구명조끼나 구명환이 물에 뜬다.
- 헬륨 풍선이 하늘 높이 올라간다.
- 부표를 띄워 물 위에 위치를 표시한다.
- 헬륨을 채운 비행선이 공중에 떠 있다.
- 수영장에서 물속에 들어가면 몸이 뜬다.
- 열기구 안이 뜨거운 공기로 차면 열기구가 떠오른다.
- 잠수함은 부력과 중력을 조절하여 바다에 뜨고 가라앉는다.

▲ 풍등

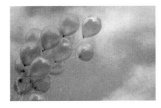
▲ 헬륨 풍선

기출 PICK A -1

힘을 작용해도 정지해 있는 물체에 작용하는 마찰력

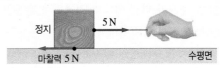

정지 / 5 N / 마찰력 5 N / 수평면

- 마찰력의 방향: 물체에 작용한 힘의 방향과 반대 방향이다.
- 마찰력의 크기: 물체에 작용한 힘의 크기와 같다.

기출 PICK A -2

마찰력을 이용한 예 구분하기

마찰력을 크게 하는 경우	미끄러지지 않아야 할 때
마찰력을 작게 하는 경우	잘 미끄러져야 할 때

기출 PICK B -1

다양한 물체에 작용하는 부력과 중력을 비교하는 방법

❶ 물에 잠긴 부피를 비교한다.
❷ 부력의 크기를 비교한다.
❸ 물체가 떠오르는지, 가만히 떠 있는지, 가라앉는지를 확인하여 부력과 중력의 크기를 비교한다.
❹ 물체에 작용하는 중력의 크기로 물체의 질량을 비교한다.

부피가 같고, 질량이 다른 물체에 작용하는 부력과 중력 비교

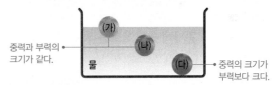

중력과 부력의 크기가 같다. / (가) (나) (다) / 물 / 중력의 크기가 부력보다 크다.

- 물에 잠긴 부피: (가)<(나)=(다)
- 물체에 작용하는 부력의 크기: (가)<(나)=(다)
- 물체에 작용하는 중력의 크기: (가)<(나)<(다)
- 물체의 질량: (가)<(나)<(다)

기출 PICK B -2

잠수함의 수심 변화에 따른 부력과 중력의 크기 비교

잠수함이 떠오를 때	부력이 중력보다 크다.
잠수함이 수심을 그대로 유지할 때	부력과 중력의 크기가 같다.
잠수함이 물속에 가라앉을 때	중력이 부력보다 크다.

용어

❶ 윤활유(潤 젖다, 滑 미끄럽게 하다, 油 기름): 기계가 맞닿는 부분의 마찰을 작게 하기 위해 쓰는 기름
❷ 부력(浮 뜨다, 力 힘): 액체나 기체 속에 있는 물체가 위로 뜨려는 힘

답 ❶ 마찰력 ❷ 무거울 ❸ 크 ❹ 작 ❺ 위 ❻ 감소 ❼ < ❽ 부력

OX로 개념 확인

♦ 개념에 대한 설명이 옳으면 ○, 옳지 않으면 ×로 쓰고, ×인 경우 옳지 않은 부분에 밑줄을 긋고 옳은 문장으로 고쳐 보자.

084 한 물체가 다른 물체와 접촉하여 운동할 때 접촉면에서 물체의 운동을 방해하는 힘을 마찰력이라고 한다. (   )

_____

085 마찰력은 물체가 운동하거나 운동하려고 하는 방향과 같은 방향으로 작용한다. (   )

_____

086 물체의 접촉면이 거칠수록, 물체의 무게가 무거울수록 마찰력의 크기가 크다. (   )

_____

087 물체가 미끄러지지 않아야 하는 경우에는 마찰력을 작게 한다. (   )

_____

088 창문이 잘 열리도록 하기 위해 창틀 사이에 작은 바퀴를 설치하여 마찰력을 크게 한다. (   )

_____

089 물이나 공기에 잠긴 물체를 위로 밀어 올리는 힘을 부력이라고 한다. (   )

_____

090 부력의 방향은 중력의 방향과 같은 방향이다. (   )

_____

091 물에 잠긴 물체의 부피가 클수록 부력의 크기가 크다. (   )

_____

092 (부력의 크기)=(물속에서 물체의 무게)−(물 밖에서 물체의 무게) (   )

_____

093 물체에 작용하는 부력이 중력보다 크면 물체는 위로 떠오른다. (   )

난이도별 필수기출

A 마찰력

094 하

그림은 수평면 위에 놓여 있는 나무 도막을 밀어 나무 도막이 운동하고 있는 모습을 나타낸 것이다.

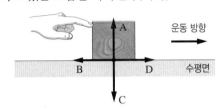

나무 도막에 작용하는 마찰력의 방향으로 옳은 것은?

① A
② B
③ C
④ D
⑤ 마찰력이 작용하지 않는다.

095 하

물체에 작용하는 마찰력의 크기에 영향을 주는 요인으로 옳은 것을 모두 고르면? (2 개)

① 물체의 색
② 물체의 무게
③ 물체의 부피
④ 접촉면의 색
⑤ 접촉면의 거칠기

★빈출 096 하

그림 (가)~(다)는 같은 종류의 나무 도막을 여러 가지 상황에서 잡아당겨 나무 도막이 운동하고 있는 모습을 나타낸 것이다.

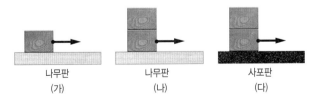

(가)~(다)에서 나무 도막에 작용하는 마찰력의 크기를 옳게 비교한 것은?

① (가)>(나)>(다)
② (나)>(가)>(다)
③ (나)>(다)>(가)
④ (다)>(가)>(나)
⑤ (다)>(나)>(가)

★빈출 097 하

일상생활에 편리하도록 마찰력을 크게 하는 경우를 〈보기〉에서 모두 고른 것은?

┌─────────────〈 보기 〉
ㄱ. 빙판길에 모래를 뿌린다.
ㄴ. 눈 위에서 스노보드를 탄다.
ㄷ. 자전거 체인에 기름을 칠한다.
ㄹ. 컬링 경기에서 얼음을 문지른다.
ㅁ. 고무장갑의 손바닥 부분을 울퉁불퉁하게 만든다.
ㅂ. 등산을 할 때 바닥이 울퉁불퉁한 등산화를 신는다.
└─────────────────────────

① ㄱ, ㄴ, ㄷ
② ㄱ, ㅁ, ㅂ
③ ㄴ, ㄷ, ㄹ
④ ㄷ, ㄹ, ㅂ
⑤ ㄹ, ㅁ, ㅂ

★빈출 098 하

마찰력을 작게 하는 예로 옳지 않은 것은?

① 눈 위에서 타는 스키
② 기계에 칠하는 윤활유
③ 물을 뿌리는 미끄럼틀
④ 창틀 사이의 작은 바퀴
⑤ 계단에 붙이는 미끄럼 방지 패드

★빈출 099 중

이 문제에서 볼 수 있는 보기는 多

마찰력에 대한 설명으로 옳지 않은 것을 모두 고르면? (3 개)

① 두 물체가 접촉한 상태에서만 작용한다.
② 접촉면에서 물체의 운동을 도와주는 힘이다.
③ 마찰력은 물체의 운동 방향과 반대 방향으로 작용한다.
④ 물체에 힘이 작용할 때 물체가 계속 정지해 있으면 물체에 작용한 힘과 반대 방향으로 마찰력이 작용한다.
⑤ 접촉면을 매끄럽게 하면 마찰력의 크기가 작아진다.
⑥ 접촉면의 넓이가 넓을수록 마찰력의 크기가 크다.
⑦ 수레에 싣는 짐의 무게와 마찰력의 크기는 관계없다.

100 ᅙ

그림은 빗면에 놓인 나무 도막이 빗면을 따라 미끄러져 운동하고 있는 모습을 나타낸 것이다.

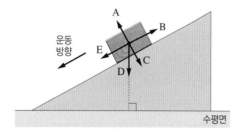

나무 도막에 작용하는 중력과 마찰력의 방향을 옳게 짝 지은 것은?

	중력	마찰력		중력	마찰력
①	A	B	②	C	A
③	C	B	④	D	B
⑤	D	E			

101 ᅙ

다음은 마찰력의 크기에 영향을 미치는 요인을 알아보기 위한 실험 과정을 설명한 것이다.

(가) 힘 센서를 이용하여 나무판 위에서 나무 도막 1개를 천천히 당기면서 나무 도막이 움직이기 시작할 때 힘의 크기를 측정한다.

(나) 같은 나무 도막 2개를 나무판 위에서 천천히 당기면서 나무 도막이 움직이기 시작할 때 힘의 크기를 측정한다.

(다) 같은 나무 도막 1개를 유리판 위에서 천천히 당기면서 나무 도막이 움직이기 시작할 때 힘의 크기를 측정한다.

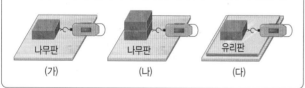

이에 대한 설명으로 옳은 것을 모두 고르면? (2개)

① 측정된 힘의 크기는 마찰력의 크기를 나타낸다.
② 나무 도막에 작용하는 마찰력의 크기가 가장 작은 것은 (가)이다.
③ (가)와 (나)에서는 같은 나무판을 사용하였으므로 마찰력의 크기가 같다.
④ (가)와 (다)를 비교하면 접촉면의 거칠기와 마찰력의 크기 사이의 관계를 알 수 있다.
⑤ (나)와 (다)를 비교하면 나무 도막의 무게와 마찰력의 크기 사이의 관계를 알 수 있다.

[102~103] 그림은 크기와 재질이 같은 나무 도막을 나무판과 사포판 위에서 각각 천천히 잡아당기면서 나무 도막이 움직이기 시작하는 순간에 힘 센서로 잡아당기는 힘의 크기를 측정하는 모습을 나타낸 것이다.

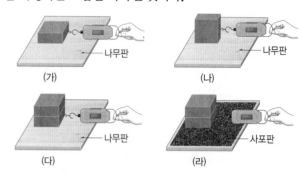

102 ᅙ

(가)~(라)에서 나무 도막에 작용하는 마찰력의 크기를 옳게 비교한 것은?

① (가)>(나)>(다)=(라)
② (다)=(라)>(가)>(나)
③ (다)>(라)>(가)=(나)
④ (라)>(가)=(나)=(다)
⑤ (라)>(다)>(가)=(나)

103 ᅙ

이 실험에서 알 수 있는 사실로 옳은 것은?

① 물체의 무게는 마찰력의 크기와 관계없다.
② 접촉면이 거칠수록 마찰력의 크기가 크다.
③ 접촉면이 거칠수록 마찰력의 크기가 작다.
④ 접촉면이 넓을수록 마찰력의 크기가 크다.
⑤ 접촉면이 넓을수록 마찰력의 크기가 작다.

104 ᅙ

오른쪽 그림은 자동차가 눈길에서 잘 미끄러지지 않도록 바퀴에 체인을 감는 모습을 나타낸 것이다. 이와 같은 방식으로 마찰력을 이용하는 예를 〈보기〉에서 모두 고른 것은?

─〈 보기 〉─
ㄱ. 장갑이나 양말에 고무를 덧댄다.
ㄴ. 수영장 미끄럼틀에 물을 뿌린다.
ㄷ. 체조 선수가 손에 백색 가루를 묻힌다.
ㄹ. 수직추를 활용하여 수직을 확인한다.

① ㄱ, ㄴ   ② ㄱ, ㄷ   ③ ㄴ, ㄹ
④ ㄱ, ㄷ, ㄹ   ⑤ ㄴ, ㄷ, ㄹ

★빈출
105 ⟨상⟩

그림은 책상에 물체를 올려놓고 오른쪽으로 10 N의 힘으로 잡아당겼지만 물체가 움직이지 않고 정지해 있는 모습을 나타낸 것이다.

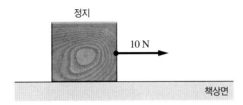

정지

10 N

책상면

이에 대한 설명으로 옳지 <u>않은</u> 것을 모두 고르면? (2 개)

① 정지해 있는 물체에는 마찰력이 작용하지 않는다.
② 물체에 작용하는 힘들은 평형 상태이다.
③ 물체에 작용하는 마찰력의 방향은 왼쪽이다.
④ 물체에 작용하는 마찰력의 크기는 10 N이다.
⑤ 물체의 무게가 더 무거워지면 물체에 작용하는 마찰력이 커진다.

106 ⟨상⟩

그림과 같이 마찰이 있는 수평면 위에 놓여 있는 나무 도막에 줄을 연결하여 조금씩 힘을 주어 잡아당겼더니, 3 N의 힘으로 잡아당겼을 때 나무 도막이 처음 움직이기 시작하였다.

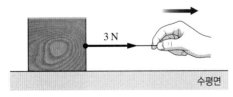

3 N

수평면

이에 대한 설명으로 옳은 것을 〈보기〉에서 모두 고른 것은?

〈 보기 〉
ㄱ. 나무 도막을 2 N의 힘으로 잡아당길 때는 마찰력이 작용하지 않는다.
ㄴ. 3 N의 힘으로 나무 도막을 잡아당길 때 나무 도막에 작용하는 알짜힘은 0이다.
ㄷ. 접촉면을 더 거칠게 하면 3 N의 힘으로 나무 도막을 잡아당겨도 나무 도막이 움직이지 않는다.

① ㄱ   ② ㄷ   ③ ㄱ, ㄴ
④ ㄴ, ㄷ   ⑤ ㄱ, ㄴ, ㄷ

107 ⟨상⟩

그림은 크기와 재질이 같은 나무 도막을 유리판, 나무판, 사포판 위에 올려놓고 판을 서서히 기울일 때, 나무 도막이 미끄러지기 시작한 기울기를 나타낸 것이다.

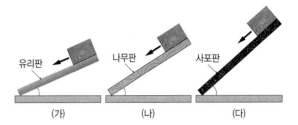

유리판   나무판   사포판

(가)   (나)   (다)

이에 대한 설명으로 옳은 것을 〈보기〉에서 모두 고른 것은? (단, 나무 도막이 미끄러지기 시작한 기울기는 (가)에서가 가장 작고, (다)에서가 가장 크다.)

〈 보기 〉
ㄱ. 나무 도막에 작용하는 마찰력의 방향은 기울어진 경사면의 아래 방향이다.
ㄴ. 접촉면이 거칠수록 나무 도막이 미끄러지는 순간의 기울기가 크다.
ㄷ. 나무 도막이 미끄러지는 기울기가 클수록 나무 도막에 작용하는 마찰력의 크기가 크다.

① ㄱ   ② ㄴ   ③ ㄱ, ㄷ
④ ㄴ, ㄷ   ⑤ ㄱ, ㄴ, ㄷ

B 부력

108 ⟨하⟩

오른쪽 그림은 물 위에 튜브가 가만히 떠 있는 모습을 나타낸 것이다. 튜브에 작용하는 부력의 방향은?

① 왼쪽   ② 오른쪽
③ 위쪽   ④ 아래쪽
⑤ 부력이 작용하지 않는다.

★빈출
109 ⟨하⟩

무게가 20 N인 물체를 용수철저울에 매달아 물속에 잠기도록 넣었더니 용수철저울의 눈금이 15 N이 되었다. 이 물체에 작용하는 부력의 크기는?

① 5 N   ② 10 N   ③ 15 N
④ 20 N   ⑤ 35 N

110 하

그림은 무게가 10 N인 오리가 물 위에 가만히 떠 있는 모습을 나타낸 것이다.

오리에게 작용하는 부력의 크기는?

① 1 N   ② 5 N   ③ 10 N

④ 15 N   ⑤ 20 N

111 하

다음은 일상생활 속 어떤 현상을 설명한 것이다.

- 무거운 배가 물에 뜬다.
- 헬륨 풍선이 하늘 높이 올라간다.
- 물에 빠진 사람이 구명환을 잡고 물에 뜬다.

이러한 현상들과 공통적으로 관계있는 힘은?

① 중력   ② 탄성력   ③ 마찰력

④ 부력   ⑤ 전기력

★빈출 112 중   이 문제에서 볼 수 있는 보기는 多

부력에 대한 설명으로 옳지 않은 것을 모두 고르면? (2 개)

① 부력은 액체 속에서만 작용하는 힘이다.

② 부력은 중력과 반대 방향으로 작용한다.

③ 물속에서 물이 물체를 아래 방향으로 누르는 힘이다.

④ 부력의 크기는 물에 잠긴 물체의 부피가 클수록 크다.

⑤ 같은 무게의 물체라도 부피가 크면 물에 잠겼을 때 부력의 크기가 크다.

⑥ 물체에 작용하는 중력이 물체에 작용하는 부력보다 크면 물체는 가라앉는다.

⑦ 물속에 잠긴 물체에 작용하는 부력이 물체에 작용하는 중력보다 크면 물체는 떠오른다.

★빈출 113 중

그림 (가)와 같이 물 밖에서 힘 센서에 물체를 매달아 무게를 측정하였더니 10 N으로 측정되었고, (나)와 같이 같은 물체를 물에 완전히 잠기게 하여 무게를 측정하였더니 8 N으로 측정되었다.

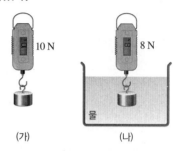

이에 대한 설명으로 옳지 않은 것은?

① (가)에서 물체에 작용하는 중력의 크기는 10 N이다.

② (나)에서 물체에 작용하는 중력의 크기는 8 N이다.

③ (나)에서 물체에 작용하는 부력의 방향은 위쪽이다.

④ (나)에서 물체에 작용하는 부력의 크기는 2 N이다.

⑤ (나)에서 물체를 물에 반만 잠기게 하면 힘 센서의 측정값이 증가한다.

114 중

그림 (가)는 용수철저울에 무게가 30 N인 물체를 매달고 물체의 절반만 물에 잠기게 했을 때의 모습을, (나)는 물체가 완전히 잠기게 했을 때의 모습을 나타낸 것이다. (나)에서 용수철저울의 눈금은 20 N이었다.

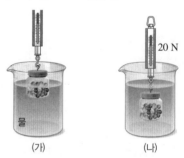

이에 대한 설명으로 옳은 것을 〈보기〉에서 모두 고른 것은?

보기
ㄱ. 물체에 작용하는 부력의 크기는 (가)>(나)이다.
ㄴ. 용수철저울의 눈금은 (가)>(나)이다.
ㄷ. (가)에서 용수철저울의 눈금은 25 N이다.

① ㄱ   ② ㄷ   ③ ㄱ, ㄴ

④ ㄴ, ㄷ   ⑤ ㄱ, ㄴ, ㄷ

★빈출
115 ⓛ

그림은 양팔저울에 무게가 같고 부피가 다른 두 왕관 A, B 를 매달고 수평을 이루게 한 모습을 나타낸 것이다. 왕관의 부피는 B가 A보다 크다.

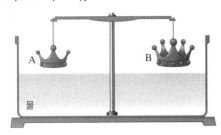

두 왕관을 물속에 완전히 잠기게 하였을 때에 대한 설명으로 옳은 것을 〈보기〉에서 모두 고른 것은?

┌─────〈 보기 〉─────
│ ㄱ. 양팔저울은 B 쪽으로 기울어진다.
│ ㄴ. A에 작용하는 중력은 B에 작용하는 중력보다 크기가 크다.
│ ㄷ. B에 작용하는 부력은 A에 작용하는 부력보다 크기가 크다.
└──────────────────

① ㄱ　　　　② ㄷ　　　　③ ㄱ, ㄴ
④ ㄴ, ㄷ　　　⑤ ㄱ, ㄴ, ㄷ

116 ⓢ

그림 (가)는 물병에 가득 찬 물에 추를 넣기 전에 추의 무게를 측정한 모습을, (나)는 추를 물에 완전히 잠기도록 넣고 추의 무게와 넘친 물의 무게를 측정하는 모습을 나타낸 것이다. (가)에서 측정된 추의 무게는 20 N이고, (나)에서 추가 물에 잠기면서 흘러넘친 물의 무게는 5 N이다.

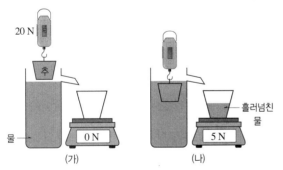

이에 대한 설명으로 옳은 것을 〈보기〉에서 모두 고른 것은?

┌─────〈 보기 〉─────
│ ㄱ. (나)에서 추에 작용하는 부력의 크기는 5 N이다.
│ ㄴ. (나)에서 힘 센서에 측정된 값은 15 N이다.
│ ㄷ. 추가 물에 잠기면서 흘러넘친 물의 부피는 추의 부피와 같다.
└──────────────────

① ㄱ　　　　② ㄷ　　　　③ ㄱ, ㄴ
④ ㄴ, ㄷ　　　⑤ ㄱ, ㄴ, ㄷ

117 ⓢ

그림은 부피가 같은 물체 A~C를 물이 든 수조에 넣었을 때, A~C가 물속에서 정지해 있는 모습을 나타낸 것이다.

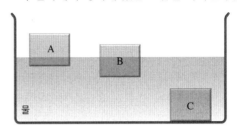

이에 대한 설명으로 옳은 것은?

① A와 B에 작용하는 부력의 크기는 같다.
② B에 작용하는 중력과 부력은 크기가 같다.
③ B에 작용하는 부력의 크기는 C보다 크다.
④ C에 작용하는 중력과 부력은 힘의 평형을 이룬다.
⑤ A에 작용하는 중력의 크기는 B와 C에 작용하는 중력보다 크다.

118 ⓢ　　　　　이 문제에서 볼 수 있는 보기는 多

여러 가지 힘의 종류와 그와 관련된 현상을 잘못 짝 지은 것을 모두 고르면? (2 개)

① 중력 – 달이 지구 주위를 돌고 있다.
② 탄성력 – 수영장 미끄럼틀에 물을 뿌린다.
③ 탄성력 – 번지 점프를 하면 다시 튀어 오른다.
④ 마찰력 – 겨울철 도로가 얼면 길이 미끄럽다.
⑤ 마찰력 – 고무공을 깔고 앉으면 튕겨져 나온다.
⑥ 부력 – 헬륨을 채운 비행선이 위로 올라간다.
⑦ 부력 – 부표를 물 위에 띄워 바다에서 위치를 표시한다.

A 마찰력

빈출
119 하

마찰력의 크기가 커지는 2 가지 요인을 서술하시오.

_____

_____

빈출
120 중

그림 (가)~(다)와 같이 크기와 재질이 같은 나무 도막을 나무판과 아크릴 판 위에 올려놓고 서서히 잡아당기면서 나무 도막이 움직이는 순간 용수철저울의 눈금을 측정하였다.

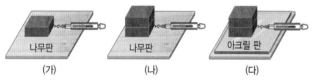

(가)~(다) 중 용수철저울 눈금의 크기가 가장 큰 것을 쓰고, 그 까닭을 서술하시오.

_____

_____

121 중

실생활 속에서 물체에 작용하는 마찰력을 작게 하는 예와 마찰력을 크게 하는 예를 각각 1 가지씩 서술하시오.

(1) 마찰력을 작게 하는 예

_____

_____

(2) 마찰력을 크게 하는 예

_____

_____

122 중

그림과 같이 용수철에 고정된 상태로 수평한 바닥에 놓여 있는 나무 도막을 잡아당겨 오른쪽 방향으로 이동시키고 있다.

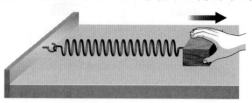

나무 도막에 수평 방향으로 작용하는 힘 2 가지를 쓰고, 힘의 방향을 각각 서술하시오.

_____

_____

123 상

그림은 기울기를 조절할 수 있는 빗면에 정육면체 나무 도막의 사포, 나무, 플라스틱 면을 아래로 하여 올려놓은 뒤, 빗면을 천천히 들어 올려 나무 도막이 미끄러지기 시작하는 평균 각도를 측정하는 실험 장치의 모습을 나타낸 것이다. 표는 나무 도막 아래쪽 면의 재질에 따라 각도를 측정한 실험 결과를 나타낸 것이다.

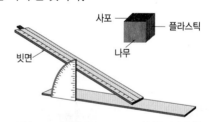

재질	거친 정도	평균 각도
사포	가장 거칠다.	40°
나무	조금 거칠다.	30°
플라스틱	매끄럽다.	20°

(1) 재질에 따라 나무 도막에 작용하는 마찰력의 크기를 등호 또는 부등호를 이용하여 비교하시오.

_____

(2) 이 실험으로 알 수 있는 것은 무엇인지 서술하시오.

_____

_____

B 부력

124 하

오른쪽 그림과 같이 무게가 5 N인 물체를 힘 센서에 매달고, 물체를 물이 든 수조에 넣었더니 힘 센서의 측정값이 3 N이 되었다. 이 물체가 받는 부력의 방향을 쓰고, 부력의 크기를 풀이 과정과 함께 구하시오.

• 방향: _____

• 크기: _____

125 중

그림은 막대 양쪽 끝에 무게가 같은 쇠구슬을 매달아 수평을 맞춘 뒤 쇠구슬을 각각 컵에 넣고, 오른쪽 컵에만 쇠구슬이 잠길 만큼 물을 넣는 모습을 나타낸 것이다.

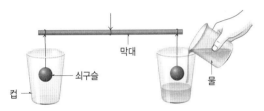

물을 넣은 후 막대가 어느 쪽으로 기울어지는지 쓰고, 그 까닭을 서술하시오.

_____

_____

126 중

그림 (가)는 빈 페트병을 물속에 절반만 잠기게 한 모습을, (나)는 빈 페트병 전체를 물속에 잠기게 한 모습을 나타낸 것이다.

 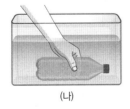

(가)   (나)

(가)와 (나) 중 페트병에 작용하는 부력의 크기가 큰 것을 쓰고, 그 까닭을 서술하시오.

_____

_____

127 상

그림은 빈 화물선 A와 짐을 가득 실은 화물선 B의 모습을 비교해 나타낸 것이다.

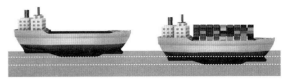

빈 화물선 A   짐을 가득 실은 화물선 B

(1) A와 B 중 화물선에 작용하는 부력의 크기가 큰 것을 쓰고, 그 까닭을 서술하시오.

_____

_____

(2) A와 B 중 화물선에 작용하는 중력의 크기가 큰 것을 쓰고, 그 까닭을 힘의 평형을 포함하여 서술하시오.

_____

_____

128 상

다음은 잠수함이 물속에 잠수하는 원리를 설명한 것이다.

> 잠수함에는 물이나 공기를 채울 수 있는 공기 조절 탱크가 있다. 잠수함이 바닷속으로 잠수할 때는 공기 조절 탱크에 물을 채워 가라앉게 한다. 이때 잠수함이 잠수한 수심을 유지하기 위해서는 잠수함의 공기 조절 탱크에 물을 적당량 채워야 한다.
>
>

(1) 물에 뜬 잠수함의 공기 조절 탱크에 물을 가득 채우면 잠수함에 작용하는 중력과 부력의 크기는 어떻게 변하는지 서술하시오.

_____

_____

(2) 잠수함이 잠수한 수심을 유지하기 위해서는 공기 조절 탱크에 물을 어느 정도 채워야 하는지 서술하시오.

_____

_____

힘의 작용과 운동 상태 변화

A 알짜힘이 0일 때 물체의 운동

1 정지해 있는 물체에 작용하는 알짜힘이 0일 때

(1) **물체의 운동 상태**: 물체의 운동 상태가 변하지 않고 정지한 상태를 유지한다.

(2) **물체에 작용하는 힘**: 물체에 작용하는 두 가지 이상의 힘이 평형을 이루어 알짜힘이 **❶**[   ]이다.
　└ 힘의 방향이 서로 반대이고, 힘의 크기가 같다.

(3) 정지해 있는 물체에 작용하는 알짜힘이 0인 예

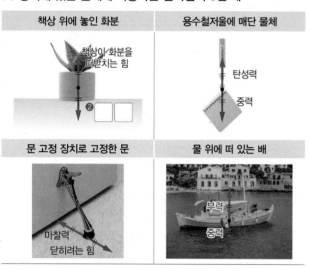

책상 위에 놓인 화분	용수철저울에 매단 물체
책상이 화분을 떠받치는 힘 / ❷[ ]	탄성력 / 중력
문 고정 장치로 고정한 문	물 위에 떠 있는 배
마찰력 / 닫히려는 힘	부력 / 중력

2 운동하고 있는 물체에 작용하는 알짜힘이 0일 때

(1) **물체의 운동 방향**: 운동 방향이 변하지 않고, 일정한 방향으로 운동한다.

(2) **물체의 속력**: **❸**[   ]한 속력으로 운동한다.

운동 방향 →
같은 시간 동안 이동한 거리가 일정하다.
처음 위치 　　나중 위치

(3) 운동하고 있는 물체에 작용하는 알짜힘이 0인 예

- 무빙워크 위에 서 있는 사람
- 컨베이어 벨트 위에서 이동하는 상자
- 스키장의 리프트를 타고 올라가는 사람
- 올라가는 에스컬레이터 위에 서 있는 사람

▲ 무빙워크

▲ 컨베이어 벨트

개념 ❹ 알아보기

◆ **속력**
- 속력은 단위 시간(1 초) 동안 물체가 이동한 거리를 나타낸다.

$$속력 = \frac{이동한\ 거리}{시간}$$

- 일정한 시간 동안 이동한 거리가 같으면 속력이 일정하다.
- 일정한 시간 동안 이동한 거리가 점점 늘어나면 속력이 점점 빨라진 것이다.

B 힘의 작용과 운동 상태 변화

1 힘이 작용하는 방향과 운동 상태 변화
물체에 작용하는 알짜힘의 **❹**[   ]에 따라 물체의 운동 상태가 변한다.

운동 방향과 나란한 방향으로 알짜힘이 작용할 때	물체의 운동 방향은 변하지 않고, 속력만 변한다.
운동 방향과 수직 방향으로 알짜힘이 작용할 때	물체의 속력은 변하지 않고, 운동 방향만 변한다.
운동 방향과 비스듬한 방향으로 알짜힘이 작용할 때	물체의 운동 방향과 속력이 모두 변한다.

2 속력만 변하는 운동

(1) **물체의 속력만 변하는 운동**: 알짜힘이 물체의 운동 방향과 나란한 방향으로 작용한다.

속력이 점점 빨라지는 운동	속력이 점점 느려지는 운동
운동 방향 → / 알짜힘	운동 방향 → / 알짜힘
알짜힘이 운동 방향과 **❺**[ ] 방향으로 작용한다.	알짜힘이 운동 방향과 **❻**[ ] 방향으로 작용한다.

(2) 속력만 변하는 운동 예

- 짚라인
- 자이로 드롭
- 운동장에서 굴러가는 공
- 빗면을 내려오는 스키 점프 선수
- 승강기
- 직선 미끄럼틀
- 자유 낙하 운동❶을 하는 공

▲ 자이로 드롭

▲ 직선 미끄럼틀

3 운동 방향만 변하는 운동

(1) **물체의 운동 방향만 변하는 운동**: 알짜힘이 물체의 운동 방향과 수직 방향으로 작용한다.

운동	물체가 일정한 속력으로 **❼**□□을 그리며 운동한다.	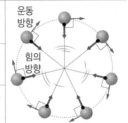
힘의 방향	운동 방향과 수직 방향 =원의 중심 방향	
운동 방향	원의 접선**❷** 방향으로 계속 변한다.	

(2) **운동 방향만 변하는 운동 예**

- 대관람차
- 인공위성
- 회전목마
- 회전 그네

▲ 대관람차

▲ 회전목마

4 속력과 운동 방향이 모두 변하는 운동

(1) **물체의 속력과 운동 방향이 모두 변하는 운동**: 알짜힘이 물체의 운동 방향과 비스듬한 방향으로 작용한다.

구분	비스듬히 던져 올린 물체의 운동	같은 경로를 왕복하는 운동
운동 하는 모습	운동 방향 / 중력	운동 방향 / 운동 방향
힘의 방향	연직 아래 방향으로 중력이 작용한다.	운동 방향과 비스듬한 방향으로 알짜힘이 작용한다.
속력	올라갈 때는 느려지고, 내려올 때는 빨라진다.	느려지고, 빨라지기를 반복한다.
운동 방향	운동 경로의 **❽**□□ 방향으로 계속 변한다.	

(2) **속력과 운동 방향이 모두 변하는 운동 예**

- 비스듬히 던진 농구공
- 그네
- 바이킹
- 비스듬히 차올린 축구공
- 시계추
- 롤러코스터

▲ 비스듬히 던진 농구공

▲ 바이킹

기출 PICK

🖊 기출 PICK A-2

속력이 일정한 물체의 그래프

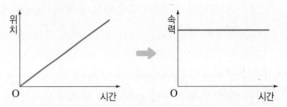

- **위치-시간 그래프**: 기울기가 속력을 나타내므로 기울기가 일정한 직선 그래프로 나타난다.
- **속력-시간 그래프**: 속력이 일정한 그래프로 나타난다

🖊 기출 PICK B-2

승강기의 운동과 승강기에 작용하는 알짜힘

승강기가 정지해 있을 때	알짜힘이 0이다.
승강기가 출발하여 속력이 빨라질 때	승강기의 운동 방향과 같은 방향으로 알짜힘이 작용한다.
승강기가 일정한 속력으로 움직일 때	알짜힘이 0이다.
승강기가 정지하기 전 속력이 느려질 때	승강기의 운동 방향과 반대 방향으로 알짜힘이 작용한다.

🖊 기출 PICK B-3

줄에 매달려 원운동을 하는 물체의 운동 방향

운동 방향이 원의 접선 방향으로 계속 변한다.

줄을 놓는다.

원의 중심 방향으로 힘이 작용하지 않으면 물체는 접선 방향으로 날아간다.

🖊 기출 PICK B-4

다양한 놀이 기구의 분류

속력만 변하는 운동	자이로 드롭, 직선 미끄럼틀 등
운동 방향만 변하는 운동	대관람차, 회전목마, 회전 그네 등
속력과 운동 방향이 모두 변하는 운동	바이킹, 롤러코스터 등

용어

❶ **자유 낙하 운동**: 일정한 높이에서 정지해 있는 물체에 중력만 작용하며 떨어지는 운동
❷ **접선(接 잇다, 線 선)**: 원과 직선이 한 점에서 만날 때의 직선

답 | ❶ 0 ❷ 중력 ❸ 일정 ❹ 방향 ❺ 같은 ❻반대 ❼ 원 ❽ 접선

OX로 개념 확인

◆ 개념에 대한 설명이 옳으면 ○, 옳지 않으면 ✕로 쓰고, ✕인 경우 옳지 않은 부분에 밑줄을 긋고 옳은 문장으로 고쳐 보자.

129 한 물체에 두 힘이 작용해도 물체가 정지해 있을 때는 물체에 작용한 힘들이 평형을 이룬다.　　　　(　　)

130 탁자 위에 가만히 놓여 있는 화분의 무게가 10 N이면 탁자가 화분을 떠받치는 힘의 크기는 10 N이다.　　　　(　　)

131 운동하고 있는 물체에 작용하는 알짜힘이 0이면 물체는 점점 느려지다가 운동을 멈춘다.　　　　(　　)

132 물체의 운동 방향과 수직 방향으로 알짜힘이 작용하면 물체는 운동 방향은 변하지 않고, 속력만 변하는 운동을 한다.　　　　(　　)

133 물체의 운동 방향과 반대 방향으로 알짜힘이 작용하면 물체의 속력은 점점 느려진다.　　　　(　　)

134 낙하하는 자이로 드롭은 속력만 변하는 운동을 한다.　　　　(　　)

135 물체의 운동 방향과 나란한 방향으로 알짜힘이 계속 작용하면 물체는 일정한 속력으로 원을 그리며 운동한다.　　　　(　　)

136 비스듬히 던져 올린 물체는 속력과 운동 방향이 모두 변하는 운동을 한다.　　　　(　　)

137 줄에 매달려 같은 경로를 왕복하는 운동을 하는 물체는 속력이 변하지 않고 일정하다.　　　　(　　)

138 그네는 속력과 운동 방향이 모두 변하는 운동을 한다.　　　　(　　)

★★★ 난이도별 필수 기출

A 알짜힘이 0일 때 물체의 운동

139 하

단위 시간 동안 물체가 이동한 거리를 나타내는 것은?

① 밀도   ② 부피   ③ 속력

④ 온도   ⑤ 질량

★빈출
140 하

일정한 운동 상태를 유지하는 경우로 옳지 <u>않은</u> 것은?

① 운동장 위를 구르는 공
② 무빙워크 위에 서 있는 사람
③ 스키장의 리프트에 앉아 있는 사람
④ 에스컬레이터를 타고 올라가는 사람
⑤ 컨베이어 벨트 위에서 이동하는 택배 상자

141 하

그림은 문 고정 장치를 이용하여 문이 열린 상태로 고정된 모습을 나타낸 것이다.

문 고정 장치

문 고정 장치가 이용하는 힘은?

① 부력   ② 중력   ③ 마찰력

④ 자기력   ⑤ 전기력

142 중

물체에 작용하는 알짜힘이 0일 때 물체의 운동 상태에 대한 설명으로 옳은 것을 〈보기〉에서 모두 고른 것은?

〈 보기 〉
ㄱ. 물체가 정지해 있다.
ㄴ. 물체의 속력이 변한다.
ㄷ. 물체의 운동 방향이 변한다.

① ㄱ   ② ㄴ   ③ ㄱ, ㄷ

④ ㄴ, ㄷ   ⑤ ㄱ, ㄴ, ㄷ

143 중

다음은 책상 위에 놓인 시계에 대한 설명이다.

그림과 같이 책상 위에 놓인 시계에는 지구 중심 방향으로 잡아당기는 (㉠)과 책상이 시계를 위로 떠받치는 힘이 (㉡)을/를 이루어서 알짜힘이 (㉢)이/가 된다. 따라서 시계는 움직이지 않고 계속 정지한 상태를 유지한다.

㉠~㉢에 들어갈 말을 옳게 짝 지은 것은?

	㉠	㉡	㉢
①	부력	수평	0
②	부력	평형	최대
③	중력	교차	최대
④	중력	수평	최대
⑤	중력	평형	0

★빈출
144 중

그림은 가방을 50 N의 힘으로 가만히 들고 있는 모습을 나타낸 것이다.

가방의 무게와 가방에 작용하는 알짜힘의 크기를 옳게 짝지은 것은?

	무게	알짜힘		무게	알짜힘
①	10 N	0	②	10 N	100 N
③	50 N	0	④	50 N	50 N
⑤	100 N	50 N			

145 상

그림은 직선상에서 어떤 물체의 위치를 시간에 따라 나타낸 것이다.

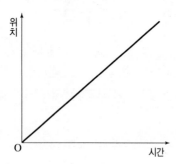

이에 대한 설명으로 옳은 것을 〈보기〉에서 모두 고른 것은?

〈 보기 〉
ㄱ. 물체는 정지해 있다.
ㄴ. 물체의 속력은 증가한다.
ㄷ. 물체에 작용하는 알짜힘은 0이다.

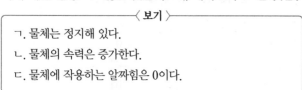

① ㄱ   ② ㄷ   ③ ㄱ, ㄴ
④ ㄴ, ㄷ   ⑤ ㄱ, ㄴ, ㄷ

146 상

그림은 무게가 5 N인 추가 용수철에 매달려 정지해 있는 모습을 나타낸 것이다.

이에 대한 설명으로 옳은 것을 〈보기〉에서 모두 고른 것은?

〈 보기 〉
ㄱ. 용수철의 탄성력은 크기가 5 N이다.
ㄴ. 추에 작용하는 탄성력과 중력은 평형을 이루고 있다.
ㄷ. 이와 같은 방식으로 용수철을 이용하여 물체의 무게를 측정할 수 있다.

① ㄱ   ② ㄷ   ③ ㄱ, ㄴ
④ ㄴ, ㄷ   ⑤ ㄱ, ㄴ, ㄷ

B 힘의 작용과 운동 상태 변화

속력이나 운동 방향이 변하는 운동

147 하

그림은 한 방향으로 일정한 크기의 알짜힘이 작용하고 있는 공의 모습을 일정한 시간 간격으로 나타낸 것이다.

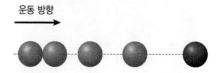

이에 대한 설명으로 옳은 것은?
① 공이 정지해 있다.
② 공의 운동 방향은 변한다.
③ 공의 속력이 점점 느려진다.
④ 공의 속력과 운동 방향이 모두 변한다.
⑤ 공의 운동 방향과 같은 방향으로 알짜힘이 작용한다.

빈출
148 하

물체의 운동 방향과 나란한 방향으로 알짜힘이 작용하는 예로 옳지 않은 것은?

① 짚라인
② 에스컬레이터
③ 가만히 낙하하기 시작하는 쇠공
④ 직선 미끄럼틀 위에서 굴러 내려가는 농구공
⑤ 평평한 잔디 위를 일직선으로 굴러가는 골프공

149 하

다음과 같은 운동을 하는 물체는?

- 운동하는 물체의 속력이 일정하다.
- 물체의 운동 방향이 계속 변한다.

① 위로 올라가는 승강기
② 비스듬히 던져 올린 공
③ 낙하하는 자이로 드롭
④ 빗면을 내려오는 스키 점프 선수
⑤ 일정한 속력으로 움직이는 회전목마

150 하

그림은 어떤 물체가 속력이 일정한 원운동을 하는 모습을 나타낸 것이다.

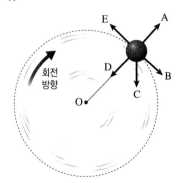

(가) 물체의 운동 방향과 (나) 물체에 작용하는 알짜힘의 방향을 옳게 짝 지은 것은?

	(가)	(나)		(가)	(나)
①	A	B	②	A	C
③	B	C	④	B	D
⑤	C	E			

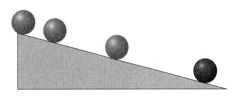 빈출
151 중

그림은 빗면에서 가만히 굴러 내려가는 공의 모습을 나타낸 것이다.

시간에 따른 공의 속력을 나타낸 그래프는?

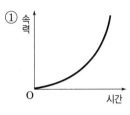 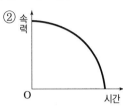
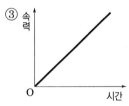 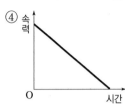
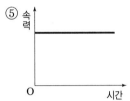

빈출
152 중

그림은 일정한 시간 간격으로 사진을 찍어 수평면에서 공이 일직선으로 굴러가는 모습을 나타낸 것이다.

공의 운동과 비슷한 운동을 하는 것은?

① 자유 낙하 하는 돌
② 연직 위로 던져 올린 공
③ 선풍기에서 돌고 있는 날개
④ 놀이터에서 그네를 타고 있는 아이
⑤ 많은 사람이 타고 이동하는 무빙워크

153 충

이 문제에서 볼 수 있는 보기는 多

그림은 줄에 매달린 공이 속력이 일정한 원운동을 하는 모습을 나타낸 것이다.

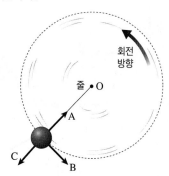

이에 대한 설명으로 옳지 않은 것을 모두 고르면? (2 개)

① 공의 운동 방향은 B이다.
② 공의 운동 방향은 계속 변한다.
③ 공에 작용하는 알짜힘은 0이다.
④ 공에 작용하는 알짜힘의 방향은 A이다.
⑤ 공에 작용하는 힘이 사라지면 공은 C 방향으로 날아간다.
⑥ 공에 작용하는 알짜힘은 공의 운동 방향과 수직 방향으로 작용한다.

154 상

그림은 승강기가 올라가는 모습을 나타낸 것이다.

정지해 있던 승강기가 올라가기 시작해서 정지할 때까지 승강기에 작용하는 알짜힘에 대한 설명으로 옳은 것을 〈보기〉에서 모두 고른 것은?

〈 보기 〉
ㄱ. 정지해 있을 때는 알짜힘이 0이다.
ㄴ. 속력이 빨라질 때는 알짜힘이 운동 방향과 같은 방향으로 작용한다.
ㄷ. 속력이 일정할 때는 알짜힘이 운동 방향과 반대 방향으로 작용한다.
ㄹ. 속력이 느려질 때는 알짜힘이 0이다.

① ㄱ, ㄴ   ② ㄱ, ㄹ   ③ ㄷ, ㄹ
④ ㄱ, ㄴ, ㄷ   ⑤ ㄴ, ㄷ, ㄹ

155 상

그림은 공기 중에서와 진공 상태에서 중력이 작용하여 구슬과 깃털이 낙하하는 모습을 일정한 시간 간격으로 나타낸 것이다.

(가) 공기 중　　　　(나) 진공 상태

이에 대한 설명으로 옳은 것을 〈보기〉에서 모두 고른 것은? (단, (가)와 (나)에서 사용한 구슬과 깃털은 동일하다.)

〈 보기 〉
ㄱ. (가)에서 구슬은 속력이 일정한 운동을 한다.
ㄴ. (나)에서 구슬과 깃털은 지면에 동시에 도달한다.
ㄷ. 깃털에 작용하는 중력의 크기는 (나)에서가 (가)에서보다 크다.

① ㄱ   ② ㄴ   ③ ㄱ, ㄷ
④ ㄴ, ㄷ   ⑤ ㄱ, ㄴ, ㄷ

속력과 운동 방향이 모두 변하는 운동

156 하

그림은 비스듬히 던져 올린 야구공이 날아가는 모습을 나타낸 것이다.

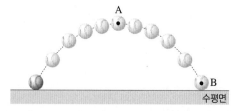

A 지점과 B 지점에서 공에 작용하는 알짜힘의 방향을 옳게 짝 지은 것은? (단, 공기 저항은 무시한다.)

	A 지점	B 지점		A 지점	B 지점
①	↑	↑	②	→	↑
③	→	→	④	→	↓
⑤	↓	↓			

157 하

속력과 운동 방향이 모두 변하는 운동을 하는 물체로 옳지 않은 것은?

① 비스듬히 차올린 축구공
② 활시위를 떠나 날아가는 화살
③ 훈련하기 위해 목표물을 향해 쏜 포탄
④ 완강기를 이용해 수직으로 낙하하는 사람
⑤ 농구 선수가 골대를 향해 비스듬히 던진 농구공

[158~159] 그림은 빗면을 따라 굴러 내려가는 탁구공에 비스듬한 방향으로 선풍기 바람을 보낼 때 탁구공이 운동하는 모습을 나타낸 것이다. (단, 탁구공과 바닥면 사이의 마찰력은 무시한다.)

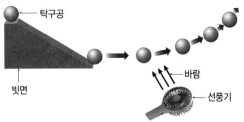

★빈출
158 중

빗면에서 내려온 탁구공의 운동에 대한 설명으로 옳지 않은 것은?

① 탁구공의 속력이 변한다.
② 탁구공의 운동 방향이 변한다.
③ 탁구공에 작용하는 알짜힘은 0이다.
④ 탁구공의 운동 방향과 비스듬한 방향으로 알짜힘이 작용한다.
⑤ 탁구공이 선풍기 바람의 영향을 받지 않는다면 탁구공의 운동 상태는 변하지 않는다.

159 중

탁구공의 속력과 운동 방향에 영향을 미치는 요인으로 옳은 것을 〈보기〉에서 모두 고른 것은?

〈보기〉
ㄱ. 선풍기의 색깔   ㄴ. 선풍기의 질량
ㄷ. 선풍기 바람의 세기   ㄹ. 선풍기 바람의 방향

① ㄱ, ㄴ   ② ㄱ, ㄷ   ③ ㄷ, ㄹ
④ ㄱ, ㄴ, ㄹ   ⑤ ㄴ, ㄷ, ㄹ

160 중

그림은 농구 선수가 농구 골대를 향해 던진 공의 모습을 나타낸 것이다.

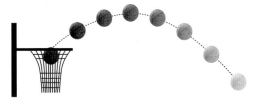

공이 날아가는 동안 변하는 것을 〈보기〉에서 모두 고른 것은? (단, 공기 저항과 공의 회전은 무시한다.)

〈보기〉
ㄱ. 공의 질량
ㄴ. 공의 속력
ㄷ. 공의 운동 방향
ㄹ. 공에 작용하는 알짜힘의 크기
ㅁ. 공에 작용하는 알짜힘의 방향

① ㄱ, ㄴ   ② ㄱ, ㄹ   ③ ㄴ, ㄷ
④ ㄷ, ㅁ   ⑤ ㄴ, ㄷ, ㅁ

161 중

그림은 실에 매달린 물체가 같은 경로를 왕복하는 운동을 하는 모습을 나타낸 것이다.

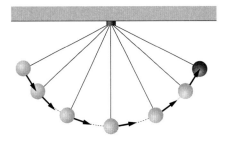

이에 대한 설명으로 옳은 것을 〈보기〉에서 모두 고른 것은?

〈보기〉
ㄱ. 물체의 속력은 일정하다.
ㄴ. 물체의 운동 방향은 계속 변한다.
ㄷ. 물체에 작용하는 알짜힘의 방향은 항상 일정하다.

① ㄱ   ② ㄴ   ③ ㄱ, ㄷ
④ ㄴ, ㄷ   ⑤ ㄱ, ㄴ, ㄷ

[162~163] 그림은 여러 가지 운동을 운동 상태의 변화에 따라 분류한 표이다.

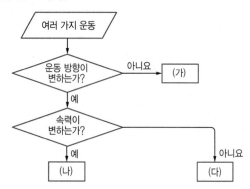

162 중

(가), (다)의 운동에 해당하는 예를 옳게 짝 지은 것은?

	(가)	(다)
①	인공위성	에스컬레이터
②	인공위성	직선 미끄럼틀
③	에스컬레이터	인공위성
④	에스컬레이터	직선 미끄럼틀
⑤	직선 미끄럼틀	에스컬레이터

163 중

(나)에 해당하는 물체의 운동으로 옳지 <u>않은</u> 것은?

① 운동 방향이 변한다.
② 속력이 변하는 운동이다
③ 활시위를 떠난 화살의 운동이 포함된다.
④ 물체의 속력과 운동 방향 중 한 가지만 변한다.
⑤ 물체의 운동 방향과 비스듬한 방향으로 알짜힘이 작용한다.

164 상

우리 주변에서 볼 수 있는 운동하는 물체의 예와 운동의 형태를 옳게 짝 지은 것은?

① 회전목마 – 속력과 운동 방향이 일정한 운동
② 그네 – 속력이 일정하고 운동 방향만 변하는 운동
③ 회전 초밥 – 운동 방향이 일정하고 속력이 빨라지는 운동
④ 비스듬히 차올린 공 – 속력과 운동 방향이 모두 변하는 운동
⑤ 수직으로 낙하하는 번지 점프 – 운동 방향이 일정하고 속력이 느려지는 운동

165 상

그림 (가)~(라)는 놀이공원에서 볼 수 있는 놀이기구의 모습을 나타낸 것이다.

(가) 대관람차   (나) 자이로 드롭
(다) 롤러코스터   (라) 바이킹

A 속력만 변하는 경우와 B 운동 방향만 변하는 경우, C 속력과 운동 방향이 모두 변하는 경우에 해당하는 예를 옳게 짝 지은 것은?

	A	B	C
①	(가)	(나)	(다), (라)
②	(가), (나)	(다)	(라)
③	(나)	(가)	(다), (라)
④	(나), (다)	(라)	(가)
⑤	(다)	(가), (라)	(나)

166 상

그림과 같이 한 손으로 자를 고정하고, 다른 손으로 자를 화살표 방향으로 빠르게 쳤더니 동전 A는 바닥으로 떨어지고, 동전 B는 수평 방향으로 운동하며 떨어졌다.

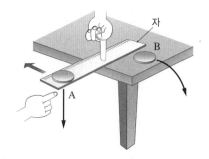

A와 B의 운동에 대한 설명으로 옳은 것은? (단, 공기의 저항은 무시한다.)

① A와 B는 모두 속력만 변한다.
② A와 B는 모두 운동 방향만 변한다.
③ A와 B 모두 자유 낙하 운동을 한다.
④ A와 B에 작용하는 알짜힘의 방향은 서로 다르다.
⑤ A는 속력만 변하고, B는 속력과 운동 방향이 모두 변한다.

난이도별 서술형 필수 기출

A 알짜힘이 0일 때 물체의 운동

167 하

컨베이어 벨트, 에스컬레이터, 무빙워크 등과 같은 장치에서 물체는 일정한 속력으로 같은 방향으로 이동한다. 물체가 이러한 운동을 하는 까닭을 알짜힘을 포함하여 서술하시오.

☆빈출 168 중

그림은 바다에 띄워 가만히 정지해 있는 부표의 모습을 나타낸 것이다.

부표에 작용하는 힘 2 가지를 쓰고, 두 힘의 방향과 크기를 비교하여 서술하시오.

169 상

무중력, 진공 상태인 우주 공간에서 날아가던 우주선의 엔진을 껐을 때 우주선의 운동 상태가 어떻게 될지 알짜힘을 포함하여 서술하시오.

B 힘의 작용과 운동 상태 변화

☆빈출 170 하

수평한 골프장에서 골프공을 굴리면 일직선으로 굴러가던 공이 어느 순간 멈춘다. 그 까닭을 서술하시오.

171 중

그림은 놀이기구인 회전 그네가 일정한 속력으로 돌아가고 있는 모습을 나타낸 것이다.

회전 그네에 탄 사람에게 작용하는 알짜힘의 방향을 운동 방향과 관련하여 서술하시오.

172 상

그림은 공을 비스듬히 던졌을 때 공이 운동하는 모습을 일정한 시간 간격으로 나타낸 것이다.

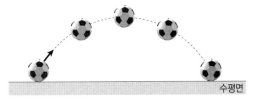

수평면

공에 작용하는 알짜힘을 포함하여 공의 속력을 수직 방향과 수평 방향으로 구분지어 서술하시오.

173

크기가 같은 여러 힘이 한 물체에 동시에 작용하고 있을 때 힘의 평형을 이루는 것이 아닌 것은?

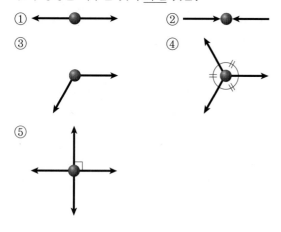

174

그림은 지구에서 양팔저울의 양 끝에 장난감을 매단 용수철저울과 질량이 4 kg인 추를 각각 매달았더니 양팔저울이 균형을 이룬 모습을 나타낸 것이다. 이때 용수철저울의 용수철이 늘어난 길이는 6 cm이다.

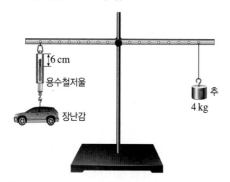

이에 대한 설명으로 옳은 것을 〈보기〉에서 모두 고른 것은? (단, 용수철저울의 질량은 1 kg이고, 실의 질량은 무시한다.)

┌─────〈 보기 〉─────┐
ㄱ. 장난감의 질량은 3 kg이다.
ㄴ. 양팔저울을 그대로 달에 가져가면 양팔저울은 추 쪽으로 기울어진다.
ㄷ. 양팔저울을 그대로 달에 가져가면 용수철이 늘어난 길이는 6 cm이다.
└──────────────────┘

① ㄱ   ② ㄴ   ③ ㄱ, ㄷ
④ ㄴ, ㄷ   ⑤ ㄱ, ㄴ, ㄷ

175

그림 (가)는 처음 길이가 4 cm인 용수철에 매단 추의 무게를 변화시키면서 용수철이 늘어난 길이를 나타낸 것이다. (나)는 이 용수철에 무게가 60 N인 물체를 매달았더니 용수철의 전체 길이가 16 cm가 되면서 책상에 물체가 닿은 모습을 나타낸 것이다.

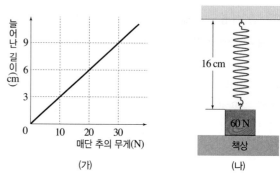

책상이 물체를 떠받치는 힘의 크기는?

① 10 N   ② 20 N   ③ 30 N
④ 40 N   ⑤ 60 N

176

다음은 마찰력을 알아보는 실험 과정을 나타낸 것이다.

┌─────────────────────────────────────┐
[실험 과정]
(1) 그림 (가)와 같이 책 한 권을 놓고 용수철저울을 이용하여 천천히 잡아당긴다.
(2) (나)와 같이 동일한 책 두 권을 같은 바닥에 놓고 용수철저울을 이용하여 천천히 잡아당긴다.

└─────────────────────────────────────┘

이 실험으로 알 수 있는 마찰력의 크기에 영향을 주는 요인을 〈보기〉에서 모두 고른 것은?

┌─────〈 보기 〉─────┐
ㄱ. 물체의 무게
ㄴ. 물체의 재질
ㄷ. 접촉면의 거칠기
└──────────────────┘

① ㄱ   ② ㄴ   ③ ㄷ
④ ㄱ, ㄷ   ⑤ ㄴ, ㄷ

177

그림은 부피는 같고 질량이 다른 물체 A와 B를 물에 넣은 모습을 나타낸 것이다. A는 물에 가라앉고, B는 물에 반쯤 잠긴 상태로 떠 있다.

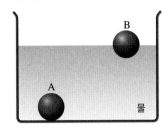

이에 대한 설명으로 옳지 <u>않은</u> 것은?

① A에는 부력이 작용하지 않는다.
② B에 작용하는 중력은 부력과 크기가 같다.
③ B에 작용하는 중력과 부력의 방향은 서로 반대 방향이다.
④ A에 작용하는 부력의 크기는 B에 작용하는 부력의 크기보다 크다.
⑤ A에 작용하는 중력의 크기는 B에 작용하는 중력의 크기보다 크다.

178

그림은 빗면을 따라 내려오는 공에 운동 방향과 수직 방향으로 선풍기의 바람을 가하는 모습을 나타낸 것이다.

이와 같은 방향으로 알짜힘이 계속 작용할 때 나타나는 운동의 예는?

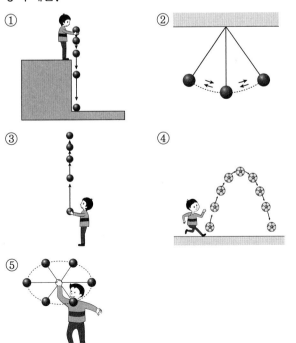

179

그림은 실에 매달린 물체가 왼쪽 최고점에서 출발하여 같은 경로를 왕복하는 운동을 하는 모습을 나타낸 것이다.

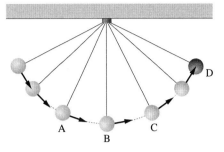

이 물체의 운동에 대한 설명으로 옳지 <u>않은</u> 것은? (단, 공기의 저항은 무시한다.)

① 물체에 작용하는 알짜힘의 크기는 계속 변한다.
② A 지점에서 물체의 속력은 빨라진다.
③ B 지점에서 물체에 작용하는 알짜힘은 연직 아래 방향으로 작용한다.
④ C 지점에서 물체의 운동 방향은 변한다.
⑤ D 지점에서 물체는 잠시 정지한다.

180

그림은 질량과 모양이 같은 두 공 A, B 중 A는 자유 낙하 운동을 하고, 동시에 B는 수평 방향으로 쏘아져 운동하는 모습을 같은 시간 간격으로 나타낸 것이다.

이에 대한 설명으로 옳은 것을 〈보기〉에서 모두 고른 것은? (단, A, B가 운동하기 시작하는 처음 높이는 같고, 공기 저항은 무시한다.)

〈 보기 〉
ㄱ. A, B에 작용하는 알짜힘은 같다.
ㄴ. A가 B보다 지표면에 먼저 도달한다.
ㄷ. B는 운동 방향과 비스듬한 방향으로 알짜힘이 작용한다.

① ㄱ　　　　　② ㄴ　　　　　③ ㄱ, ㄷ
④ ㄴ, ㄷ　　　　⑤ ㄱ, ㄴ, ㄷ

05 기체의 압력

A 압력

1 압력 일정한 면적에 작용하는 힘

2 압력의 크기

(1) 힘이 작용하는 면적이 같을 때: 작용하는 힘의 크기가 **❶**[ ]수록 압력이 커진다.

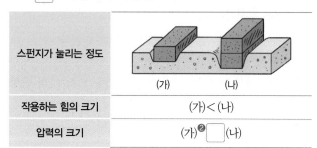

스펀지가 눌리는 정도	
	(가) (나)
작용하는 힘의 크기	(가)<(나)
압력의 크기	(가)**❷**[ ](나)

(2) 작용하는 힘의 크기가 같을 때: 힘이 작용하는 면적이 **❸**[ ]수록 압력이 커진다.

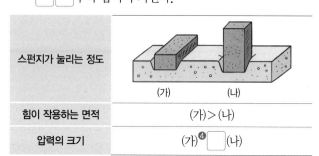

스펀지가 눌리는 정도	
	(가) (나)
힘이 작용하는 면적	(가)>(나)
압력의 크기	(가)**❹**[ ](나)

탐구 / 압력의 크기

다음과 같이 장치하고 스펀지가 눌리는 정도를 비교한다.

(가) 빈 페트병을 올린다.   (나) 물을 가득 채운 페트병을 올린다.   (다) 물을 가득 채운 페트병을 거꾸로 올린다.

결과 및 정리

❶ (가)와 (나)에서 힘이 작용하는 면적이 같고, 작용하는 힘의 크기는 (가)<(나)이다. ➡ 스펀지가 눌리는 정도: (가)<(나)

❷ (나)와 (다)에서 작용하는 힘의 크기가 같고, 힘이 작용하는 면적은 (나)>(다)이다. ➡ 스펀지가 눌리는 정도: (나)<(다)

❸ 압력은 작용하는 힘의 크기가 클수록, 힘이 작용하는 면적이 좁을수록 커진다. ➡ 압력의 크기: (가)<(나)<(다)

---

(3) 압력의 크기를 비교할 수 있는 현상

• 같은 힘으로 연필을 누를 때 뭉툭한 부분보다 뾰족한 부분의 손가락이 더 아프다.

• 공기가 들어 있는 고무풍선을 손가락으로 누를 때보다 바늘로 누를 때 쉽게 터진다.

3 일상생활에서 압력을 이용하는 예

(1) 힘이 작용하는 면적을 좁혀 압력을 크게 하는 경우

• 못, 바늘, 압정, 송곳, 칼날, 빨대의 한쪽 끝은 뾰족하다.

• 아이젠**❶**에 박힌 금속의 끝이 뾰족하여 얼음에 잘 박힌다.

• 하이힐을 신고 바닷가를 걸으면 신발 자국이 깊게 남는다.

(2) 힘이 작용하는 면적을 넓혀 압력을 작게 하는 경우

• 갯벌에서 널빤지를 이용하면 더 쉽게 이동할 수 있다.

• 얼어 있는 강에 빠진 사람을 구하러 갈 때 얼음 위를 엎드려서 이동한다. → 얼음에 닿는 면적을 넓혀 압력을 줄이기 위해

• 눈썰매, 스키, 설피**❷**는 바닥의 면적이 넓기 때문에 눈에 잘 빠지지 않는다.

B 기체의 압력

1 기체의 압력(기압) 일정한 면적에 기체 입자가 **❺**[ ][ ]해서 가하는 힘 → 지구를 둘러싸고 있는 공기의 압력을 대기압이라고 한다.

(1) 기체의 압력은 **❻**[ ][ ] 방향으로 작용한다. → 기체 입자가 끊임없이 모든 방향으로 운동하면서 충돌하기 때문

(2) 용기 안에 들어 있는 기체 입자의 개수가 많으면 기체 입자의 충돌 횟수가 증가하여 기체의 압력이 **❼**[ ]진다.

(3) 기체의 압력과 입자의 운동

• 고무풍선 속 기체 입자의 운동: 고무풍선 속 기체 입자는 끊임없이 모든 방향으로 움직이면서 풍선의 안쪽 벽에 충돌하여 힘을 가한다.

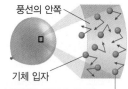

풍선의 안쪽
기체 입자
입자가 운동하는 방향과 빠르기는 화살표 방향과 길이로 나타낸다.

• 찌그러진 축구공에 기체를 넣을 때의 변화

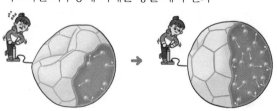

축구공에 기체를 넣음 ➡ 축구공 속 기체 입자의 개수 증가 ➡ 축구공 속 기체 입자의 충돌 횟수 증가 ➡ 축구공 속 기체의 압력 증가 ➡ 축구공이 사방으로 부풀어 오름

탐구 / 기체의 압력

① 페트병에 쇠구슬 15개를 넣고 뚜껑을 닫은 다음, 페트병을 양 손으로 잡고 좌우로 흔들어 손바닥에 느껴지는 힘을 확인한다.
② 다른 페트병에 쇠구슬 30개를 넣고 뚜껑을 닫는다.
③ 각각의 페트병을 손으로 잡고 같은 빠르기로 흔들면서 손바닥 에 느껴지는 힘을 비교한다.

결과 및 정리

❶ 과정 ①: 손바닥 전체에서 쇠구슬이 충돌하는 힘이 느껴진다.
➡ 기체의 압력은 모든 방향으로 작용한다.
❷ 과정 ③: 쇠구슬의 개수가 많을수록 손바닥에 느껴지는 힘이 커진다. ➡ 기체 입자의 개수가 많을수록 용기 벽에 충돌하는 횟수가 증가하여 기체의 압력이 커진다.

개념 🅒 알아보기

♦ 기체의 압력이 커지는 조건

기체 입자의 개수가 많을수록	용기의 부피가 작을수록	온도가 높을수록 ↳ 기체의 운동이 활발해진다.

↓

기체 입자의 충돌 횟수 증가

↓

기체의 압력 증가

2 기체의 압력을 이용하는 예

• 에어백, 풍선 놀이 틀, 자동차 구조용 에어 잭, 구조용 공 기 안전 매트, 혈압 측정기: 기체를 넣으면 기체의 압력에 의해 부풀어 오른다.
• 흡착판: 대기에 있는 기체 입자가 흡착판에 충돌하여 벽쪽 으로 미는 힘을 가하므로 흡착판이 떨어지지 않는다.

▲ 에어백　　▲ 풍선 놀이 틀　　▲ 자동차 구조용 에어 잭

▲ 구조용 공기 안전 매트　　▲ 혈압 측정기　　▲ 흡착판

기출 PICK

🖊 기출 PICK A-2

압력의 크기

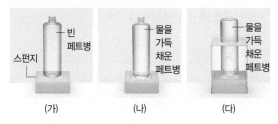

힘이 작용하는 면적이 같을 때	작용하는 힘의 크기가 같을 때
(가)　　(나)	(다)　　(라)
작용하는 힘의 크기가 클수록 압력이 커져서 스펀지가 깊게 눌린다. ➡ 압력: (가)<(나)	힘이 작용하는 면적이 좁을수록 압력이 커져서 스펀지가 깊게 눌린다. ➡ 압력: (다)<(라)

🖊 기출 PICK A-2

압력의 크기 비교 실험

(가)　　(나)　　(다)

• 스펀지가 눌리는 정도: (가)<(나)<(다)
• 작용하는 힘의 크기가 클수록, 힘이 작용하는 면적이 좁을수록 압력이 크게 작용한다.

🖊 기출 PICK B-1

기체의 압력

• 기체의 압력은 모든 방향으로 작용한다.
• 용기 안에 들어 있는 기체 입자의 개수가 많으면 기체 입자의 충돌 횟수가 증가하여 기체의 압력이 커진다.

[축구공에 기체를 넣을 때의 변화]

축구공에 기체를 넣음 ➡ 축구공 속 기체 입자의 개수 증가 ➡ 축구공 속 기체 입자의 충돌 횟수 증가 ➡ 축구공 속 기체의 압력 증가 ➡ 축구공이 사방으로 부풀어 오름

용어

❶ 아이젠: 등산에 쓰는 강철로 된 스파이크 모양의 용구
❷ 설피(雪 눈, 皮 가죽): 눈에 빠지지 않도록 신 바닥에 대는 넓적한 덧신

답　❶ 클 ❷ < ❸ 좁을 ❹ < ❺ 충돌 ❻ 모든 ❼ 커

VI

OX로 개념 확인

◆ 개념에 대한 설명이 옳으면 ○, 옳지 않으면 ✕로 쓰고, ✕인 경우 옳지 않은 부분에 밑줄을 긋고 옳은 문장으로 고쳐 보자.

181 일정한 면적에 작용하는 힘을 압력이라고 한다. ( )

182 힘이 작용하는 면적이 같을 때 작용하는 힘의 크기가 클수록 압력이 커진다. ( )

183 작용하는 힘의 크기가 같을 때 힘이 작용하는 면적이 좁을수록 압력이 작아진다. ( )

184 못, 바늘, 압정, 칼날 등은 힘이 작용하는 면적을 좁혀 압력을 작게 하여 일상 생활에서 사용하는 도구이다. ( )

185 설피를 덧신고 눈 위를 걸으면 눈에 닿는 면적이 좁아져서 압력이 작아지므로 눈에 발이 잘 빠지지 않는다. ( )

186 일정한 면적에 기체 입자가 충돌해서 힘을 가하기 때문에 기체의 압력이 나타난다. ( )

187 기체의 압력은 중력 방향으로만 작용한다. ( )

188 일정한 면적에 기체 입자가 충돌하는 횟수가 증가해도 기체의 압력은 변하지 않는다. ( )

189 용기 안에 들어 있는 기체 입자의 개수가 많으면 기체의 압력이 커진다. ( )

190 구조용 공기 안전 매트에 기체를 넣으면 안전 매트 속 기체 입자의 개수가 많아지므로 충돌 횟수가 감소하여 안전 매트가 부풀어 오른다. 이는 기체의 압력을 이용하는 일상생활의 예이다. ( )

난이도별 필수기출

A 압력

191 하

압력에 대한 설명으로 옳은 것을 〈보기〉에서 모두 고른 것은?

─── 보기 ───
ㄱ. 일정한 면적에 작용하는 힘이다.
ㄴ. 힘을 받는 면적이 같을 때 작용하는 힘의 크기가 클수록 압력이 커진다.
ㄷ. 작용하는 힘의 크기가 같을 때 힘을 받는 면적이 넓을수록 압력이 커진다.

① ㄴ   ② ㄷ   ③ ㄱ, ㄴ
④ ㄱ, ㄷ   ⑤ ㄱ, ㄴ, ㄷ

★빈출 192 하

그림 (가)는 빈 페트병을, (나)와 (다)는 물을 가득 채운 페트병을 스펀지 위에 올려놓았을 때의 모습이다.

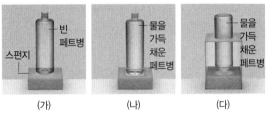

(가)   (나)   (다)

스펀지에 작용하는 압력을 옳게 비교한 것은? (단, 페트병의 모양과 크기는 같다.)

① (가)=(나)=(다)   ② (가)=(나)<(다)
③ (가)<(나)=(다)   ④ (가)<(나)<(다)
⑤ (가)<(다)<(나)

193 하

공기가 들어 있는 풍선을 손가락으로 누르면 잘 터지지 않지만, 바늘로 누르면 쉽게 터진다. 바늘로 풍선을 누르는 것과 같은 원리로 압력을 이용하는 예가 아닌 것은?

① 못   ② 칼날   ③ 송곳
④ 눈썰매   ⑤ 아이젠

194 중

압력에 대한 설명으로 옳지 않은 것은?

① 일정한 면적에 작용하는 힘을 압력이라고 한다.
② 작용하는 힘의 크기가 클수록, 힘이 작용하는 면적이 좁을수록 압력이 커진다.
③ 작용하는 힘의 크기가 커지면 힘이 작용하는 면적에 관계없이 압력이 커진다.
④ 압정은 한쪽 끝이 뾰족하여 압력을 크게 하므로 물체에 대고 누르면 쉽게 박힌다.
⑤ 설피는 바닥의 면적이 넓어 압력을 작게 하므로 눈에 잘 빠지지 않게 한다.

★빈출 195 중

이 문제에서 볼 수 있는 보기는 多

그림과 같이 모양과 질량이 같은 벽돌을 스펀지 위에 올려놓았다.

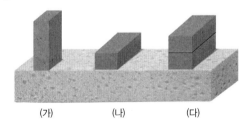

(가)   (나)   (다)

이에 대한 설명으로 옳지 않은 것을 모두 고르면? (2 개)

① (가)는 (나)보다 스펀지가 깊게 눌린다.
② (가)와 (나)는 작용하는 힘의 크기가 같다.
③ (나)와 (다)에서 스펀지가 눌리는 정도는 같다.
④ (나)와 (다)는 힘이 작용하는 면적이 같다.
⑤ (가)와 (나)를 비교하면 힘이 작용하는 면적이 압력에 미치는 영향을 알 수 있다.
⑥ (나)와 (다)를 비교하면 작용하는 힘의 크기가 압력에 미치는 영향을 알 수 있다.
⑦ (가)와 (다)를 비교하면 힘이 작용하는 면적과 작용하는 힘의 크기가 압력에 미치는 영향을 모두 알 수 있다.

그림 (가)는 빈 페트병을, (나)와 (다)는 물을 가득 채운 페트병을 스펀지 위에 올려놓았을 때의 모습이다.

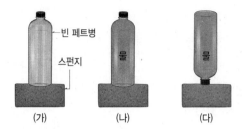

이에 대한 설명으로 옳은 것을 〈보기〉에서 모두 고른 것은? (단, 페트병의 모양과 크기는 같다.)

〈 보기 〉
ㄱ. (가)와 (나)에서 작용하는 힘의 크기와 압력의 관계를 비교할 수 있다.
ㄴ. (나)와 (다)에서 힘이 작용하는 면적과 압력의 관계를 비교할 수 있다.
ㄷ. (가)~(다) 중 스펀지에 작용하는 압력이 가장 큰 것은 (다)이다.
ㄹ. 압력은 작용하는 힘의 크기가 클수록, 힘이 작용하는 면적이 넓을수록 커진다는 것을 알 수 있다.

① ㄱ, ㄴ   ② ㄱ, ㄹ   ③ ㄷ, ㄹ
④ ㄱ, ㄴ, ㄷ   ⑤ ㄴ, ㄷ, ㄹ

197 중

그림과 같이 연필의 뭉툭한 부분 A와 뾰족한 부분 B에 같은 크기의 힘을 가하여 누르면 B의 손가락이 더 깊게 눌린다.

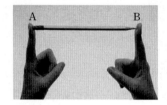

이에 대한 설명으로 옳은 것은?
① A는 B보다 작용하는 힘이 커져 A의 손가락에 작용하는 압력이 더 크다.
② B는 A보다 작용하는 힘이 작아져 B의 손가락에 작용하는 압력이 더 작다.
③ A는 B보다 힘이 작용하는 면적이 넓어 A의 손가락에 작용하는 압력이 더 크다.
④ B는 A보다 힘이 작용하는 면적이 좁아 B의 손가락에 작용하는 압력이 더 크다.
⑤ A와 B에 작용하는 힘의 크기가 같으므로 A와 B의 손가락에 작용하는 압력은 같다.

일상생활에서 압력이 작용하는 원리가 나머지 넷과 다른 현상은?
① 스키를 타면 눈에 잘 빠지지 않는다.
② 갯벌에서 널빤지를 이용하면 쉽게 이동할 수 있다.
③ 굽이 뾰족한 구두를 신고 바닷가를 걸으면 신발 자국이 깊게 남는다.
④ 신발에 밑면이 넓은 설피를 덧대어 신으면 눈 위를 쉽게 걸을 수 있다.
⑤ 얼어 있는 강에 빠진 사람을 구할 때 구조 요원은 얼음 위를 엎드려 기어간다.

199 중

다음은 일상생활에서 압력을 이용하는 예이다.

겨울철 눈 내린 산에 올라갈 때에는 아이젠을 착용하는 것이 좋다. 아이젠에는 끝이 뾰족한 금속이 박혀 있어 얼음에 잘 박히므로 미끄러지는 것을 막을 수 있기 때문이다.

이를 통해 알 수 있는 압력의 성질로 가장 적절한 것은?
① 작용하는 힘의 크기가 클수록 압력이 작아진다.
② 작용하는 힘의 크기가 작을수록 압력이 커진다.
③ 힘이 작용하는 면적이 좁을수록 압력이 커진다.
④ 힘이 작용하는 면적이 넓을수록 압력이 작아진다.
⑤ 작용하는 힘의 크기와 힘이 작용하는 면적은 압력의 크기에 영향을 주지 않는다.

200 상

그림과 같이 스펀지 위에 벽돌을 다르게 올려놓았다.

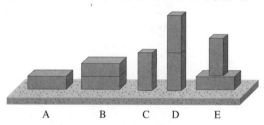

스펀지가 가장 깊게 눌리는 경우와 스펀지가 가장 덜 눌리는 경우를 차례대로 옳게 짝 지은 것은? (단, 벽돌의 모양과 질량은 같다.)
① B, A   ② B, E   ③ D, A
④ D, C   ⑤ E, C

B 기체의 압력

201 하

기체의 압력에 대한 설명으로 옳은 것을 〈보기〉에서 모두 고른 것은?

〈 보기 〉
ㄱ. 중력 방향으로만 작용한다.
ㄴ. 일정한 면적에 기체 입자들이 충돌하여 가하는 힘 때문에 생긴다.
ㄷ. 일정한 온도에서 용기 안에 들어 있는 기체 입자의 개수가 많아지면 기체의 압력이 커진다.

① ㄱ ② ㄴ ③ ㄱ, ㄷ
④ ㄴ, ㄷ ⑤ ㄱ, ㄴ, ㄷ

202 하

고무풍선에 공기를 불어넣으면 고무풍선이 사방으로 부풀어 오르는 까닭을 옳게 설명한 것은?

① 기체 입자의 크기가 매우 작기 때문
② 기체 입자 사이에 빈 공간이 없기 때문
③ 기체 입자 사이의 거리가 일정하기 때문
④ 기체 입자가 고무풍선의 가장자리에 모여 있기 때문
⑤ 기체 입자가 모든 방향으로 운동하면서 고무풍선 안쪽 벽에 충돌하기 때문

203 하 빈출

일상생활에서 기체의 압력을 이용하는 예가 <u>아닌</u> 것은?

▲ 에어백

▲ 눈썰매

▲ 혈압 측정기

▲ 풍선 놀이 틀

▲ 자동차 구조용 에어 잭

204 중 빈출

이 문제에서 볼 수 있는 보기는 多

기체의 압력에 대한 설명으로 옳지 <u>않은</u> 것은?

① 기체의 압력은 모든 방향으로 작용한다.
② 기체의 압력은 기체 입자가 운동하여 일정한 면적에 충돌하여 힘을 가하기 때문에 나타난다.
③ 용기 안에 들어 있는 기체 입자가 용기 벽에 충돌하는 횟수가 많을수록 기체의 압력이 커진다.
④ 일정한 온도와 부피에서 기체 입자의 개수가 많을수록 기체의 압력이 커진다.
⑤ 일정한 온도에서 기체 입자의 개수가 같을 때 용기의 부피가 클수록 기체의 압력이 커진다.
⑥ 부피와 기체 입자의 개수가 같을 때 온도가 높아지면 기체 입자의 운동이 활발해져 기체의 압력이 커진다.

205 중

기체 입자

오른쪽 그림은 고무풍선 속 기체 입자의 운동을 모형으로 나타낸 것이다. 고무풍선 속 기체 입자의 운동에 대한 설명으로 옳은 것을 〈보기〉에서 모두 고른 것은?

〈 보기 〉
ㄱ. 기체 입자는 끊임없이 움직인다.
ㄴ. 기체 입자는 모든 방향으로 움직인다.
ㄷ. 기체 입자는 고무풍선 안쪽 벽에 충돌하여 바깥쪽으로 밀어내는 힘을 가한다.

① ㄴ ② ㄷ ③ ㄱ, ㄴ
④ ㄱ, ㄷ ⑤ ㄱ, ㄴ, ㄷ

206 중 빈출

오른쪽 그림과 같이 공기 주입기를 이용하여 찌그러진 축구공에 기체를 넣을 때의 설명으로 옳지 <u>않은</u> 것은?

① 축구공이 부풀어 오른다.
② 축구공 속 기체의 압력이 커진다.
③ 축구공 속 기체 입자의 개수가 많아진다.
④ 기체 입자가 축구공 안쪽 벽에 충돌하는 횟수는 일정하다.
⑤ 축구공 속 기체의 압력이 모든 방향으로 작용함을 확인할 수 있다.

[207~208] 다음은 모양과 크기가 같은 2 개의 페트병과 쇠 구슬을 이용하여 기체의 압력을 알아보는 실험이다.

(가) 페트병에 쇠구슬 15 개를 넣고 뚜껑을 닫은 다음, 페트 병을 양손으로 잡고 좌우로 흔들면서 손바닥에 느껴지는 힘을 확인한다.

(나) 다른 페트병에 쇠구슬 30 개를 넣고 뚜껑을 닫는다.

(다) (가)와 (나)의 페트병을 손으로 잡고 같은 빠르기로 흔들 면서 손바닥에 느껴지는 힘을 비교한다.

207 종

이 실험에 대한 설명으로 옳지 않은 것은?

① 쇠구슬을 기체 입자에 비유한다면 쇠구슬이 충돌하면서 느껴지는 힘은 기체의 압력이라고 할 수 있다.

② (가)에서 쇠구슬은 페트병 안쪽 벽의 모든 방향으로 충돌 한다.

③ (가)에서 쇠구슬이 충돌하는 힘은 손바닥의 아래쪽에서 만 느껴진다.

④ (다)에서 손바닥에 느껴지는 힘의 크기는 (가)보다 (나)의 페트병이 더 크다.

⑤ (다)에서 기체 입자의 개수가 많을수록 충돌 횟수가 증가 한다는 것을 알 수 있다.

208 종

이 실험 결과를 통해 알 수 있는 사실로 옳은 것을 〈보기〉에 서 모두 고른 것은?

〈 보기 〉
ㄱ. 기체의 압력은 한쪽 방향으로만 작용한다.
ㄴ. 일정한 부피에서 기체 입자의 개수가 많을수록 기체의 압 력이 커진다.
ㄷ. 기체 입자의 개수가 일정할 때 용기의 부피가 작을수록 기체의 압력이 커진다.

① ㄱ   ② ㄴ   ③ ㄷ
④ ㄱ, ㄴ   ⑤ ㄴ, ㄷ

209 종

기체의 압력을 이용하는 예에 해당하는 것을 모두 고르면? (2 개)

① 빵을 꺼내 놓으면 빵이 딱딱해진다.

② 거울에 붙인 흡착판이 떨어지지 않는다.

③ 마약 탐지견이 냄새를 맡아 마약을 찾는다.

④ 부엌에서 만드는 음식 냄새가 집 안으로 퍼진다.

⑤ 자동차가 충돌을 감지하면 에어백이 순간적으로 부풀어 오른다.

210 종

다음은 자동차 구조용 에어 잭에 대한 설명이다.

자동차 아래에 자동차 구조용 에어 잭을 놓고 기체를 넣으면 공기 주머니가 부풀어 오르면서 자동차를 들어 올릴 수 있다.

에어 잭에 이용한 원리로 가장 적절한 것은?

① 기체는 눈에 보이지 않는다.

② 기체 입자의 크기는 매우 작다.

③ 기체는 입자 사이의 공간이 거의 없다.

④ 기체는 담는 용기에 따라 모양이 달라진다.

⑤ 일정한 크기의 용기에 기체를 넣으면 기체의 압력에 의 해 부풀어 오른다.

211 상

그림은 탄산수가 들어 있는 페트병을 나타낸 것이다. (가)는 뚜껑을 열지 않았고, (나)는 뚜껑을 열었다가 닫았다.

(가)   (나)

페트병 속에서 (가)의 값이 (나)의 값보다 큰 것을 〈보기〉에 서 모두 고른 것은? (단, 페트병의 모양과 크기는 같다.)

〈 보기 〉
ㄱ. 기체의 압력
ㄴ. 기체 입자의 개수
ㄷ. 기체 입자의 충돌 횟수

① ㄱ   ② ㄷ   ③ ㄱ, ㄴ
④ ㄴ, ㄷ   ⑤ ㄱ, ㄴ, ㄷ

난이도별 서술형 필수 기출

상 2문항
중 4문항
하 2문항

A 압력

212 하

압력의 정의를 다음 용어를 모두 포함하여 서술하시오.

> 면적, 힘

★빈출
213 중

그림과 같이 모양과 질량이 같은 벽돌을 스펀지 위에 올려 놓았다.

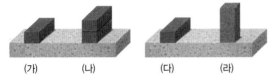

(가)   (나)   (다)   (라)

(1) (가)와 (나) 중 스펀지에 작용하는 압력이 큰 것을 쓰고, 그 까닭을 서술하시오.

(2) (다)와 (라) 중 스펀지에 작용하는 압력이 큰 것을 쓰고, 그 까닭을 서술하시오.

★빈출
214 중

다음은 일상생활에서 경험할 수 있는 압력의 예이다.

> (가) 눈썰매, 설피   (나) 못, 칼날

(가)와 (나)에서 이용한 압력의 성질을 각각 서술하시오.

215 상

갯벌에서 조개를 채취할 때 갯벌 위를 쉽게 이동할 수 있는 방법을 설계하고, 그 까닭을 서술하시오.

B 기체의 압력

216 하

기체의 압력이 나타나는 까닭을 서술하시오.

★빈출
217 중

그림과 같이 찌그러진 축구공에 기체를 넣으면 사방으로 부풀어 오르는 까닭을 입자의 개수 및 운동과 관련지어 서술하시오.

기체를 넣음

기체 입자

218 중

다음은 페트병과 쇠구슬을 이용하여 기체의 압력을 알아보는 실험이다.

> 크기와 모양이 같은 2개의 페트병에 쇠구슬을 각각 15개, 30개를 넣고 뚜껑을 닫은 다음, 페트병을 양손으로 잡고 같은 빠르기로 흔들었더니 쇠구슬 30개가 들어 있는 페트병을 잡은 손에 더 큰 힘이 느껴졌다.

이 실험을 통해 알 수 있는 사실을 서술하시오.

219 상

종이 팩에 들어 있는 우유를 모두 마신 뒤 빨대로 공기를 빨아들이면 종이 팩이 찌그러지는 까닭을 기체의 압력, 입자 운동과 관련지어 서술하시오. (단, 온도는 일정하다.)

06 Ⅵ. 기체의 성질
기체의 압력과 부피 관계

A 기체의 압력과 부피 관계

1 기체의 압력과 부피 관계 온도가 일정할 때 압력이 증가하면 기체의 부피는 감소하고, 압력이 감소하면 기체의 부피는 증가한다.

2 보일 법칙 온도가 일정할 때 일정량의 기체의 압력과 부피는 반비례❶한다.

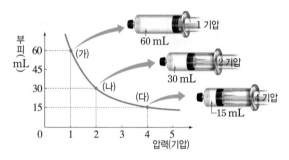

구분	(가)	(나)	(다)
압력(기압)	1	2	4
부피(mL)	60	30	15
압력×부피	60	60	60

└▸ (가), (나), (다)에서 기체의 압력과 부피의 곱은 일정하다.

탐구 / 기체의 압력과 부피 관계

① 주사기 속 기체의 부피가 40 mL가 되도록 피스톤의 눈금을 맞춘 다음, 주사기와 압력 센서를 연결한다.
② 기체 압력 측정 앱을 실행하고 압력 센서와 스마트 기기를 연결한다.
③ 피스톤을 서서히 누르면서 주사기 속 기체의 압력과 부피 변화를 측정하고, 그래프를 확인한다.

결과 및 정리

❶ 압력에 따른 주사기 속 기체의 부피 변화

압력(기압)	1.00	1.14	1.33	1.60	2.00
부피(mL)	40	35	30	25	20

└▸ 압력×부피의 값은 각 지점에서 40으로 일정하다.

❷ 온도가 일정할 때 일정량의 기체의 부피는 압력에 반비례한다.
❸ 온도가 일정할 때 기체의 압력×부피의 값은 일정하다.

B 압력에 따른 기체의 부피 변화와 입자의 운동

1 실린더 속 기체의 부피 변화와 입자의 운동

압력이 감소할 때	압력이 증가할 때
압력 감소	압력 증가
(가)	(나) (다)

| 외부 압력 감소 ➡ 기체 부피 증가 ➡ 기체 입자 사이의 거리 증가 ➡ 기체 입자의 충돌 횟수 ❶☐☐ ➡ 용기 속 기체의 압력 ❷☐☐ | 외부 압력 증가 ➡ 기체 부피 감소 ➡ 기체 입자 사이의 거리 감소 ➡ 기체 입자의 충돌 횟수 ❸☐☐ ➡ 용기 속 기체의 압력 ❹☐☐ |

- (가)<(나)<(다): 외부 압력, 기체의 압력, 기체 입자의 충돌 횟수
- (가)>(나)>(다): 기체의 부피, 기체 입자 사이의 거리
- (가)=(나)=(다): 기체 입자의 개수, 기체 입자의 크기와 질량, 기체 입자 운동의 빠르기 → 온도가 일정하면 기체 입자 운동의 빠르기는 변하지 않는다.

2 감압❷ 용기 속 과자 봉지의 부피 변화와 입자의 운동

감압 용기 속 기체 빼냄 ➡ 감압 용기 속 기체 입자의 개수 감소 ➡ 감압 용기 속 기체 입자의 충돌 횟수 감소 ➡ 감압 용기 속 기체의 압력 감소(과자 봉지의 외부 압력 감소) ➡ 과자 봉지 속 기체의 부피 증가(과자 봉지 크기 증가) ➡ 과자 봉지 속 기체 입자의 충돌 횟수 감소 ➡ 과자 봉지 속 기체의 압력 ❺☐☐

3 주사기 속 고무풍선의 부피 변화와 입자의 운동

주사기의 피스톤을 누름 ➡ 주사기 속 기체의 부피 감소 ➡ 주사기 속 기체 입자의 충돌 횟수 증가 ➡ 주사기 속 기체의 압력 증가 ➡ 고무풍선 속 기체의 부피 감소 ➡ 고무풍선 속 기체 입자의 충돌 횟수 증가 ➡ 고무풍선 속 기체의 압력 ❻☐☐

압력에 따른 기체의 부피와 입자 모형

① 오른쪽 그림은 일정한 온도에서 주사기에 들어 있는 기체를 입자 모형으로 나타낸 것이다.
② 피스톤을 당길 때와 피스톤을 누를 때 주사기 속 기체 입자의 운동을 모형으로 그려 본다.

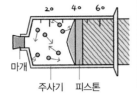
마개   주사기   피스톤

결과 및 정리

❶ 피스톤을 당길 때

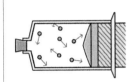

• 기체 입자 사이의 거리가 증가한다.
• 기체 입자가 용기 벽에 충돌하는 횟수가 감소한다.
• 기체의 압력이 감소한다.

❷ 피스톤을 누를 때

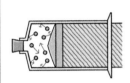

• 기체 입자 사이의 거리가 감소한다.
• 기체 입자가 용기 벽에 충돌하는 횟수가 증가한다.
• 기체의 압력이 증가한다.

C 기체의 압력과 부피 관계를 이용하는 예

1 압력이 감소하여 기체의 부피가 증가하는 예

• 비행기가 이륙할 때 귀가 먹먹해진다.
  └ 대기압이 낮아져 고막 안쪽 공기의 부피가 증가하여 고막을 밖으로 밀어내기 때문
• 높은 산에 올라가면 과자 봉지가 부풀어 오른다.
• 헬륨 풍선이 하늘 높이 올라가면 크기가 점점 커진다.
• 잠수부가 내뿜은 공기 방울은 수면으로 올라갈수록 점점 커진다. → 수압(물이 누르는 힘)이 낮아지기 때문

2 압력이 증가하여 기체의 부피가 감소하는 예

• 유리컵을 뽁뽁이로 포장하면 잘 깨지지 않는다.
• 공기 침대에 누우면 침대 속 기체의 부피가 감소한다.
• 소스가 담긴 용기나 스프레이를 누르면 내용물이 나온다.
• 자동차에 짐을 많이 실으면 자동차 바퀴의 부피가 감소한다.
• 공기 주머니가 있는 운동화는 발바닥에 전해지는 충격을 줄여 준다. → 걸을 때 생기는 압력에 의해 공기 주머니의 부피가 감소하기 때문
• 점핑 볼에 올라타면 부피가 감소하여 점핑 볼 속 기체의 압력이 증가한다.
• 압축 천연가스 버스의 가스통에는 높은 압력을 가하여 부피를 줄인 천연가스가 들어 있다.
• 범퍼카에는 고무로 만든 완충 장치가 있어 서로 충돌하면 완충 장치 속 공기의 부피가 감소하면서 충격을 줄여 준다.

기출 PICK

기출 PICK A -1, 2

압력에 따른 기체의 부피 변화 그래프 해석

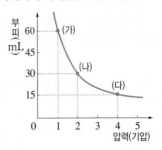

• (가) → (나): 기체의 압력 2 배, 기체의 부피 $\frac{1}{2}$
• (가) → (다): 기체의 압력 4 배, 기체의 부피 $\frac{1}{4}$
• (가), (나), (다)에서 기체의 압력과 부피의 곱은 일정하다.

↓

일정한 온도에서 일정량의 기체의 압력과 부피는 반비례한다.

기출 PICK B -1

실린더 속 기체의 부피 변화와 입자의 운동

외부 압력 증가 → 기체 부피 감소 → 기체 입자 사이의 거리 감소 → 기체 입자의 충돌 횟수 증가 → 용기 속 기체의 압력 증가

 압력 증가
압력 감소

외부 압력 감소 → 기체 부피 증가 → 기체 입자 사이의 거리 증가 → 기체 입자의 충돌 횟수 감소 → 용기 속 기체의 압력 감소

기출 PICK B -1, 2, 3

피스톤을 당기거나 누를 때 변하는 것과 변하지 않는 것(온도 일정)

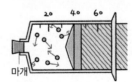
마개

• 변하는 것: 외부 압력, 기체의 압력, 기체의 부피, 기체 입자의 충돌 횟수, 기체 입자 사이의 거리
• 변하지 않는 것: 기체 입자의 개수, 기체 입자 운동의 빠르기

용어

❶ 반비례: 한쪽의 양이 커질 때 다른 쪽의 양이 그와 같은 비율로 작아지는 관계
❷ 감압(減 덜, 壓 누를): 압력이 줄거나 압력을 줄임

답   ❶ 감소 ❷ 감소 ❸ 증가 ❹ 증가 ❺ 감소 ❻ 증가

OX로 개념 확인

◆ 개념에 대한 설명이 옳으면 ○, 옳지 않으면 ×로 쓰고, ×인 경우 옳지 않은 부분에 밑줄을 긋고 옳은 문장으로 고쳐 보자.

220 온도가 일정할 때 압력이 증가하면 기체의 부피가 증가하고, 압력이 감소하면 기체의 부피가 감소한다. ( )

221 온도가 일정할 때 일정량의 기체의 압력과 부피는 비례하는데, 이를 보일 법칙이라고 한다. ( )

222 일정한 온도에서 주사기에 일정량의 기체를 넣고 입구를 막은 다음 피스톤을 누르면 기체의 부피가 감소한다. ( )

223 일정한 온도에서 일정량의 기체가 들어 있는 실린더에 추를 올려 압력을 가하면 기체 입자가 실린더 안쪽 벽에 충돌하는 횟수가 증가한다. ( )

224 일정한 온도에서 일정량의 기체가 들어 있는 실린더 위의 추를 제거하여 압력을 낮추면 실린더 속 기체 입자 운동의 빠르기가 감소한다. ( )

225 일정한 온도에서 일정량의 기체가 들어 있는 실린더의 압력을 높이거나 낮춰도 실린더 속 기체 입자의 개수는 변하지 않는다. ( )

226 일정한 온도에서 감압 용기에 과자 봉지를 넣고 뚜껑을 덮은 다음 기체를 빼내면 과자 봉지가 쭈그러든다. ( )

227 일정한 온도에서 주사기에 작게 분 고무풍선을 넣고 입구를 막은 다음 피스톤을 누르면 고무풍선의 크기가 감소하여 고무풍선 속 기체의 압력이 감소한다. ( )

228 헬륨 풍선이 하늘 높이 올라가면 대기압이 높아지므로 풍선의 크기가 점점 커진다. ( )

229 천연가스 버스의 가스통에 천연가스를 압축하여 넣는 것은 보일 법칙을 이용한 예이다. ( )

난이도별 필수 기출

상 5 문항
중 11 문항
하 9 문항

A 기체의 압력과 부피 관계

230 하

기체의 압력과 부피에 대한 설명으로 옳은 것을 〈보기〉에서 모두 고른 것은? (단, 온도는 일정하다.)

── 보기 ──
ㄱ. 기체에 압력을 가하면 기체의 부피가 감소한다.
ㄴ. 일정한 양의 기체의 압력과 부피는 반비례한다.
ㄷ. 기체의 온도와 부피 사이의 관계를 나타낸 법칙을 보일 법칙이라고 한다.

① ㄱ   ② ㄷ   ③ ㄱ, ㄴ
④ ㄴ, ㄷ   ⑤ ㄱ, ㄴ, ㄷ

231 하

오른쪽 그림은 압력에 따른 실린더 속 기체의 부피를 나타낸 것이다. 실린더 속 기체의 부피를 절반으로 감소시켰을 때 실린더 속 기체의 압력은? (단, 온도는 일정하다.)

1 기압

① 0.1 기압   ② 0.5 기압
③ 1 기압   ④ 1.5 기압
⑤ 2 기압

☆빈출 232 하

일정한 온도에서 일정량의 기체의 압력과 부피 변화를 나타낸 그래프로 옳은 것은?

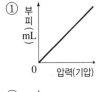

[233~234] 일정한 온도에서 오른쪽 그림과 같이 장치한 다음 피스톤을 눌러 주사기 속 기체를 압축하면서 기체의 압력과 부피를 측정하였다.

주사기
압력 센서
스마트 기기

압력(기압)	1	2	(가)
부피(mL)	60	(나)	20

☆빈출 233 중

(가)와 (나)에 들어갈 값을 순서대로 옳게 짝 지은 것은?

① 1, 30   ② 1, 40   ③ 3, 10
④ 3, 30   ⑤ 4, 30

234 중

이에 대한 설명으로 옳은 것을 〈보기〉에서 모두 고른 것은?

── 보기 ──
ㄱ. 피스톤을 누르면 주사기 속 기체의 압력이 증가한다.
ㄴ. 피스톤을 누르면 주사기 속 기체의 부피가 증가한다.
ㄷ. 주사기 속 기체의 압력이 4 기압일 때 기체의 부피는 15 mL가 된다.

① ㄱ   ② ㄴ   ③ ㄱ, ㄷ
④ ㄴ, ㄷ   ⑤ ㄱ, ㄴ, ㄷ

235 중

오른쪽 그림은 일정한 온도에서 실린더 속 기체의 압력에 따른 부피 변화를 나타낸 것이다. 이에 대한 설명으로 옳은 것을 〈보기〉에서 모두 고른 것은?

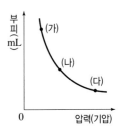

── 보기 ──
ㄱ. (가)~(다) 중 부피가 가장 큰 지점은 (가)이다.
ㄴ. (가)~(다) 중 압력이 가장 큰 지점은 (다)이다.
ㄷ. (가)~(다)에서 압력과 부피의 곱은 모두 같다.

① ㄴ   ② ㄷ   ③ ㄱ, ㄴ
④ ㄱ, ㄷ   ⑤ ㄱ, ㄴ, ㄷ

B 압력에 따른 기체의 부피 변화와 입자의 운동

[236~237] 오른쪽 그림과 같이 일정한 온도에서 주사기에 일정량의 기체를 넣고 입구를 막은 다음 피스톤을 눌렀다.

236 하

주사기의 피스톤을 누를 때 주사기 속 기체의 부피, 압력, 입자의 개수를 옳게 짝 지은 것은?

	부피	압력	입자의 개수
①	감소	증가	일정
②	감소	일정	증가
③	일정	증가	감소
④	일정	감소	일정
⑤	증가	증가	일정

237 하

주사기의 피스톤을 누를 때 주사기 속 기체의 압력이 변하는 까닭을 옳게 설명한 것은?

① 주사기 속 기체 입자의 크기가 증가하기 때문
② 주사기 속 기체 입자의 질량이 증가하기 때문
③ 주사기 속 기체 입자의 운동이 활발해지기 때문
④ 주사기 속 기체 입자 사이의 거리가 멀어지기 때문
⑤ 주사기 속 기체 입자의 충돌 횟수가 증가하기 때문

238 하

오른쪽 그림과 같이 일정한 온도에서 주사기 안에 공기가 들어 있는 고무풍선을 넣고 입구를 막은 다음 피스톤을 눌렀다. 이때 주사기 속에서 변하지 않는 것은?

① 기체의 부피
② 기체의 압력
③ 고무풍선의 크기
④ 기체 입자의 개수
⑤ 기체 입자 사이의 거리

그림은 일정한 온도에서 일정량의 기체에 가하는 압력을 변화시킬 때의 모습을 나타낸 것이다.

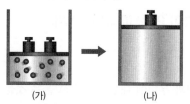

(가)와 (나)에서 기체 입자 사이의 거리와 기체 입자 운동의 빠르기를 옳게 비교한 것은?

	기체 입자 사이의 거리	기체 입자 운동의 빠르기
①	(가)>(나)	(가)<(나)
②	(가)>(나)	(가)=(나)
③	(가)=(나)	(가)<(나)
④	(가)<(나)	(가)=(나)
⑤	(가)<(나)	(가)>(나)

> 이 문제에서 볼 수 있는 보기는 多

그림은 일정한 온도에서 압력에 따른 일정량의 기체의 부피 변화를 나타낸 것이다.

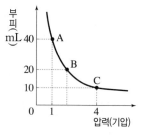

A~C에 대한 설명으로 옳지 않은 것을 모두 고르면? (2 개)

① 기체의 부피는 압력에 반비례한다.
② A에서 기체 입자가 가장 빠르게 운동한다.
③ B에서 기체의 압력은 2 기압이다.
④ C에서 기체 입자의 충돌 횟수가 가장 많다.
⑤ A보다 B에서 기체 입자 사이의 거리가 가깝다.
⑥ B보다 C에서 기체 입자의 개수가 많다.
⑦ '압력×부피'의 값은 A~C에서 모두 40이다.

241

오른쪽 그림과 같이 주사기에 일정
량의 기체를 넣고 입구를 막은 다음
피스톤을 눌렀다. (가)와 (나)를 비
교한 것으로 옳지 <u>않은</u> 것은? (단,
온도는 일정하다.)

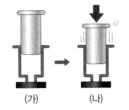

(가)   (나)

① 주사기 속 기체의 압력: (가)<(나)
② 주사기 속 기체의 부피: (가)>(나)
③ 주사기 속 기체 입자의 개수: (가)=(나)
④ 주사기 속 기체 입자 사이의 거리: (가)<(나)
⑤ 주사기 속 기체 입자의 충돌 횟수: (가)<(나)

⭐빈출 242 중   이 문제에서 볼 수 있는 보기는 多

그림은 일정한 온도에서 일정량의 기체에 가하는 압력을 증
가시킬 때의 모습을 나타낸 것이다.

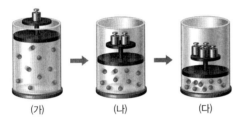

(가)   (나)   (다)

(가) → (나) → (다)로 갈수록 증가하는 것을 모두 고르면?
(2개)

① 실린더 속 기체의 부피
② 실린더 속 기체의 압력
③ 실린더 속 기체 입자의 개수
④ 실린더 속 기체 입자 사이의 거리
⑤ 실린더 속 기체 입자의 충돌 횟수
⑥ 실린더 속 기체 입자 운동의 빠르기

243 중   이 문제에서 볼 수 있는 보기는 多

오른쪽 그림과 같이 일정한 온도에서 감압
용기에 과자 봉지를 넣고 용기 속 기체를
빼내었다. 이때 나타나는 현상으로 옳은 것
을 모두 고르면? (2개)

과자
봉지

① 감압 용기 속 기체의 압력이 증가한다.
② 감압 용기 속 기체 입자 개수가 증가한다.
③ 감압 용기 속 기체 입자의 운동이 활발해진다.
④ 감압 용기 속 기체 입자가 과자 봉지에 충돌하는 횟수가
   증가한다.
⑤ 과자 봉지의 크기가 작아진다.
⑥ 과자 봉지 속 기체의 압력이 감소한다.
⑦ 과자 봉지 속 기체 입자 사이의 거리가 멀어진다.

⭐빈출 244 중

그림은 일정한 온도에서 주사기 안에 공기가 들어 있는 고무
풍선을 넣고 입구를 막은 다음 피스톤을 누르는 모습이다.

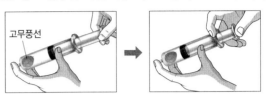

고무풍선

주사기의 피스톤을 누를 때의 설명으로 옳은 것을 모두 고
르면? (2개)

> 주사기의 피스톤을 누르면 주사기 속 기체의 부피가 (㉠)
> 하여 기체 입자 사이의 거리가 (㉡)하고 충돌 횟수가
> (㉢)하므로 주사기 속 기체의 압력이 (㉣)한다. 이
> 로 인해 고무풍선의 크기가 (㉤)한다.

① ㉠ – 증가   ② ㉡ – 일정   ③ ㉢ – 감소
④ ㉣ – 증가   ⑤ ㉤ – 감소

245 중

그림과 같이 장치한 다음 피스톤을 눌러 주사기 속 기체를
압축하면서 기체의 압력과 부피를 측정하였다.

압력계
주사기   연결관

압력(기압)	1	1.5	2
부피(mL)	60	(가)	(나)

이에 대한 설명으로 옳은 것을 〈보기〉에서 모두 고른 것은?
(단, 온도는 일정하다.)

〈 보기 〉

ㄱ. (가)>(나)이다.
ㄴ. 부피가 (가)일 때가 (나)일 때보다 기체 입자의 충돌 횟수
   가 많다.
ㄷ. 부피가 (나)일 때가 (가)일 때보다 기체 입자 사이의 거리
   가 가깝다.

① ㄱ   ② ㄴ   ③ ㄱ, ㄷ
④ ㄴ, ㄷ   ⑤ ㄱ, ㄴ, ㄷ

★ 빈출
246 (중)

그림은 일정한 온도에서 끝이 막힌 주사기에 들어 있는 기체 입자의 운동을 모형으로 나타낸 것이다.

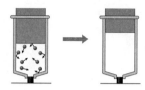

주사기의 피스톤을 당길 때 주사기 속 기체 입자의 운동을 나타낸 모형으로 가장 적절한 것은? (단, 화살표의 길이는 기체 입자 운동의 빠르기를 나타낸다.)

① 　② 　③

④ 　⑤

247 (상)

그림은 일정량의 기체에 압력을 가할 때 기체의 부피 변화와 입자의 운동을 모형으로 나타낸 것이다.

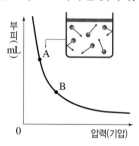

이에 대한 설명으로 옳은 것을 〈보기〉에서 모두 고른 것은? (단, 온도는 일정하다.)

〈보기〉
ㄱ. A를 B로 만들기 위해서는 압력을 높여야 한다.
ㄴ. A → B로 갈수록 기체 입자의 크기와 질량이 감소한다.
ㄷ. B에서 기체 입자 운동의 모형은 [그림]으로 나타낼 수 있다.
ㄹ. 고층 엘리베이터를 타고 올라갈 때 귀가 먹먹해지는 원인을 설명할 수 있다.

① ㄱ, ㄴ　② ㄴ, ㄷ　③ ㄷ, ㄹ
④ ㄱ, ㄷ, ㄹ　⑤ ㄴ, ㄷ, ㄹ

248 (상)

그림은 일정량의 기체에 가하는 압력을 증가시킬 때의 모습을 나타낸 것이다.

이에 대한 설명으로 옳은 것을 〈보기〉에서 모두 고른 것은? (단, 온도는 일정하고, 대기압은 1 기압으로 (가)와 (나)에 모두 작용한다.)

〈보기〉
ㄱ. 추 1 개의 압력은 2 기압이다.
ㄴ. (나)에 추 1 개를 더 올리면 실린더 속 기체의 부피는 50 mL가 된다.
ㄷ. (가)보다 (나)에서 기체 입자의 운동이 활발하다.

① ㄱ　② ㄴ　③ ㄷ
④ ㄱ, ㄴ　⑤ ㄴ, ㄷ

249 (상)

그림과 같이 주사기에 일정량의 기체를 넣고 입구를 막은 다음 피스톤을 누를 때와 피스톤을 당길 때의 변화를 관찰하였다.

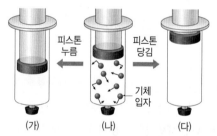

(가)~(다)에 대한 설명으로 옳은 것을 〈보기〉에서 모두 고른 것은? (단, 온도는 일정하다.)

〈보기〉
ㄱ. (가)보다 (나)에서 기체 입자의 개수가 많다.
ㄴ. (나)보다 (다)에서 기체 입자의 운동이 활발하다.
ㄷ. 기체의 압력이 가장 큰 것은 (가)이다.
ㄹ. 기체 입자가 주사기 속 일정한 면적에 충돌하는 횟수가 가장 적은 것은 (다)이다.

① ㄱ, ㄴ　② ㄱ, ㄹ　③ ㄷ, ㄹ
④ ㄱ, ㄴ, ㄷ　⑤ ㄴ, ㄷ, ㄹ

250 ⓢ

그림 (가)와 (나)는 고무풍선을 넣은 주사기의 입구를 막고 피스톤을 누를 때와 당길 때 고무풍선의 변화를 나타낸 것이다.

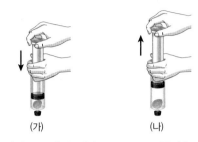

(가)   (나)

이에 대한 설명으로 옳은 것을 모두 고르면? (단, 온도는 일정하다.) (2개)

① 주사기 속 기체의 압력은 (가)보다 (나)가 크다.
② 주사기 속 기체 입자의 개수는 (가)와 (나)가 같다.
③ 주사기 속 기체 입자 운동의 빠르기는 (가)가 (나)보다 빠르다.
④ 고무풍선 속 기체의 압력은 (가)와 (나)가 같다.
⑤ 고무풍선 속 기체 입자의 충돌 횟수는 (가)가 (나)보다 많다.

ⓒ 기체의 압력과 부피 관계를 이용하는 예

251 ⓗ

다음 현상에서 (   ) 안에 들어갈 말로 가장 적절한 것은?

> 거리의 여기저기 벽면에 낙서처럼 그리거나 스프레이 페인트를 내뿜어 그림을 그리는 것을 그라피티라고 한다. 그림을 그릴 때 사용하는 스프레이 페인트는 용기의 특정 부분을 눌러 용기 속에 담긴 페인트를 내뿜는데, 이는 (   )을 이용한 예이다.

① 증발   ② 끓음   ③ 확산
④ 대기압   ⑤ 보일 법칙

보일 법칙과 관련된 현상이 아닌 것은?

① 공기 침대에 누우면 침대의 부피가 줄어든다.
② 헬륨 풍선이 하늘로 올라갈수록 점점 커진다.
③ 높은 산에 올라가면 과자 봉지가 부풀어 오른다.
④ 자동차에 짐을 많이 실으면 자동차 바퀴의 부피가 줄어든다.
⑤ 잠수부가 내뿜은 공기 방울이 수면으로 올라갈수록 점점 커진다.
⑥ 운동화보다 굽이 뾰족한 구두를 신고 바닷가를 걸으면 신발 자국이 더 깊이 남는다.

★ 빈출 253 ⓒ

다음 현상과 같은 원리로 설명할 수 있는 예를 〈보기〉에서 모두 고른 것은?

> 점핑 볼에 올라타면 부피가 감소하여 점핑 볼 안에 들어 있는 기체의 압력이 증가한다.

〈 보기 〉

ㄱ. 유리컵을 뽁뾱이로 포장하면 잘 깨지지 않는다.
ㄴ. 공기 주머니가 있는 운동화는 발바닥에 전해지는 충격을 줄여 준다.
ㄷ. 공기가 들어 있는 고무풍선을 손가락으로 누를 때보다 바늘로 누를 때 쉽게 터진다.
ㄹ. 압축 천연가스 버스의 가스통에는 높은 압력을 가하여 부피를 줄인 천연가스가 들어 있다.

① ㄱ, ㄴ   ② ㄱ, ㄷ   ③ ㄷ, ㄹ
④ ㄱ, ㄴ, ㄹ   ⑤ ㄴ, ㄷ, ㄹ

254 ⓢ

비행기가 이륙하여 하늘로 올라갈 때 귀가 먹먹해진다. 이 현상에 대한 설명으로 옳은 것을 〈보기〉에서 모두 고른 것은? (단, 비행기 안의 온도는 일정하다.)

〈 보기 〉

ㄱ. 비행기가 이륙하여 하늘로 올라가면 몸 안의 압력보다 몸 밖의 압력이 높아진다.
ㄴ. 대기압과 고막 안쪽의 압력이 달라져서 귀가 먹먹해진다.
ㄷ. 기체의 압력이 감소하면 고막 안쪽 기체의 부피가 증가하기 때문에 나타나는 현상이다.

① ㄱ   ② ㄴ   ③ ㄷ
④ ㄱ, ㄴ   ⑤ ㄴ, ㄷ

난이도별 서술형 필수 기출

★★★

상 1 문항
중 7 문항
하 4 문항

A 기체의 압력과 부피 관계

255 하

일정한 온도에서 실린더에 들어 있는 4 L의 기체에 작용하는 압력을 4 배로 증가시키면 부피는 몇 L가 되는지 쓰시오.

256 하

일정량의 기체가 들어 있는 주사기의 입구를 막고 피스톤을 잡아당겼을 때 주사기 속 기체의 압력과 부피의 변화를 서술하시오.

☆빈출 257 중

일정한 온도에서 오른쪽 그림과 같이 장치한 다음 피스톤을 눌러 주사기 속 기체를 압축하면서 기체의 압력과 부피를 측정하였다.

압력(기압)	1	2	3	4	5	6
부피(mL)	60	30	20	15	12	10

(1) 이 실험 결과를 그래프로 나타내시오.

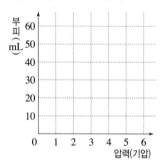

(2) 실험 결과로부터 알 수 있는 기체의 압력과 부피의 관계를 다음 용어를 모두 포함하여 서술하시오.

> 온도, 일정량, 반비례

B 압력에 따른 기체의 부피 변화와 입자의 운동

258 하

다음은 일정한 온도에서 일정량의 기체가 들어 있는 실린더 위의 추를 제거하였을 때 실린더 속 기체의 부피 변화에 대한 설명이다. ( ) 안에 알맞은 말을 쓰시오.

> 외부 압력 감소 → 실린더 속 기체의 부피 증가 → 기체 입자의 충돌 횟수 감소 → 실린더 속 기체의 압력 ( )

☆빈출 259 중

오른쪽 그림과 같이 일정한 온도에서 주사기에 기체를 넣고 주사기 끝을 막은 다음 피스톤을 눌렀다.

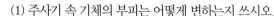

(1) 주사기 속 기체의 부피는 어떻게 변하는지 쓰시오.

(2) 주사기 속 기체 입자 사이의 거리와 기체 입자의 충돌 횟수는 어떻게 변하는지 서술하시오.

☆빈출 260 중

그림과 같이 일정한 온도에서 일정량의 기체가 들어 있는 실린더에 추를 더 올리면서 외부 압력을 증가시켰다.

이때 실린더 속 기체의 압력 변화를 기체의 부피, 기체 입자의 충돌 횟수와 관련지어 서술하시오.

261 중

그림과 같이 일정한 온도에서 감압 용기에 과자 봉지를 넣고 용기 속 기체를 빼냈더니 과자 봉지가 부풀어 오른 모습을 보고 친구들이 대화를 나누었다.

과자 봉지 → 부풀어 오름

> • 규현: 기체를 빼내면 감압 용기 속 기체 입자의 개수가 줄어들어.
> • 승우: 감압 용기 속 기체의 압력이 작아져서 과자 봉지가 부풀어 오른 거야.
> • 기준: 과자 봉지 속 기체에 작용하는 압력이 커져서 과자 봉지가 부풀어 오른 거야.

잘못된 의견을 말한 친구의 이름을 쓰고, 그 까닭을 서술하시오.

_____

_____

262 중

오른쪽 그림과 같이 일정한 온도에서 주사기 안에 공기가 들어 있는 고무풍선을 넣고 입구를 막은 다음 피스톤을 눌렀다.

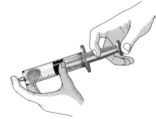

(1) 주사기의 피스톤을 누를 때 주사기 속 기체에 대한 다음 값의 변화를 '증가' 또는 '감소'로 쓰시오.

• 기체의 부피:

• 기체 입자 사이의 거리:

• 기체 입자의 충돌 횟수:

• 기체의 압력:

(2) 주사기 속 고무풍선의 크기는 어떻게 변하는지 쓰고, 그 까닭을 (1)의 변화와 관련지어 서술하시오.

_____

_____

263 상

오른쪽 그림은 고무풍선을 넣은 주사기의 입구를 막았을 때 고무풍선 속 기체 입자의 운동을 모형으로 나타낸 것이다. 주사기의 누를 때와 당길 때 고무풍선 속 기체 입자의 운동을 모형으로 나타내시오. (단, 온도는 일정하다.)

기체 입자

피스톤을 누를 때	피스톤을 당길 때

C 기체의 압력과 부피 관계를 이용하는 예

264 하

다음 현상과 관련 있는 법칙을 쓰시오.

> 질소 기체가 들어 있는 과자 봉지를 높은 산으로 가지고 가면 과자 봉지가 부풀어 오른다.

265 중

오른쪽 그림과 같이 잠수부가 내뿜은 공기 방울이 위로 올라가고 있다. 공기 방울이 수면으로 올라갈수록 크기는 어떻게 변하는지 기체의 압력과 부피 관계를 이용하여 서술하시오.

_____

_____

266 중

다음 현상과 같은 원리로 일어나는 예를 2 가지 서술하시오.

> • 하늘 높이 올라갈수록 헬륨 풍선이 점점 커진다.
> • 유리컵을 뽁뾱이로 포장하면 잘 깨지지 않는다.

07

Ⅵ. 기체의 성질

기체의 온도와 부피 관계

A 기체의 온도와 부피 관계

1 기체의 온도와 부피 관계 압력이 일정할 때 온도가 높아지면 기체의 부피가 증가하고, 온도가 낮아지면 기체의 부피가 감소한다.

2 샤를 법칙 압력이 일정할 때 기체의 온도가 높아지면 일정량의 기체의 부피는 일정한 비율[1]로 ❶ ☐☐ 한다.

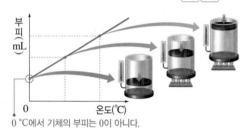

0 ℃에서 기체의 부피는 0이 아니다.

개념 ⓒ 알아보기

♦ 일정량의 기체의 부피를 변화시키는 조건

부피가 감소하는 조건	• 압력을 높인다. • 온도를 낮춘다.
부피가 증가하는 조건	• 압력을 낮춘다. • 온도를 높인다.

탐구 ／ 기체의 온도와 부피 관계

① 스포이트의 뾰족한 부분을 잘라내고 스포이트의 둥근 부분 끝을 자의 영점에 맞춰 셀로판테이프로 붙인다.

② 다른 스포이트로 ①의 스포이트에 식용 색소를 탄 물을 1 방울 넣는다.

③ 온도가 다른 물이 담긴 비커 4 개를 준비한다.

④ 온도계와 ②에서 만든 스포이트를 온도가 낮은 물이 담긴 비커부터 차례대로 넣으며 물의 온도와 물방울의 위치를 측정한다.

결과 및 정리

❶ 물의 온도에 따른 물방울의 위치 변화

비커 번호	1	2	3	4
물의 온도 (℃)	15.7	22.6	29.2	40.6
물방울의 위치(cm)	9.5	10.0	10.7	11.4

❷ 온도가 높아지면 스포이트 속 공기의 부피가 증가한다.

➡ 압력이 일정할 때 기체의 온도가 높아지면 기체의 부피가 증가한다.

B 온도에 따른 기체의 부피 변화와 입자의 운동

1 실린더 속 기체의 부피 변화와 입자의 운동

온도를 낮출 때	온도를 높일 때
(가) (나)	(다)

| 온도 낮춤 ➡ 기체 입자 운동의 빠르기 감소 ➡ 기체 입자의 충돌 세기와 충돌 횟수 감소 ➡ 기체의 부피 ❷ ☐☐ | 온도 높임 ➡ 기체 입자 운동의 빠르기 증가 ➡ 기체 입자의 충돌 세기와 충돌 횟수 증가 ➡ 기체의 부피 ❸ ☐☐ |

• (가)<(나)<(다): 온도, 기체의 부피, 기체 입자 운동의 빠르기, 기체 입자의 충돌 세기와 충돌 횟수, 기체 입자 사이의 거리

• (가)=(나)=(다): 기체 입자의 개수, 기체 입자의 크기와 질량

2 찌그러진 탁구공의 부피 변화와 입자 운동

뜨거운 물

찌그러진 탁구공을 뜨거운 물에 넣으면 탁구공이 펴진다. ➡ 탁구공 속 기체 입자의 운동이 활발해져 충돌 세기와 충돌 횟수가 증가하여 기체의 부피가 ❹ ☐☐ 하기 때문

3 오줌싸개 인형의 원리

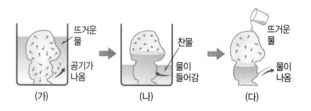

(가) (나) (다)

• (가) 뜨거운 물에 인형 넣기: 작은 구멍으로 공기가 나온다. ➡ 인형 속 공기 입자의 운동이 활발해져 공기의 부피가 증가하기 때문

• (나) 찬물에 인형 넣기: 물이 인형 속으로 들어간다. ➡ 인형 속 공기 입자의 운동이 둔해져 공기의 부피가 감소하기 때문

• (다) 인형 머리에 뜨거운 물 붓기: 물이 나온다. ➡ 인형 속 공기 입자의 운동이 활발해져 공기의 부피가 ❺ ☐☐ 하기 때문

탐구 온도에 따른 기체의 부피와 입자 모형

① 오른쪽 그림은 일정한 압력에서 주사기에 들어 있는 공기를 입자 모형으로 나타낸 것이다.

② 공기의 온도를 낮출 때와 높일 때 주사기 속 공기 입자의 운동을 모형으로 그려 본다.

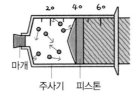
주사기 / 피스톤 / 마개

결과 및 정리

❶ 공기의 온도를 낮출 때

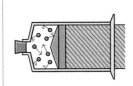

- 기체 입자 운동의 빠르기가 감소한다.
- 기체 입자의 충돌 세기와 충돌 횟수가 감소한다.
- 기체의 부피가 감소한다.

❷ 공기의 온도를 높일 때

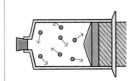

- 기체 입자 운동의 빠르기가 증가한다.
- 기체 입자의 충돌 세기와 충돌 횟수가 증가한다.
- 기체의 부피가 증가한다.

C 기체의 온도와 부피 관계를 이용하는 예

1 온도가 낮아져 기체의 부피가 감소하는 예

- 날씨가 추워지면 자동차 타이어가 수축❷한다.
- 냉장고에서 꺼낸 밀폐 용기의 뚜껑이 잘 열리지 않는다.
- 추운 겨울에 헬륨 풍선을 들고 밖으로 나가면 풍선이 쭈그러든다.
- 물이 조금 담긴 생수병을 냉장고에 넣어 두면 생수병이 찌그러진다.
- 공기가 들어 있는 고무풍선을 액체 질소(−196 ℃)에 넣으면 고무풍선의 크기가 작아진다.

2 온도가 높아져 기체의 부피가 증가하는 예

- 햇빛이 비치는 곳에 과자 봉지를 두면 과자 봉지가 부풀어 오른다.
- 겹쳐진 그릇이 잘 분리되지 않을 때 그릇을 뜨거운 물에 담가 두면 그릇이 빠진다.
- 열기구의 풍선 속 기체를 가열하면 풍선이 부풀어 오르면서 가벼워져 위로 떠오른다. 풍선 속 기체의 부피가 커지면서 일부 기체가 밖으로 밀려 나와 열기구가 가벼워진다.
- 차가운 빈 유리병 입구에 물 묻힌 동전을 올려놓고 유리병을 두 손으로 감싸 쥐면 동전이 움직인다.
- 피펫의 윗부분을 막고 피펫의 가운데 부분을 손으로 감싸 쥐면 피펫 끝에 남은 용액이 빠져나온다.

기출 PICK

🖉 기출 PICK A -1, 2

샤를 법칙

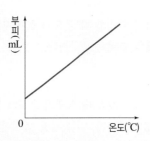

압력이 일정할 때 일정량의 기체의 부피는 온도가 높아지면 일정한 비율로 증가한다.

🖉 기출 PICK B-1

실린더 속 기체의 부피 변화와 입자의 운동

온도 높임 → 기체 입자 운동의 빠르기 증가 → 기체 입자의 충돌 세기와 충돌 횟수 증가 → 기체의 부피 증가

온도 높임 / 온도 낮춤

온도 낮춤 → 기체 입자 운동의 빠르기 감소 → 기체 입자의 충돌 세기와 충돌 횟수 감소 → 기체의 부피 감소

🖉 기출 PICK B-1

주사기 속 기체의 부피 변화에 따라 변하지 않는 것과 변하는 것 (단, 압력 일정)

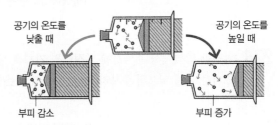
공기의 온도를 낮출 때 / 공기의 온도를 높일 때 / 부피 감소 / 부피 증가

변하지 않는 것	기체 입자의 개수, 기체 입자의 크기와 질량
변하는 것	온도, 기체의 부피, 기체 입자 운동의 빠르기, 기체 입자의 충돌 세기와 충돌 횟수, 기체 입자 사이의 거리

용어

❶ 비율(比 견줄, 率 비율): 다른 수나 양에 대한 어떤 수나 양의 비

❷ 수축(收 거두다, 縮 오그라들다): 부피나 규모가 줄어드는 것

📋 답 ❶ 증가 ❷ 감소 ❸ 증가 ❹ 증가 ❺ 증가

OX로 개념 확인

◆ 개념에 대한 설명이 옳으면 ○, 옳지 않으면 ×로 쓰고, ×인 경우 옳지 않은 부분에 밑줄을 긋고 옳은 문장으로 고쳐 보자.

267 압력이 일정할 때 온도가 높아지면 기체의 부피가 감소하고, 온도가 낮아지면 기체의 부피가 증가한다. ( )

268 압력이 일정할 때 기체의 온도가 높아지면 일정량의 기체의 부피는 일정한 비율로 증가하는데, 이를 샤를 법칙이라고 한다. ( )

269 일정한 압력에서 실린더에 일정량의 기체를 넣고 가열하면 기체 입자가 실린더 안쪽 벽에 충돌하는 세기가 증가한다. ( )

270 일정한 압력에서 일정량의 기체가 들어 있는 실린더의 온도를 낮추면 실린더 속 기체 입자 사이의 거리가 증가한다. ( )

271 일정한 압력에서 일정량의 기체가 들어 있는 실린더의 온도를 높이거나 낮추면 실린더 속 기체 입자의 개수가 달라진다. ( )

272 찌그러진 탁구공을 뜨거운 물에 넣으면 펴진다. 이는 온도가 높아져 탁구공 속 공기의 부피가 증가하기 때문이다. ( )

273 오줌싸개 인형을 뜨거운 물과 찬물에 차례대로 넣었다가 꺼낸 다음, 인형의 머리에 뜨거운 물을 부으면 인형 안으로 물이 들어간다. ( )

274 일정한 압력에서 주사기에 일정량의 기체를 넣고 입구를 막은 다음, 주사기를 뜨거운 물에 넣으면 주사기 속 기체 입자의 운동이 둔해진다. ( )

275 날씨가 추워지면 자동차의 타이어 속 기체 입자 운동의 빠르기가 감소하여 기체 입자의 충돌 세기와 횟수가 감소하므로 타이어가 수축한다. ( )

276 햇빛이 비치는 곳에 과자 봉지를 두면 과자 봉지가 부풀어 오르는데, 이는 보일 법칙과 관련된 현상이다. ( )

난이도별 필수 기출

A 기체의 온도와 부피 관계

277 하

기체의 온도와 부피에 대한 설명으로 옳은 것을 〈보기〉에서 모두 고른 것은? (단, 압력은 일정하다.)

─── 보기 ───
ㄱ. 기체의 온도를 높이면 기체의 부피가 증가한다.
ㄴ. 일정량의 기체의 부피는 온도에 반비례한다.
ㄷ. 샤를 법칙은 압력이 일정할 때 온도에 따른 기체의 부피 관계를 나타낸 것이다.

① ㄱ   ② ㄴ   ③ ㄱ, ㄷ
④ ㄴ, ㄷ   ⑤ ㄱ, ㄴ, ㄷ

★빈출
278 하

일정한 압력에서 일정량의 기체의 온도와 부피 관계를 나타낸 그래프로 옳은 것은?

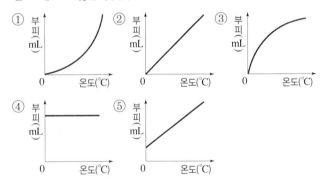

279 중

오른쪽 그림과 같이 주사기에 일정량의 기체를 넣고 입구를 막았다. 주사기 속 기체의 부피를 증가시킬 수 있는 조건으로 옳은 것을 모두 고르면? (2 개)

① 얼음물에 넣는다.
② 상온의 물에 넣는다.
③ 뜨거운 물에 넣는다.
④ 주사기의 피스톤을 누른다.
⑤ 주사기의 피스톤을 잡아당긴다.

[280~281] 오른쪽 그림과 같이 온도가 다른 3 개의 물에 물방울로 입구를 막은 스포이트를 자에 붙여 각각 담그고, 스포이트 속 물방울의 위치를 측정하였다. (단, 압력은 일정하다.)

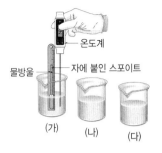

비커	(가)	(나)	(다)
물방울의 위치(cm)	10	11	12

280 중

비커에 담긴 물의 온도를 옳게 비교한 것은?

① (가)>(나)>(다)   ② (가)=(나)=(다)
③ (가)=(나)>(다)   ④ (가)<(나)=(다)
⑤ (가)<(나)<(다)

281 중

이 실험에 대한 설명으로 옳은 것을 〈보기〉에서 모두 고른 것은?

─── 보기 ───
ㄱ. 온도가 가장 높은 물에 담근 스포이트 속 기체의 부피가 가장 크다.
ㄴ. 온도가 가장 낮은 물에 담근 스포이트에서 물방울의 위치가 가장 높다.
ㄷ. 이 실험을 통해 압력에 따른 기체의 부피 변화를 확인할 수 있다.

① ㄱ   ② ㄴ   ③ ㄱ, ㄷ
④ ㄴ, ㄷ   ⑤ ㄱ, ㄴ, ㄷ

282 상

오른쪽 그림은 일정한 압력에서 실린더 속 기체의 온도에 따른 부피 변화를 나타낸 것이다. 이에 대한 설명으로 옳은 것을 〈보기〉에서 모두 고른 것은?

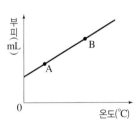

─── 보기 ───
ㄱ. A의 부피가 B보다 크다.
ㄴ. 온도는 A보다 B에서 높다.
ㄷ. A와 B에서 온도와 부피의 곱은 일정하다.

① ㄱ   ② ㄴ   ③ ㄷ
④ ㄱ, ㄴ   ⑤ ㄴ, ㄷ

B 온도에 따른 기체의 부피 변화와 입자의 운동

283 (하)

일정한 압력에서 일정량의 기체의 온도와 부피에 대한 설명으로 옳은 것을 〈보기〉에서 모두 고른 것은?

〈 보기 〉
ㄱ. 온도가 높아지면 입자의 크기가 커지므로 부피가 증가한다.
ㄴ. 온도가 낮아지면 기체 입자의 질량이 줄어들어 부피가 감소한다.
ㄷ. 온도가 높아지면 기체 입자 운동의 빠르기가 증가하므로 기체 입자의 충돌 세기가 증가하여 부피가 증가한다.

① ㄱ   ② ㄴ   ③ ㄷ
④ ㄱ, ㄴ   ⑤ ㄴ, ㄷ

[284~285] 그림과 같이 일정량의 기체의 부피가 증가하였다.

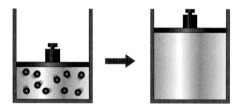

284 (하)

이 실험에서 기체의 부피가 증가한 원인으로 옳은 것은?

① 온도가 낮아졌다.
② 외부 압력이 증가하였다.
③ 기체 입자의 운동이 둔해졌다.
④ 기체 입자의 충돌 횟수가 감소하였다.
⑤ 기체 입자의 충돌 세기가 증가하였다.

285 (하)

이 실험에서 기체의 부피가 증가해도 변하지 않는 것을 모두 고르면? (2 개)

① 기체의 온도
② 기체의 압력
③ 기체 입자의 크기
④ 기체 입자 사이의 거리
⑤ 기체 입자 운동의 빠르기

★빈출 286 (중)

이 문제에서 볼 수 있는 보기는 多

그림은 일정한 압력에서 온도에 따른 일정량의 기체의 부피 변화를 나타낸 것이다.

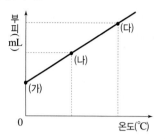

이에 대한 설명으로 옳은 것은?

① 온도가 높아지면 기체의 부피가 감소한다.
② 0 ℃일 때 기체의 부피는 0이다.
③ (가)~(다) 중 기체 입자의 개수는 (가)에서 가장 많다.
④ (가)~(다) 중 기체 입자의 운동은 (다)에서 가장 둔하다.
⑤ (가)~(다) 중 기체 입자가 용기 벽에 충돌하는 세기는 (다)에서 가장 강하다.
⑥ 기체 입자 사이의 거리는 (가), (나), (다)에서 모두 같다.
⑦ 온도가 일정할 때 기체의 압력과 부피 관계를 설명할 수 있다.

★빈출 287 (중)

이 문제에서 볼 수 있는 보기는 多

그림은 압력을 일정하게 유지하면서 일정량의 기체가 들어 있는 실린더를 가열할 때의 모습을 나타낸 것이다.

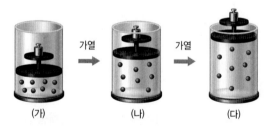

(가)~(다)에 대한 비교로 옳은 것을 모두 고르면? (2 개)

① 기체의 부피: (가)>(나)>(다)
② 기체의 온도: (가)<(나)<(다)
③ 기체 입자의 질량: (가)=(나)=(다)
④ 기체 입자 사이의 거리: (가)>(나)>(다)
⑤ 기체 입자의 충돌 세기: (가)>(나)>(다)
⑥ 기체 입자의 충돌 횟수: (가)=(나)=(다)
⑦ 기체 입자 운동의 빠르기: (가)=(나)=(다)

288 중

오른쪽 그림은 일정한 압력에서 밀폐된 용기 내부에 들어 있는 기체를 입자 모형으로 나타낸 것이다. 용기 내부의 온도를 낮출 때 변하는 것과 변하지 않는 것을 〈보기〉에서 골라 옳게 짝 지은 것은?

〈 보기 〉
ㄱ. 기체의 부피   ㄴ. 기체 입자의 개수
ㄷ. 기체 입자의 크기   ㄹ. 기체 입자 사이의 거리
ㅁ. 기체 입자 운동의 빠르기

	변하는 것	변하지 않는 것
①	ㄱ, ㄴ	ㄷ, ㄹ, ㅁ
②	ㄴ, ㄷ	ㄱ, ㄹ, ㅁ
③	ㄴ, ㄹ	ㄱ, ㄷ, ㅁ
④	ㄱ, ㄷ, ㅁ	ㄴ, ㄹ
⑤	ㄱ, ㄹ, ㅁ	ㄴ, ㄷ

289 중

그림과 같이 고무풍선을 씌운 삼각 플라스크를 (가)뜨거운 물이 담긴 수조에 넣었다가 꺼낸 뒤 (나)얼음물이 담긴 수조로 옮겼다.

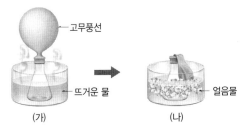

(가)에서 (나)로 옮겼을 때 삼각 플라스크 속 기체의 변화를 옳게 짝 지은 것은?

	부피	입자의 충돌 세기	입자 사이의 거리
①	감소	감소	감소
②	감소	감소	증가
③	증가	감소	감소
④	증가	증가	감소
⑤	증가	증가	증가

[290~291] 그림과 같이 찌그러진 탁구공을 뜨거운 물에 넣었더니 탁구공이 펴졌다.

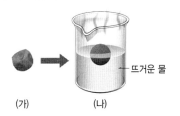

290 중

이에 대한 설명으로 옳은 것을 〈보기〉에서 모두 고른 것은?

〈 보기 〉
ㄱ. 기체 입자 운동은 (가)보다 (나)에서 활발하다.
ㄴ. 기체 입자 사이의 거리는 (가)보다 (나)에서 멀다.
ㄷ. (나)에서는 탁구공 속 기체 입자가 탁구공 안쪽 벽에 충돌하는 세기와 횟수가 증가한다.

① ㄱ   ② ㄴ   ③ ㄱ, ㄷ
④ ㄴ, ㄷ   ⑤ ㄱ, ㄴ, ㄷ

291 중

찌그러진 탁구공 속 기체 입자 모형이 오른쪽 그림과 같을 때 펴진 탁구공 속 기체 입자 모형으로 옳은 것은? (단, 화살표의 길이는 기체 입자 운동의 빠르기를 나타낸다.)

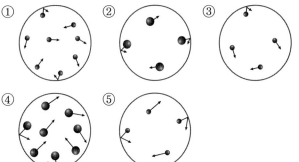

292 중

일정한 압력에서 공기가 들어 있는 고무풍선을 액체 질소 (−196 °C)에 넣으면 고무풍선의 크기가 작아진다.

액체
질소

고무풍선의 크기가 작아지는 까닭으로 가장 적절한 것은?

① 고무풍선 주위의 압력이 감소하기 때문
② 고무풍선 속 기체 입자의 크기가 작아지기 때문
③ 고무풍선 속 기체 입자의 개수가 감소하기 때문
④ 고무풍선 속 기체 입자의 운동이 둔해지기 때문
⑤ 고무풍선 속 기체 입자 사이의 거리가 증가하기 때문

293 중

그림과 같이 주사기 2 개에 일정량의 기체를 넣고 주사기 끝을 막은 다음 뜨거운 물과 얼음물에 각각 담가 피스톤의 변화를 관찰하였다.

뜨거운 물   얼음물

이에 대한 설명으로 옳은 것을 〈보기〉에서 모두 고른 것은?

〈 보기 〉
ㄱ. 뜨거운 물에서는 주사기 속 기체의 부피가 증가한다.
ㄴ. 뜨거운 물에서는 주사기 속 기체 입자의 운동이 둔해진다.
ㄷ. 얼음물에서는 피스톤이 주사기 안쪽으로 밀려 들어간다.
ㄹ. 얼음물에서는 주사기 속 기체 입자가 용기 안쪽 벽에 충돌하는 세기와 충돌 횟수가 감소한다.

① ㄱ, ㄴ   ② ㄱ, ㄷ   ③ ㄴ, ㄹ
④ ㄱ, ㄷ, ㄹ   ⑤ ㄴ, ㄷ, ㄹ

294 중 ★빈출

그림은 오줌싸개 인형의 원리를 나타낸 것이다.

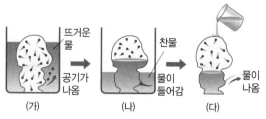

뜨거운
물
공기가
나옴
(가)

찬물
물이
들어감
(나)

물이
나옴
(다)

이에 대한 설명으로 옳지 않은 것은?

① (가)에서 인형 속 공기 입자의 운동이 활발해진다.
② (나)에서 인형 속으로 물이 들어가는 것은 인형 속 공기의 부피가 감소하기 때문이다.
③ (다)에서 인형 속 공기의 부피가 증가하여 물이 밀려 나온다.
④ (다)에서 인형의 머리에 부어 주는 물의 온도가 낮을수록 물이 세게 나온다.
⑤ 이 원리는 샤를 법칙으로 설명할 수 있다.

295 상

그림과 같이 일정량의 기체가 들어 있는 실린더에 조건을 달리하면서 실린더 속 기체의 부피를 변화시켰다.

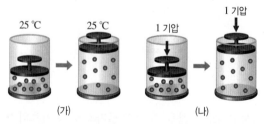

25 °C   25 °C   1 기압   1 기압
(가)   (나)

이에 대한 설명으로 옳은 것을 〈보기〉에서 모두 고른 것은?

〈 보기 〉
ㄱ. (가)에서 기체 입자의 충돌 횟수는 증가한다.
ㄴ. (나)에서 기체 입자 운동의 빠르기는 변하지 않는다.
ㄷ. (가)는 보일 법칙, (나)는 샤를 법칙으로 설명할 수 있다.

① ㄱ   ② ㄷ   ③ ㄱ, ㄴ
④ ㄴ, ㄷ   ⑤ ㄱ, ㄴ, ㄷ

296 상

뜨거운 물에 담갔다가 꺼낸 유리컵의 입구에 그림 (가)와 같이 고무풍선을 대고 기다렸더니 (나)와 같이 유리컵 속으로 고무풍선이 빨려 들어갔다.

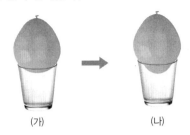

이에 대한 설명으로 옳은 것은? (단, 압력은 일정하다.)

① 유리컵 속 기체 입자의 개수는 (가)가 (나)보다 많다.
② 유리컵 속 기체의 온도는 (가)가 (나)보다 낮다.
③ 유리컵 속 기체의 부피는 (나)가 (가)보다 크다.
④ 유리컵 속 기체 입자의 운동은 (나)가 (가)보다 활발하다.
⑤ 유리컵 속 기체 입자 사이의 거리는 (나)가 (가)보다 가깝다.

297 상

그림과 같이 실온에서 크기가 같은 고무풍선 (가)~(다)에 같은 양의 공기를 넣고 빠져나가지 못하게 단단히 묶은 다음, 각각 (가)는 뜨거운 물이 담긴 수조에, (나)는 실온과 같은 온도의 물이 담긴 수조에, (다)는 얼음물이 담긴 수조에 넣고 크기 변화를 관찰하였다.

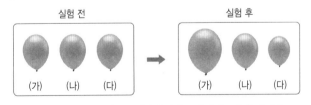

이에 대한 설명으로 옳은 것은? (단, 압력은 일정하다.)

① (가)는 실험 후 기체 입자의 충돌 세기가 감소한다.
② (나)는 실험 후 기체 입자의 크기가 증가한다.
③ (다)는 실험 후 기체 입자 사이의 거리가 가까워진다.
④ (가)는 실험 후 기체 입자의 운동이 둔해지고, (다)는 실험 후 기체 입자의 운동이 활발해진다.
⑤ 실험 후 기체 입자의 충돌 횟수가 가장 많아지는 것은 (나)이다.

298 상

그림과 같이 유리병과 피펫 사이에 실리콘 마개를 끼워 틈새 없이 연결한 다음 온도 센서와 함께 스탠드에 고정시키고 뜨거운 물이 담긴 비커에 담근다. 피펫 입구에 글리세롤 한두 방울을 떨어뜨린 뒤 시간에 따른 글리세롤의 위치를 관찰하였다.

이 실험에 대한 설명으로 옳은 것을 〈보기〉에서 모두 고른 것은?

┌─────── 보기 ───────┐
ㄱ. 피펫 속 기체의 부피는 점점 감소한다.
ㄴ. 피펫 속 글리세롤은 점점 아래로 내려간다.
ㄷ. 피펫 속 기체 입자 사이의 거리가 점점 멀어진다.
ㄹ. 기체의 온도와 부피 관계를 확인하는 실험이다.
└────────────────────┘

① ㄱ, ㄴ   ② ㄱ, ㄷ   ③ ㄷ, ㄹ
④ ㄱ, ㄴ, ㄹ   ⑤ ㄴ, ㄷ, ㄹ

C 기체의 온도와 부피 관계를 이용하는 예

299 하

다음 현상에서 (   ) 안에 들어갈 용어로 가장 적절한 것은?

> 열기구의 풍선 속 기체를 가열하면 풍선 속 기체의 부피가 커지면서 열기구가 부풀어 오른다. 이때 일부 기체가 밖으로 밀려 나와 열기구가 가벼워져 위로 떠오른다. 이는 (   )을 이용한 현상이다.

① 확산   ② 증발   ③ 끓음
④ 보일 법칙   ⑤ 샤를 법칙

300 하

온도와 기체의 부피 관계로 설명할 수 없는 현상은?

① 추운 겨울철 자동차의 타이어가 수축한다.
② 천연가스를 압축하여 기체 보관 용기에 저장한다.
③ 물이 조금 들어 있는 생수병을 냉장고에 넣어 두면 생수병이 찌그러진다.
④ 손으로 피펫 윗부분을 막고 중간을 감싸 쥐면 피펫 끝에 남아 있는 액체가 빠져나온다.
⑤ 차가운 빈 유리병 입구에 물을 묻힌 동전을 올려놓고 유리병을 손으로 감싸 쥐면 동전이 움직인다.

301 중

이 문제에서 볼 수 있는 보기는 多

그림은 일정한 압력에서 온도에 따른 일정량의 기체의 부피 변화를 나타낸 것이다.

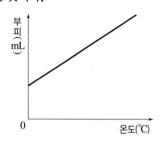

이 그림으로 설명할 수 있는 현상으로 옳지 않은 것은?

① 높은 산에 올라가면 과자 봉지가 부풀어 오른다.
② 무더운 여름날 자전거를 오래 타면 타이어가 팽팽해진다.
③ 햇빛이 비치는 곳에 과자 봉지를 두면 과자 봉지가 부풀어 오른다.
④ 오줌싸개 인형의 머리에 뜨거운 물을 부으면 인형에서 물이 나온다.
⑤ 바닥이 오목한 그릇에 뜨거운 음식을 담아 놓으면 식탁에서 저절로 움직인다.
⑥ 냉장고에 있던 달걀을 꺼내 바로 뜨거운 물에 넣고 삶으면 달걀 껍데기가 깨진다.

302 중

다음은 압력 또는 온도 변화에 따라 기체의 부피가 변하는 예를 나타낸 것이다.

(가) 비행기가 이륙할 때 귀가 먹먹해진다.
(나) 추운 겨울날 바깥에 축구공을 오래 두면 축구공이 찌그러진다.
(다) 잠수부가 내뿜은 공기 방울은 수면으로 올라올수록 점점 커진다.
(라) 추운 겨울에 헬륨 풍선을 들고 밖으로 나가면 풍선이 쭈그러든다.
(마) 공기 주머니가 있는 운동화는 발바닥에 전해지는 충격을 줄여 준다.
(바) 뜨거운 음식이 담긴 그릇에 랩을 씌우고 시간이 흐르면 랩이 오목하게 들어간다.

보일 법칙과 샤를 법칙으로 설명할 수 있는 현상을 옳게 짝지은 것은?

	보일 법칙	샤를 법칙
①	(가), (나), (다)	(라), (마), (바)
②	(가), (다), (마)	(나), (라), (바)
③	(가), (라), (마)	(나), (다), (바)
④	(나), (다), (바)	(가), (라), (마)
⑤	(나), (라), (바)	(가), (다), (마)

303 상

그림은 유리병 안에 불을 붙인 종이를 넣은 다음 불이 꺼진 직후 유리병 입구에 껍질을 벗긴 삶은 달걀을 올리고 기다렸더니 달걀이 유리병 안으로 들어간 모습이다.

이와 같은 원리로 설명할 수 있는 현상은?

① 물이 가득 담긴 유리병을 얼리면 병이 깨진다.
② 공기 펌프로 찌그러진 축구공에 공기를 넣는다.
③ 냉장고에서 꺼낸 밀폐 용기의 뚜껑이 잘 열리지 않는다.
④ 공기가 들어 있는 고무풍선을 끝이 뾰족한 바늘로 누르면 쉽게 터진다.
⑤ 범퍼카에는 고무로 만든 완충 장치가 있어 서로 충돌하면 완충 장치 속 공기의 부피가 줄어들면서 충격을 줄여 준다.

난이도별 [서술형] 필수 기출

★ ★ ★

상 2문항
중 9문항
하 4문항

A 기체의 온도와 부피 관계

304 하

압력이 일정할 때 온도가 높아지면 일정량의 기체의 부피는 어떻게 변하는지 서술하시오.

_____

_____

☆빈출
305 하

고무풍선

오른쪽 그림과 같이 삼각 플라스크의 입구에 고무풍선을 씌운 다음 뜨거운 물에 담갔을 때 고무풍선의 크기 변화를 삼각 플라스크 속 기체의 온도 변화와 관련지어 서술하시오.

_____

_____

306 중

온도가 일정할 때와 압력이 일정할 때 기체의 부피가 줄어들게 하는 방법을 각각 서술하시오. (단, 기체의 양은 일정하다.)

• 온도가 일정할 때: _____

_____

• 압력이 일정할 때: _____

_____

☆빈출
307 중

표는 일정한 압력에서 온도에 따른 주사기 속 기체의 부피 변화를 나타낸 것이다.

온도(℃)	20	40	60	80
주사기 속 기체의 부피(mL)	50	55	60	65

(1) 이 실험 결과를 그래프로 나타내시오. (단, 각 점을 연결하여 선으로 나타낸다.)

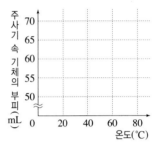

(2) 이 실험으로 알 수 있는 사실을 다음 용어를 모두 포함하여 서술하시오.

압력, 온도, 일정량, 부피, 비율

_____

_____

_____

B 온도에 따른 기체의 부피 변화와 입자의 운동

308 하

일정한 압력에서 용기 안에 들어 있는 기체의 온도를 높였을 때 용기 속 기체 입자 운동은 어떻게 변하는지 서술하시오.

_____

_____

VI

그림과 같이 일정한 압력에서 일정량의 기체가 들어 있는 실린더를 가열하였다.

1 기압 → 1 기압
가열

이때 실린더 속 기체의 부피 변화를 다음 용어를 모두 포함하여 서술하시오.

> 온도, 기체 입자 운동, 충돌, 부피

_____

_____

_____

그림과 같이 고무풍선을 씌운 삼각 플라스크를 (가)뜨거운 물이 담긴 수조에 넣었다가 꺼낸 뒤 (나)얼음물이 담긴 수조로 옮겼다.

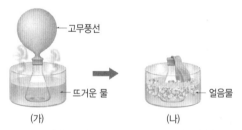

고무풍선
뜨거운 물 → 얼음물
(가)   (나)

(1) (가)와 (나)에서 기체 입자 사이의 거리를 부등호 또는 등호를 이용하여 비교하시오.

_____

(2) 이 실험을 통해 알 수 있는 사실을 기체의 부피 변화와 관련지어 서술하시오.

_____

311 중

그림과 같이 주사기에 일정량의 기체를 넣고 입구를 막은 뒤 (가)얼음물이 담긴 비커에 넣었다가 꺼낸 뒤 (나)뜨거운 물이 담긴 비커로 옮겼다.

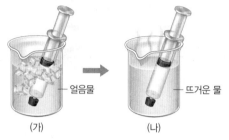

얼음물   뜨거운 물
(가)   (나)

(1) (가)에 있던 주사기를 (나)로 옮겼을 때 주사기 속 기체에 대한 다음 값의 변화를 '증가' 또는 '감소'로 쓰시오.

• 기체의 온도: _____

• 기체 입자 사이의 거리: _____

• 기체 입자의 충돌 세기: _____

• 기체 입자 운동의 빠르기: _____

(2) (나)에서 주사기의 피스톤 변화를 기체의 부피 변화와 관련지어 서술하시오.

_____

_____

312 중

그림은 20 ℃에서 주사기에 들어 있는 기체를 입자 모형으로 나타낸 것이다. 온도를 80 ℃로 높였을 때 주사기에 들어 있는 기체를 입자 모형으로 나타내시오. (단, 화살표 길이는 입자 운동의 빠르기를 의미한다.)

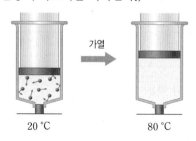

가열
20 ℃   80 ℃

★빈출
313 중

오른쪽 그림과 같이 물 묻힌 동전을 차가운 빈 유리병 입구에 올려놓고 유리병을 따뜻한 두 손으로 감싸 쥐었더니 동전이 움직였다. 동전이 움직인 까닭을 기체의 온도, 기체 입자의 운동, 부피 변화를 포함하여 서술하시오.

동전

---

314 상

그림은 오줌싸개 인형의 원리를 나타낸 것이다.

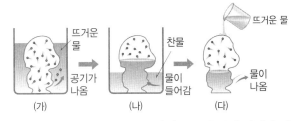

뜨거운 물
공기가 나옴
(가)

찬물
물이 들어감
(나)

뜨거운 물
물이 나옴
(다)

(다)에서 물이 나오는 원리를 공기의 온도와 부피 관계와 관련지어 서술하시오.

C 기체의 온도와 부피 관계를 이용하는 예

315 하

추운 겨울에 따뜻한 방 안에 있는 풍선을 밖으로 가지고 나왔다. 시간이 지나면 풍선의 크기는 어떻게 변하는지 서술하시오.

★빈출
316 중

그림과 같이 피펫의 윗부분을 막고 피펫의 가운데 부분을 손으로 감싸 쥐었더니 피펫 끝에 남은 용액이 빠져 나왔다.

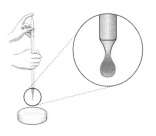

(1) 이 현상을 설명할 수 있는 법칙을 쓰시오.

(2) 용액이 빠져 나온 까닭을 기체의 온도와 부피 관계를 이용하여 서술하시오.

---

317 중

다음 현상과 같은 원리로 일어나는 현상을 2가지 서술하시오.

• 물이 조금 담긴 생수병을 냉장고에 넣어 두면 생수병이 찌그러진다.
• 오줌싸개 인형의 머리에 뜨거운 물을 부으면 인형에서 물이 나온다.

---

318 상

달걀 껍데기 안쪽에는 공기 주머니가 있다. 냉장고에 오랫동안 넣어 둔 달걀을 끓는 물에 바로 넣으면 달걀 껍데기가 쉽게 터진다. 달걀 껍데기가 터지는 까닭을 온도에 따른 공기의 부피 변화와 관련지어 서술하시오.

319

오른쪽 그림은 고무풍선 속 기체 입자의 운동을 나타낸 것이다. 이에 대한 설명으로 옳지 <u>않은</u> 것은?

기체 입자

① 고무풍선에 기체를 넣으면 기체는 모든 방향으로 힘이 작용하므로 사방으로 부풀어 오른다.

② 고무풍선에 기체를 넣으면 풍선 속 기체 입자의 개수가 많아져 풍선 속 기체의 압력이 커진다.

③ 기체 입자가 고무풍선 안쪽 벽에 충돌하는 횟수가 증가할수록 풍선 속 기체의 압력이 커진다.

④ 고무풍선을 뜨거운 물에 넣으면 기체 입자의 운동이 활발해져 풍선의 크기가 커진다.

⑤ 고무풍선 속 공기를 조금 빼내면 기체 입자가 풍선 안쪽 벽에 충돌하는 횟수가 증가하여 풍선의 크기가 작아진다.

320

그림과 같이 기체 입자의 운동 실험 장치에 쇠구슬의 개수를 다르게 하여 각각 쇠구슬을 넣은 다음 전원을 켜고 쇠구슬과 피스톤의 움직임을 관찰하였다.

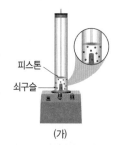

피스톤
쇠구슬

(가)   (나)

이에 대한 설명으로 옳은 것을 〈보기〉에서 모두 고른 것은?

〈 보기 〉

ㄱ. 쇠구슬의 개수는 (가)가 (나)보다 많다.

ㄴ. 피스톤을 밀어 올리는 힘은 (가)와 (나)가 같다.

ㄷ. 쇠구슬이 용기 안쪽 벽에 충돌하는 횟수는 (나)가 (가)보다 많다.

① ㄱ   ② ㄴ   ③ ㄷ

④ ㄱ, ㄴ   ⑤ ㄴ, ㄷ

321

그림은 일정한 온도에서 실린더 속 기체의 압력에 따른 부피 변화를 나타낸 것이다.

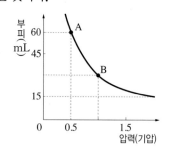

이에 대한 설명으로 옳은 것은?

① A → B로 갈수록 기체 입자의 크기가 작아진다.

② B → A로 갈수록 기체 입자의 운동이 둔해진다.

③ 일정한 면적에 충돌하는 기체 입자의 개수는 A와 B가 같다.

④ B에서 압력과 부피를 곱한 값은 30이다.

⑤ 높은 산에 올라가면 과자 봉지가 부풀어 오르는 현상은 A → B로 변할 때로 설명할 수 있다.

322

그림 (가)와 (나)는 고무풍선을 넣은 주사기의 입구를 막고 각각 피스톤을 누를 때와 당길 때 고무풍선의 변화를 나타낸 것이다.

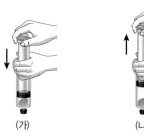

(가)   (나)

(가)와 (나)에서 고무풍선의 변화로 옳지 <u>않은</u> 것은? (단, 온도는 일정하다.)

	구분	(가)	(나)
①	고무풍선의 크기	작아진다.	커진다.
②	고무풍선 속 기체의 압력	커진다.	작아진다.
③	고무풍선에 가하는 압력	커진다.	작아진다.
④	고무풍선 속 기체 입자의 충돌 횟수	적어진다.	많아진다.
⑤	고무풍선 속 기체 입자 운동의 빠르기	일정하다.	일정하다.

323

이물질이 사람의 기관에 걸려 기도가 완전히 막혔을 때에는 다음과 같이 응급 처치를 할 수 있다.

환자 뒤로 가서 환자가 기댈 수 있도록 한 다음 배꼽과 명치의 중간에 주먹을 쥔 손을 올린다. 다른 손으로 주먹을 감싸 쥐고 위로 밀어올린다.

이 현상과 원리가 같은 것을 〈보기〉에서 모두 고른 것은?

─〈 보기 〉─
ㄱ. 천연가스를 가스통에 담아 보관한다.
ㄴ. 깨지기 쉬운 유리컵을 뽁뽁이로 포장한다.
ㄷ. 비스킷을 굽기 전에 반죽 표면에 구멍을 뚫는다.
ㄹ. 여름철에는 자동차 바퀴 타이어의 공기압을 최대치보다 작게 해야 한다.

① ㄱ, ㄴ   ② ㄱ, ㄹ   ③ ㄷ, ㄹ
④ ㄱ, ㄴ, ㄷ   ⑤ ㄴ, ㄷ, ㄹ

324

다음은 기체의 온도와 부피 관계를 알아보는 실험이다.

[실험 방법]
(가) 스포이트 뾰족한 부분을 잘라내고 스포이트의 둥근 부분 끝을 자의 영점에 맞춰 셀로판테이프로 붙인 다음, 식용 색소를 탄 물을 1 방울 넣는다.

(나) 온도가 다른 물이 담긴 비커 4 개를 준비한 뒤 비커 A~D에 차례대로 넣으며 물방울 위치를 측정한다.

[실험 결과]

비커	A	B	C	D
물방울의 위치(cm)	9.8	10.4	10.9	11.5

이에 대한 설명으로 옳지 <u>않은</u> 것은? (단, 압력은 일정하다.)

① A~D 중 물의 온도가 가장 높은 것은 D이다.
② 스포이트 속 기체 입자의 운동은 B가 C보다 둔하다.
③ 스포이트 속 기체 입자 사이의 거리는 A가 D보다 멀다.
④ 스포이트 속 기체 입자의 충돌 세기는 A<B<C<D이다.
⑤ 물방울의 위치로 스포이트 속 기체의 부피를 비교할 수 있다.

325

다음 현상들이 일어나는 공통적인 원인으로 가장 적절한 것은?

• 찬물보다 뜨거운 물에서 잉크가 더 빨리 퍼진다.
• 햇빛이 비치는 곳에 과자 봉지를 두면 과자 봉지가 부풀어 오른다.

① 기체의 부피는 압력에 반비례한다.
② 입자는 온도가 높을 때만 운동한다.
③ 온도가 높아지면 기체의 부피가 증가한다.
④ 온도가 높을수록 입자의 운동이 활발해진다.
⑤ 압력이 높을수록 기체 입자의 운동의 빠르기가 증가한다.

326

그림 (가)는 25 °C, 1 기압에서 일정량의 기체를 실린더에 넣고 추를 올려놓은 모습을, (나)는 피스톤 위에 동일한 추를 1 개 더 올려놓은 모습을, (다)는 온도를 변화시켰을 때의 모습을 나타낸 것이다.

구분	(가)	(나)	(다)
압력(기압)	1.5		㉠
온도(°C)	25	25	㉡
부피(L)	2	1.5	3

이에 대한 설명으로 옳지 <u>않은</u> 것은? (단, 대기압은 모든 실린더에 작용하며 대기압은 1 기압이고, 피스톤의 질량과 마찰은 무시한다.)

① 추 1 개의 압력은 1 기압이다.
② ㉠는 2이다.
③ ㉡은 25 °C보다 높다.
④ (가)와 (나)를 비교하면 보일 법칙을 설명할 수 있다.
⑤ (나)와 (다)를 비교하면 샤를 법칙을 설명할 수 있다.

 **VII. 태양계**

태양계의 구성

A 태양계 구성 천체

1 태양계 구성 천체
┌─ 태양과 태양을 중심으로 공전하는 천체 및 이들이 차지하는 공간

태양	혜성	❶ ☐☐☐☐
태양계의 중심에 있고, 스스로 빛을 내는 천체	얼음과 먼지로 이루어져 있고 태양에 가까워지면 꼬리가 생긴다.	태양을 중심으로 공전하며 모양이 둥글고, 행성에 비해 질량이 작다.

┌─ 궤도 주변 천체들에게 지배적인 역할을 하지 못한다.

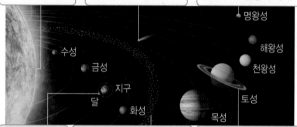
명왕성 / 수성 / 금성 / 지구 / 달 / 화성 / 목성 / 토성 / 천왕성 / 해왕성

위성	소행성	행성
❷ ☐☐을 중심으로 공전한다.	태양을 중심으로 공전하며 모양이 불규칙하고, 주로 화성과 목성 궤도❶ 사이에서 띠를 이루어 분포한다.	태양을 중심으로 공전하며 모양이 둥글고, 궤도 주변에서 지배적인 지위를 갖는다.

2 태양계 행성의 특징 태양계에는 8 개의 행성이 있다.

수성 / 금성 / 지구 / 화성 (극관)

수성	• 행성 중 크기가 가장 작고, 표면에 운석 구덩이가 많다. • 대기가 거의 없어 낮과 밤의 온도 차가 크다.
금성	이산화 탄소로 이루어진 두꺼운 대기가 있어 표면 온도가 매우 높다. ┌─ 질량과 크기가 지구와 가장 비슷하고, 행성 중 지구에서 가장 밝게 보인다.
지구	질소와 산소 등으로 이루어진 대기와 액체 상태의 물이 존재한다. ─ 1 개의 위성(달)이 있다.
화성	• 표면이 붉게 보이고, 과거에 물이 흘렀던 흔적이 있다. • 극지방에 흰색의 얼음과 드라이아이스로 구성된 극관이 있다.

┌─ 주로 수소와 헬륨으로 구성   ┌─ 주로 수소, 헬륨, 메테인으로 구성

대적점 / 목성 / 토성 / 천왕성 / 해왕성 / 대흑점

목성	• 행성 중 크기가 가장 크고, 희미한 고리와 위성들이 있다. • 표면에는 적도와 나란한 줄무늬와 대적점이 있다.
토성	얼음과 암석으로 이루어진 뚜렷한 ❸ ☐☐가 있고 위성들이 있다.
천왕성	• 청록색으로 보이고, 희미한 고리와 위성들이 있다. • 자전축이 공전 궤도면과 거의 나란하다.
해왕성	• 청록색으로 보이고, 희미한 고리와 위성들이 있다. • 행성 중 가장 바깥쪽에 위치해 있고, 대흑점이 있다.

3 태양계 행성의 분류 태양계 행성은 특징에 따라 지구형 행성과 목성형 행성으로 분류할 수 있다.

지구형 행성	구분	목성형 행성
수성, 금성, 지구, 화성	행성	목성, 토성, 천왕성, 해왕성
❹ ☐☐.	질량	❺ ☐☐
작다.	반지름	크다.
없거나 적다.	위성 수	많다.
없다.	고리	있다.
단단한 암석(고체)	표면 상태	단단한 표면이 없다(기체).

(그래프) 질량 - 반지름: 지구형 행성, 목성형 행성
(그래프) 위성 수 - 반지름: 지구형 행성, 목성형 행성

B 천체 망원경

1 천체 망원경 멀리 있는 천체를 자세하게 관측하는 장치
(1) 거울이나 렌즈로 빛을 모아 어두운 천체를 밝게 보여 준다.
(2) 맨눈으로 볼 때와 달리 천체 표면의 특징을 볼 수 있다.
(3) **달 관측**: 달 표면의 지형과 운석 구덩이를 관측할 수 있다.
(4) **행성 관측**: 목성의 줄무늬, 토성의 고리를 관측할 수 있다.
┌─ 행성은 달과 달리 맨눈으로 보면 별과 잘 구분되지 않는다.
(5) **태양 관측**: 태양 표면의 흑점을 관측할 수 있다.
┌─ 태양은 태양 투영판이나 태양 필터를 이용하여 관측한다.

2 천체 망원경의 구조와 기능

보조 망원경은 배율이 낮아 시야가 넓다.

❻ ☐☐☐
천체에서 오는 빛을 모으는 렌즈

경통
대물렌즈와 접안렌즈를 연결하는 통

가대
경통과 삼각대를 연결하는 부분

보조 망원경(파인더)
관측하려는 천체를 찾을 때 사용하는 소형 망원경

균형추
망원경의 균형을 잡아주는 추

❼ ☐☐☐
상을 확대하여 눈으로 볼 수 있게 하는 렌즈

삼각대
망원경을 세우고 고정

초점 조절 나사
접안렌즈를 움직여 초점을 조절할 때 사용

3 천체 망원경을 이용한 관측 순서 조립하기(삼각대 → 가대 → 균형추 → 경통 → 보조 망원경과 접안렌즈) ➡ 균형 맞추기 ➡ 시야 맞추기 ➡ 천체 관측(저배율 → 고배율)

C 태양과 태양 활동

1 태양

(1) **태양의 표면**: 태양의 표면을 광구❷라고 하며, 광구에는 흑점과 쌀알 무늬가 나타난다. └─●광구의 평균 온도: 약 6000 ℃

●흑점은 수명, 크기, 모양이 다양하고, 흑점 수는 주기적으로 변한다.

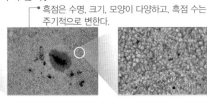

▲ 광구　　　▲ 흑점　　　▲ 쌀알 무늬

흑점	광구에서 나타나는 불규칙한 모양의 어두운 부분 ➡ 주변보다 온도가 ❽ ☐☐ 어둡게 보인다. → 흑점의 온도: 약 4000 ℃
쌀알 무늬	광구에서 나타나는 쌀알 모양의 무늬 ➡ 광구 아래에서 일어나는 대류 현상으로 생긴다.

(2) **태양의 대기**: 태양의 대기는 채층과 코로나로 구분되며, 태양의 대기에서는 홍염과 플레어가 나타나기도 한다.

대기	채층	광구 바로 위 붉은색의 얇은 대기층	
	코로나	채층 위로 멀리 뻗어 있는 진주색의 대기층 →100만 ℃ 이상	
현상	❾ ☐☐	광구에서 코로나까지 물질이 솟아오르는 현상	
	플레어	흑점 부근에서 일어나는 강력한 폭발	

태양의 대기는 달이 태양의 광구를 완전히 가리면 관측할 수 있다.

2 태양 활동이 미치는 영향

(1) **태양 활동이 활발할 때 태양의 변화**

- 흑점 수가 ❿ ☐ 아진다.
- 코로나의 크기가 커지고, 홍염과 플레어가 자주 나타난다.
- 태양풍이 강해진다.
  └─●태양에서 우주로 방출되는 전기적 성질을 띤 입자의 흐름

(2) **태양 활동이 활발할 때 지구가 받는 영향** → 자기 폭풍이 일어난다.

- 인공위성이 고장 나거나 전력 시스템의 오류로 전기가 끊기거나 화재가 날 수 있다.
- 무선 통신 장애가 발생하거나 위성 위치 확인 시스템(GPS) 수신 장애가 발생할 수 있다.
- 오로라❸가 자주 발생하고, 더 넓은 지역에서 발생한다.

탐구 ／ 흑점 수의 변화

흑점 수(개)

200 — ○ 태양 활동이 활발한 시기
100
0 1990 2000 2010 2020 연도(년)

❶ 흑점 수가 많을수록 태양 활동이 활발하다.
❷ 흑점 수는 약 11 년을 주기로 변한다. ➡ 태양 활동의 주기는 약 11 년이다.

기출 PICK

기출PICK A-1

태양계 구성 천체

- 행성과 왜소 행성은 모양이 둥글지만, 소행성은 불규칙하다.
- 위성은 행성을 중심으로, 행성은 태양을 중심으로 공전한다.
- 혜성은 태양과 가까워지면 태양 반대쪽으로 꼬리가 생긴다.

기출PICK A-2

태양계 행성의 특징

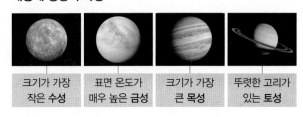

| 크기가 가장 작은 수성 | 표면 온도가 매우 높은 금성 | 크기가 가장 큰 목성 | 뚜렷한 고리가 있는 토성 |

기출PICK A-3

태양계 행성의 분류: 수성, 금성, 지구, 화성은 지구형 행성이고, 목성, 토성, 천왕성, 해왕성은 목성형 행성이다.

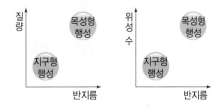

질량 ── 목성형 행성 / 지구형 행성 ── 반지름

위성 수 ── 목성형 행성 / 지구형 행성 ── 반지름

기출PICK C-1

태양

┌태양의 표면(광구)┐ ┌태양의 대기┐ ┌태양의 대기 현상┐
흑점　쌀알 무늬　채층　코로나　홍염　플레어

기출PICK C-2

태양 활동이 미치는 영향

- 흑점 수 ↑　　・코로나의 크기 ↑　　・홍염, 플레어 발생 횟수↑
- 태양풍 세기 ↑　・인공위성 고장 ↑　　・오로라 발생 횟수 ↑

(용어)

❶ **궤도**(軌 바퀴 자국, 道 길): 중력의 영향을 받아 다른 천체의 둘레를 돌면서 그리는 곡선의 길
❷ **광구**(光 빛나다, 球 둥글다): 스스로 빛을 내는 천체의 표면
❸ **오로라**(aurora): 태양에서 날아 온 전기적 성질을 띤 입자들이 지구 대기와 충돌하여 빛을 내는 현상으로, 고위도 지역에서 주로 나타난다.

답　❶ 왜소 행성 ❷ 행성 ❸ 고리 ❹ 작다 ❺ 크다 ❻ 대물렌즈
❼ 접안렌즈 ❽ 낮아 ❾ 홍염 ❿ 많

OX로 개념 확인

♦ 개념에 대한 설명이 옳으면 ○, 옳지 않으면 ✕로 쓰고, ✕인 경우 옳지 않은 부분
  에 밑줄을 긋고 옳은 문장으로 고쳐 보자.

327 소행성은 주로 화성과 목성 궤도 사이에 분포하는 불규칙한 작은 천체이다.　　　　　(　　　　)

_____

328 행성과 위성은 태양을 중심으로 공전하는 둥근 모양의 천체이다.　　　　　(　　　　)

_____

329 태양계 행성 중 크기가 가장 크고 표면에 대적점이 있는 행성은 금성이다.　　　　　(　　　　)

_____

330 지구형 행성에는 수성, 금성, 지구, 화성이 있다.　　　　　(　　　　)

_____

331 지구형 행성은 표면이 암석으로 이루어져 있어 단단하고, 목성형 행성은 기체로
  이루어져 있어 단단한 표면이 없다.　　　　　(　　　　)

_____

332 천체 망원경에서 빛을 모으는 역할을 하는 것은 보조 망원경이다.　　　　　(　　　　)

_____

333 태양의 흑점이 주변보다 어둡게 보이는 까닭은 주변보다 온도가 높기 때문이다.　　　　　(　　　　)

_____

334 광구 바로 위 붉은색의 얇은 대기층을 코로나라고 한다.　　　　　(　　　　)

_____

335 태양 활동이 활발해지면 홍염과 플레어가 더 자주 발생한다.　　　　　(　　　　)

_____

336 태양 활동이 활발할 때 지구에서는 오로라가 더 넓은 지역에서 발생한다.　　　　　(　　　　)

_____

정답과 해설 23쪽 ▶▶

난이도별 필수기출

A 태양계 구성 천체

태양계 구성 천체

★빈출 337 하

다음은 태양계를 구성하는 어떤 천체에 대한 설명인가?

주로 얼음과 먼지로 이루어져 있으며, 태양에 가까워지면 꼬리가 생긴다.

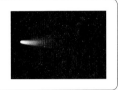

① 태양　　② 행성　　③ 혜성
④ 소행성　　⑤ 왜소 행성

338 하

태양을 중심으로 공전하는 천체로 옳은 것을 〈보기〉에서 모두 고른 것은?

〈 보기 〉
ㄱ. 행성　　　　ㄴ. 위성
ㄷ. 소행성　　　ㄹ. 왜소 행성

① ㄱ, ㄴ　　② ㄴ, ㄷ　　③ ㄷ, ㄹ
④ ㄱ, ㄴ, ㄹ　　⑤ ㄱ, ㄷ, ㄹ

★빈출 339 중　이 문제에서 볼 수 있는 보기는 多

태양계를 구성하는 천체에 대한 설명으로 옳지 <u>않은</u> 것을 모두 고르면? (2 개)

① 태양계의 중심에는 태양이 있다.
② 태양계 구성 천체 중 스스로 빛을 내는 것은 태양뿐이다.
③ 행성의 표면은 모두 단단한 암석으로 되어 있다.
④ 달은 지구의 위성이다.
⑤ 왜소 행성은 행성에 비해 크기가 작다.
⑥ 소행성은 모양이 불규칙하고 크기가 다양하다.
⑦ 혜성은 주로 화성과 목성 궤도 사이에서 태양을 중심으로 공전한다.

340 총

행성과 왜소 행성의 공통점으로 옳은 것은?

① 모양이 둥글다.
② 목성의 위성이다.
③ 스스로 빛을 낸다.
④ 자신의 궤도 주변에서 지배적인 지위를 갖는다.
⑤ 태양과 가까워지면 태양 반대쪽으로 꼬리가 생긴다.

341 총

그림은 태양계 천체를 특징에 따라 구분하는 과정이다.

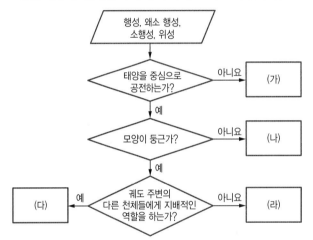

(가)~(라)에 들어갈 천체를 옳게 짝 지은 것은?

	(가)	(나)	(다)	(라)
①	위성	소행성	왜소 행성	행성
②	위성	소행성	행성	왜소 행성
③	위성	왜소 행성	행성	소행성
④	소행성	위성	행성	왜소 행성
⑤	소행성	위성	왜소 행성	행성

342 상

다음은 태양계 천체인 가니메데에 대한 설명이다.

• 목성을 중심으로 공전하고, 모양이 둥글다.
• 반지름이 수성보다 크고, 표면이 단단하다.

가니메데는 태양계 구성 천체 중 무엇에 해당하는가?

① 태양　　② 행성　　③ 위성
④ 소행성　　⑤ 왜소 행성

태양계 행성의 특징

343 하

태양계 행성이 <u>아닌</u> 것은?

① 지구   ② 화성   ③ 토성

④ 해왕성   ⑤ 명왕성

344 하

다음과 같은 특징을 나타내는 태양계 행성은?

- 지구와 크기가 비슷하다.
- 표면 온도가 약 470 ℃로 매우 높다.
- 지구에서 볼 때 가장 밝게 보이는 행성이다.

① 수성   ② 금성   ③ 목성

④ 토성   ⑤ 천왕성

★빈출 345 중

이 문제에서 볼 수 있는 보기는 多

태양계를 구성하는 행성에 대한 설명으로 옳은 것을 모두 고르면? (2 개)

① 수성은 이산화 탄소로 이루어진 두꺼운 대기가 있어 표면 온도가 매우 높다.

② 금성은 태양과 가장 가까운 거리에 있고, 대기가 거의 없다.

③ 화성은 극지방에 얼음과 드라이아이스로 이루어진 흰색의 극관이 있다.

④ 목성은 표면에 운석 구덩이가 많다.

⑤ 토성은 얼음과 암석으로 이루어진 뚜렷한 고리가 있다.

⑥ 천왕성은 태양계 행성 중 가장 바깥쪽에 위치해 있다.

⑦ 해왕성은 표면이 붉게 보이고 2 개의 위성이 있다.

★빈출 346 중

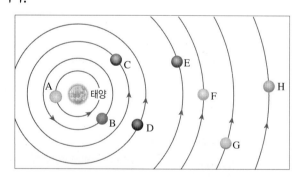

오른쪽 그림은 태양계를 이루는 어떤 행성을 나타낸 것이다. 이 행성에 대한 설명으로 옳은 것은?

① 태양계 행성 중 크기가 가장 작다.

② 태양계 행성 중 위성 수가 가장 적다.

③ 표면에 단단한 암석이 있고, 액체 상태의 물이 있다.

④ 거대한 대기의 소용돌이인 대적점이 있다.

⑤ 대기의 대부분이 질소와 산소로 되어 있다.

347 중

이 문제에서 볼 수 있는 보기는 多

그림은 태양을 중심으로 공전하는 행성의 모습을 나타낸 것이다.

이에 대한 설명으로 옳지 <u>않은</u> 것은?

① A: 태양계 행성 중 크기가 가장 작다.

② B: 태양계 행성 중 질량과 크기가 지구와 가장 비슷하다.

③ D: 표면에 적도와 나란한 줄무늬가 나타나고, 희미한 고리가 있다.

④ F: 태양계 행성 중 두 번째로 크기가 크고, 주로 수소와 헬륨으로 이루어져 있다.

⑤ G: 자전축이 공전 궤도면과 거의 나란하게 기울어져 있다.

⑥ H: 청록색으로 보이고, 표면에 대기의 소용돌이가 나타난다.

348 ㉠

다음 (가)~(라)는 여러 태양계 행성의 특징을 설명한 것이다.

> (가) 태양계 행성 중 크기가 가장 크다.
> (나) 대기가 거의 없어 낮과 밤의 온도 차가 매우 크다.
> (다) 표면이 붉게 보이고 과거에 물이 흘렀던 흔적이 있다.
> (라) 주로 수소, 헬륨, 메테인으로 구성되어 있고, 표면에 대흑점이 나타난다.

태양에서 가까운 행성부터 순서대로 옳게 나열한 것은?

① (가) → (나) → (다) → (라)
② (가) → (다) → (라) → (나)
③ (나) → (가) → (다) → (라)
④ (나) → (다) → (가) → (라)
⑤ (라) → (가) → (다) → (나)

349 ㉠

그림 (가)와 (나)는 태양계 행성의 모습을 나타낸 것이다.

(가)

(나)

이에 대한 설명으로 옳은 것은?

① (가)의 표면에는 적도와 나란한 줄무늬가 나타난다.
② (나)는 지구보다 반지름이 작다.
③ (가)는 희미한 고리가 있고 위성이 많다.
④ (나)는 주로 단단한 표면이 없고 기체로 이루어져 있다.
⑤ (가)와 (나) 중 탐사선이 표면에 착륙할 수 있는 행성은 (나)이다.

태양계 행성의 분류

350 ㉠

다음은 태양계 행성을 두 집단으로 구분한 것이다.

(가) 집단	수성, 금성, 지구, 화성
(나) 집단	목성, 토성, 천왕성, 해왕성

태양계 행성을 (가)와 (나) 집단으로 구분할 수 있는 특징으로 적절하지 않은 것은?

① 질량
② 반지름
③ 위성 수
④ 표면 색깔
⑤ 고리의 유무

★빈출 351 ㉠

지구형 행성의 공통적인 특징으로 옳지 않은 것은?

① 고리가 없다.
② 질량이 작다.
③ 반지름이 작다.
④ 위성 수가 많다.
⑤ 단단한 표면이 있다.

352 ㉠

다음 행성들의 공통적인 특징으로 옳은 것은?

> 목성, 토성, 천왕성, 해왕성

① 고리가 있다.
② 지구형 행성이다.
③ 위성 수가 없거나 적다.
④ 질량과 반지름이 지구보다 작다.
⑤ 극지방에 흰색의 극관이 나타난다.

353 ㉠

이 문제에서 볼 수 있는 보기는 ⑦

다음은 태양계 행성을 두 집단으로 구분한 것이다.

(가) 집단	수성, 금성, 지구, 화성
(나) 집단	목성, 토성, 천왕성, 해왕성

이에 대한 설명으로 옳지 않은 것을 모두 고르면? (2개)

① (가)는 지구형 행성이고, (나)는 목성형 행성이다.
② (가)의 표면은 단단한 암석으로 이루어져 있다.
③ (나)의 표면은 단단한 부분이 없고 기체로 이루어져 있다.
④ (나)는 모두 (가)보다 질량이 작다.
⑤ (나)는 (가)보다 위성 수가 많다.
⑥ (가)는 고리가 있고, (나)는 고리가 없다.
⑦ (가)는 (나)보다 태양에 더 가까이 있다.

354 중

지구형 행성과 목성형 행성의 특징을 비교한 것으로 옳은 것은?

	구분	지구형 행성	목성형 행성
①	질량	크다.	작다.
②	고리	있다.	없다.
③	반지름	작다.	크다.
④	위성 수	많다.	없거나 적다.
⑤	표면 상태	기체	고체

355 중

오른쪽 그림은 태양계 행성을 반지름과 위성 수에 따라 두 집단으로 구분한 것이다. 이에 대한 설명으로 옳지 않은 것은?

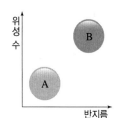

① A는 지구형 행성이다.
② A에 속하는 행성은 고리가 있다.
③ 수성, 금성은 A에 해당한다.
④ B에 속하는 행성은 A에 속하는 행성에 비해 질량이 크다.
⑤ B는 표면이 기체로 이루어져 있다.

356 상

이 문제에서 볼 수 있는 보기는 多

표는 태양계 행성들의 여러 가지 물리적인 특징을 나타낸 것이다.

행성	반지름 (지구=1)	질량 (지구=1)	위성 수 (개)
A	11.21	317.92	92
B	9.45	95.14	83
C	0.95	0.82	0
D	0.38	0.06	0

행성 A~D에 대한 설명으로 옳은 것을 모두 고르면? (2 개)

① A는 이산화 탄소로 이루어진 두꺼운 대기가 있다.
② B는 뚜렷한 고리가 있고 표면에 적도와 나란한 줄무늬가 나타난다.
③ C는 얼음과 드라이아이스로 이루어진 극관이 있다.
④ D는 대기가 거의 없고 표면에 운석 구덩이가 많다.
⑤ 태양으로부터 가장 가까이 있는 행성은 A이다.
⑥ 목성형 행성은 C, D이다.

B 천체 망원경

357 하

천체 망원경에 대한 설명으로 옳은 것을 〈보기〉에서 모두 고른 것은?

〈 보기 〉
ㄱ. 어두운 천체를 밝게 관측할 수 있다.
ㄴ. 멀리 있는 천체를 자세하게 관측할 수 있다.
ㄷ. 태양과 같이 빛을 내는 천체는 관측할 수 없다.

① ㄱ
② ㄷ
③ ㄱ, ㄴ
④ ㄴ, ㄷ
⑤ ㄱ, ㄴ, ㄷ

[358~359] 그림은 천체 망원경의 구조를 나타낸 것이다.

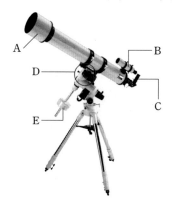

358 하

각 부분의 명칭이 옳게 연결된 것은?

① A – 보조 망원경
② B – 대물렌즈
③ C – 접안렌즈
④ D – 균형추
⑤ E – 가대

359 하

A~E 중 경통과 삼각대를 연결하는 부분으로, 경통을 움직일 수 있게 하는 것은?

① A
② B
③ C
④ D
⑤ E

360 중 이 문제에서 볼 수 있는 보기는 多

그림은 천체 망원경의 구조를 나타낸 것이다.

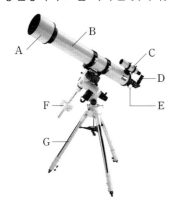

A~G 대한 설명으로 옳은 것을 모두 고르면? (2개)

① A는 빛을 모은다.
② B는 대물렌즈와 접안렌즈를 연결한다.
③ C는 접안렌즈의 위치를 조절하여 초점을 맞춘다.
④ D는 관측 대상을 쉽게 찾을 수 있게 한다.
⑤ E는 경통을 지지하며 잘 움직이게 한다.
⑥ F는 망원경을 고정하는 역할을 한다.
⑦ G는 망원경의 균형을 잡아 준다.

361 중

다음은 천체 망원경의 설치 방법을 순서 없이 나타낸 것이다.

(가) 경통과 균형추를 움직여 망원경의 균형을 맞춘다.
(나) 접안렌즈의 중앙에 있는 물체가 보조 망원경의 중앙에 오도록 시야를 맞춘다.
(다) 삼각대를 세우고 가대를 끼운 후 균형추를 끼우고, 보조 망원경과 접안렌즈를 끼운다.

순서대로 옳게 나열한 것은?

① (가) → (나) → (다)   ② (나) → (가) → (다)
③ (나) → (다) → (가)   ④ (다) → (가) → (나)
⑤ (다) → (나) → (가)

362 중

천체 망원경으로 천체를 관측할 때 유의점으로 옳지 <u>않은</u> 것은?

① 망원경은 시야가 트인 장소에 설치한다.
② 망원경 설치 후, 경통은 천체를 향하게 한다.
③ 관측하려는 천체를 보조 망원경으로 먼저 찾는다.
④ 관측할 천체는 접안렌즈로 보며 초점 조절 나사를 돌려 초점을 맞춘다.
⑤ 접안렌즈로 천체를 관측할 때에는 배율이 높은 접안렌즈에서 배율이 낮은 접안렌즈로 바꿔 관측한다.

363 중

천체 망원경을 이용하여 달, 행성, 태양을 관측한 결과로 옳지 <u>않은</u> 것은?

① 달의 높고 낮은 표면 지형이 보인다.
② 달의 표면에서 움푹 파인 운석 구덩이가 보인다.
③ 행성은 별과 구분되지 않는다.
④ 태양의 광구가 보인다.
⑤ 태양 표면의 검은 점인 흑점이 보인다.

364 상

그림은 천체 망원경의 구조를 나타낸 것이다.

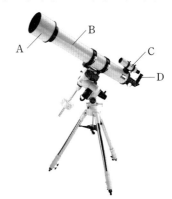

천체 망원경으로 태양을 관측하는 방법으로 옳은 것은?

① B가 태양 반대 방향을 향하도록 설치한다.
② D로 관측하기 전, C로 태양의 위치를 먼저 찾는다.
③ C에 태양 필터나 태양 투영판을 설치하면 A에는 태양 필터를 설치하지 않아도 된다.
④ 관측하는 동안 경통 뚜껑을 계속 열어두어 최대한 빛을 모아야 한다.
⑤ 태양 투영판을 사용하면 여러 사람이 동시에 볼 수 있지만 태양의 흑점은 보이지 않는다.

C 태양과 태양 활동

태양

365 하

태양의 표면에서 나타나는 현상을 <보기>에서 모두 고른 것은?

┌─────────── 보기 ───────────┐
│ ㄱ. 채층   ㄴ. 흑점   │
│ ㄷ. 코로나   ㄹ. 쌀알 무늬 │
└───────────────────────────┘

① ㄱ, ㄴ   ② ㄱ, ㄷ   ③ ㄴ, ㄷ
④ ㄴ, ㄹ   ⑤ ㄷ, ㄹ

366 하

태양 표면인 광구 바로 위에 있는 붉은색의 대기층을 무엇이라고 하는가?

① 채층   ② 홍염   ③ 흑점
④ 코로나   ⑤ 플레어

367 중

그림 (가)와 (나)는 태양의 대기 및 대기에서 일어나는 현상을 나타낸 것이다.

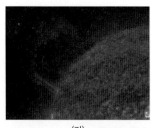 

(가)와 (나) 각각의 이름을 옳게 짝 지은 것은?

	(가)	(나)
①	채층	코로나
②	홍염	플레어
③	홍염	코로나
④	플레어	홍염
⑤	플레어	채층

368 중

태양에 대한 설명으로 옳지 않은 것은?

① 태양계에서 스스로 빛을 내는 유일한 천체이다.
② 밝고 둥글게 보이는 태양의 표면을 광구라고 한다.
③ 태양 표면에는 불규칙한 모양의 어두운 부분인 흑점이 나타난다.
④ 태양 표면의 평균 온도는 약 6000 ℃이다.
⑤ 태양의 대기는 항상 관측할 수 있다.

369 중

태양에서 관측되는 여러 가지 현상에 대한 설명으로 옳지 않은 것은?

① 흑점은 주변보다 온도가 낮아 어둡게 보이는 부분이다.
② 코로나는 고온의 입자가 우주 공간으로 방출되는 현상이다.
③ 홍염은 광구에서 물질이 솟아오르는 현상이다.
④ 플레어는 흑점 부근에서 일어나는 강력한 폭발 현상이다.
⑤ 쌀알 무늬는 광구에 쌀알을 뿌려 놓은 것처럼 보이는 무늬이다.

☆빈출 370 중

그림은 태양의 표면을 나타낸 것이다.

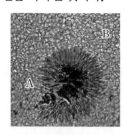

이에 대한 설명으로 옳은 것은?

① A는 주변보다 온도가 높다.
② A와 B는 달에 의해 태양의 광구가 완전히 가려질 때만 관측된다.
③ B는 광구 아래에서 일어나는 대류 현상으로 생긴다.
④ B에서 냉각된 물질이 내려가는 곳은 밝다.
⑤ 망원경으로 태양의 표면을 관측할 때 A의 위치는 달라지지 않는다.

371 중

이 문제에서 볼 수 있는 보기는 多

그림은 태양에서 관측할 수 있는 현상이다.

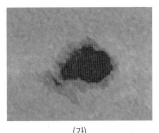
(가)

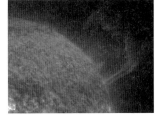
(나)

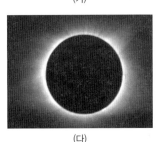
(다)

(라)

이에 대한 설명으로 옳은 것을 모두 고르면? (2 개)

① (가)의 수는 항상 일정하다.
② (나)는 태양 표면에서 관측할 수 있다.
③ (나)는 태양 활동이 활발해지면 더 자주 발생한다.
④ (다)는 광구 바로 위 얇은 대기층이다.
⑤ (다)는 온도가 광구의 평균 온도보다 매우 낮다.
⑥ (라)는 채층 위로 멀리 뻗어 있는 진주색의 대기층이다.
⑦ (라)가 발생하면 많은 양의 물질과 에너지가 우주 공간으로 방출된다.

372 상

다음 〈보기〉는 태양의 표면과 대기에 대한 설명이다.

〈 보기 〉
ㄱ. 태양의 대기는 채층과 코로나로 구분된다.
ㄴ. 플레어가 발생하면 채층의 일부가 어두워진다.
ㄷ. 홍염은 코로나 층까지 솟아오를 수 있다.
ㄹ. 흑점은 주변보다 온도가 약 4000 ℃ 정도 낮다.
ㅁ. 광구에서는 쌀알을 뿌려 놓은 것 같은 무늬인 쌀알 무늬를 볼 수 있다.

옳게 서술한 문장은 모두 몇 개인가?

① 1 개   ② 2 개   ③ 3 개
④ 4 개   ⑤ 5 개

태양 활동이 미치는 영향

373 하

태양 활동이 활발할 때 태양과 지구에서 나타나는 현상으로 옳은 것은?

① 오로라가 없어진다.
② 인공위성이 고장 난다.
③ 지진이 자주 발생한다.
④ 흑점 수가 감소한다.
⑤ 플레어가 발생하지 않는다.

374 중

흑점 수가 많은 시기에 지구에 미치는 영향으로 옳은 것을 〈보기〉에서 모두 고른 것은?

〈 보기 〉
ㄱ. 북극 지방 하늘 주위로 비행하기 어려워진다.
ㄴ. 위성 위치 확인 시스템(GPS)의 오류가 발생한다.
ㄷ. 비행기, 선박 등이 장거리 무선 통신 사용이 어려워진다.
ㄹ. 우주 비행사는 평상시보다 적은 태양 방사선에 노출된다.

① ㄱ, ㄴ   ② ㄱ, ㄷ   ③ ㄷ, ㄹ
④ ㄱ, ㄴ, ㄷ   ⑤ ㄴ, ㄷ, ㄹ

375 중

이 문제에서 볼 수 있는 보기는 多

그림은 태양의 흑점 수 변화를 나타낸 것이다.

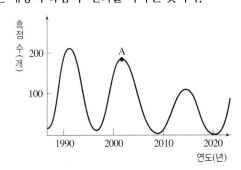

A 시기에 대한 설명으로 옳지 않은 것을 모두 고르면? (2 개)

① 태양 활동이 약해진다.
② 코로나의 크기가 작아진다.
③ 홍염의 발생 횟수가 증가한다.
④ 전파 신호 방해를 받아 무선 전파 통신 장애가 발생한다.
⑤ 전력 시스템 오류로 전기가 끊기거나 화재가 발생할 수 있다.
⑥ 오로라가 더 자주 발생하고, 더 넓은 지역에서 발생한다.

376 중

다음은 태양 흑점에 대한 기사의 일부이다. 기사 내용 중 옳지 않은 것은?

> 2013 년 ○ 월 ○ 일
>
> 올해는 태양 활동이 굉장히 활발한 시기로, 지구도 다양한 영향을 받을 것으로 예측한다. ① 태양 활동이 활발한 시기에는 흑점 수가 많아진다. ② 흑점 수는 약 11 년을 주기로 늘어났다 줄어들기를 반복하는데, 미국항공우주국(NASA)의 발표에 따르면 올해는 흑점 수의 극대기라고 한다.
> 태양 활동이 활발한 시기에는 ③ 태양풍이 강해지며, ④ 지구에서는 자기 폭풍이나 무선 전파 통신 장애가 일어날 수 있다. 송전 시설의 고장으로 정전이 발생할 가능성이 있으므로 국가별로 예방 및 대응책이 필요하다. 반면, ⑤ 극지방에서는 오로라가 거의 관측되지 않을 것으로 예상된다.

377 중

그림은 서로 다른 시기에 태양의 광구와 흑점의 모습을 나타낸 것이다.

 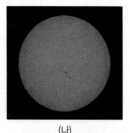

(가)　　　　　　(나)

(가)에서 (나)로 변할 때 나타날 수 있는 변화로 옳은 것은?

① 태양풍이 약해진다.
② 인공위성의 오작동이 발생할 수 있다.
③ 홍염과 플레어의 발생 빈도가 줄어든다.
④ 지구에서는 무선 전파 통신이 더 빠른 속도로 전달된다.
⑤ 지구에서 비행기가 북극 부근을 운항하기 쉬워진다.

그림은 최근 수십 년 동안 흑점 수 변화를 나타낸 것이다.

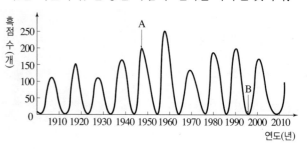

이에 대한 설명으로 옳은 것을 모두 고르면? (2 개)

① 태양 활동은 A 시기보다 B 시기에 더 활발하다.
② 태양에서 전기를 띤 입자는 A 시기보다 B 시기에 더 많이 방출되었을 것이다.
③ A 시기에는 지구 자기장이 급격하게 변하는 현상이 발생했을 것이다.
④ B 시기에는 위성 위치 확인 시스템(GPS) 오류로 정확한 위치 정보 확인이 어려울 수 있다.
⑤ 흑점 수의 변화는 불규칙하므로 우주 기상 예보는 필요하지 않다.
⑥ 1960 년경 태양 활동이 활발했을 것이다.
⑦ 2010 년경에는 코로나의 크기가 커지고, 플레어가 자주 발생했을 것이다.

379 상

그림은 서로 다른 시기에 태양의 코로나를 관측한 모습이다.

 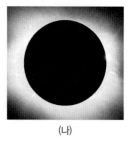

(가)　　　　　　(나)

(가)와 (나) 시기에 태양과 지구에서 나타나는 현상을 옳게 비교한 것을 〈보기〉에서 모두 고른 것은?

> ─〈 보기 〉─
> ㄱ. 흑점 수: (가)>(나)
> ㄴ. 태양풍 세기: (가)<(나)
> ㄷ. 플레어 발생 빈도: (가)<(나)
> ㄹ. 지구에서 오로라 발생 빈도: (가)>(나)

① ㄱ, ㄴ　　② ㄱ, ㄷ　　③ ㄴ, ㄷ
④ ㄴ, ㄹ　　⑤ ㄷ, ㄹ

난이도별 서술형 **필수 기출**

VII

A 태양계 구성 천체

380 하

오른쪽 그림과 같은 소행성이 주로 분포하는 곳은 어디인지 서술하시오.

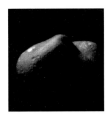

381 하

오른쪽 그림은 태양계 행성 중 금성의 모습이다. 금성의 특징을 2 가지 서술하시오.

382 중 ☆빈출

행성과 왜소 행성의 특징을 다음 단어를 이용하여 비교하여 서술하시오.

> 모양, 공전, 궤도 주변의 다른 천체

383 중

지구형 행성과 목성형 행성의 표면 상태는 어떻게 다른지 비교하여 서술하시오.

384 중

그림은 태양계 행성의 질량과 반지름을 나타낸 것이다.

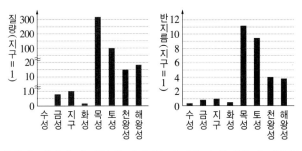

행성을 질량과 반지름에 따라 두 집단으로 분류하여 서술하시오.

385 중 ☆빈출

오른쪽 그림은 태양계 행성을 반지름과 질량에 따라 두 집단으로 구분한 것이다.

(1) A와 B 집단의 이름을 각각 쓰시오.

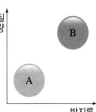

(2) 다음 행성을 A와 B 집단으로 분류하시오.

> 수성, 금성, 화성, 토성, 해왕성

386 (상)

그림은 태양계를 구성하는 천체를 특징에 따라 구분하는 과정을 나타낸 것이다.

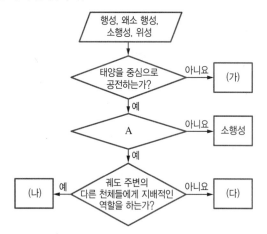

(1) (가)~(다)에 들어갈 천체의 이름을 각각 쓰시오.

_____

(2) A에 들어갈 말을 천체의 모양과 관련지어 서술하시오.

_____

_____

387 (상)

그림은 태양계 행성의 모습이다.

(가)   (나)

(1) (가)와 (나) 중 지구형 행성에 속하는 것은 무엇인지 쓰시오.

_____

(2) (가)의 표면에는 탐사선이 착륙할 수 있지만 (나)의 표면에는 탐사선이 착륙할 수 없다. 그 까닭은 무엇인지 서술하시오.

_____

_____

B 천체 망원경

388 (하)

달에 비해 행성을 맨눈으로 관찰하기 어려운 까닭을 서술하시오.

_____

_____

389 (중) ★빈출

그림은 천체 망원경을 나타낸 것이다.

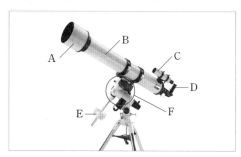

(1) A~F 중 보조 망원경의 기호를 쓰고, 그 역할을 서술하시오.

_____

_____

(2) 보조 망원경이 (1)의 답과 같은 역할을 하는 까닭을 서술하시오.

_____

_____

390 (중)

태양은 너무 밝고 눈부셔서 맨눈으로 보면 위험하다. 천체 망원경으로 태양을 안전하게 관측할 수 있는 방법을 서술하시오.

_____

_____

C 태양과 태양 활동

391 하

태양의 광구를 관측했을 때 보이는 검은 점은 무엇인지 쓰고, 어둡게 보이는 까닭을 서술하시오.

_____

_____

392 하

오른쪽 그림과 같이 태양 표면에 쌀알 무늬가 생기는 까닭을 서술하시오.

_____

_____

393 중

그림은 태양의 대기 및 대기에서 일어나는 현상을 나타낸 것이다.

(가)　　　　(나)　　　　(다)

(1) (가)~(다)의 이름을 각각 쓰시오.

_____

(2) 태양의 흑점 수가 많은 시기에 (가)~(다)는 어떤 변화가 나타나는지 서술하시오.

_____

_____

394 중

그림은 태양 표면에서 관측되는 흑점 수의 변화를 나타낸 것이다.

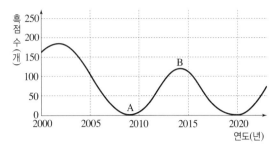

(1) A와 B 중 태양 활동이 활발한 시기를 쓰시오.

_____

(2) 태양 활동이 활발한 시기에 지구에서 나타나는 현상을 2 가지 서술하시오.

_____

_____

395 상

그림은 서로 다른 시기에 태양의 광구와 흑점의 모습을 나타낸 것이다.

(가)　　　　　(나)

오로라 여행 계획을 세운다면 (가)와 (나) 중 어느 시기가 더 적절한지 그 까닭과 함께 서술하시오.

_____

_____

 **09**

VII. 태양계

지구의 운동

A 지구의 자전으로 나타나는 현상

1 지구의 자전 지구가 자전축을 중심으로 하루에 한 바퀴씩 서쪽에서 동쪽으로 도는 운동
  ↳ 지구의 자전으로 나타나는 현상: 낮과 밤의 반복, 천체의 일주 운동

2 천체의 일주 운동 태양, 달, 별과 같은 천체가 하루에 한 바퀴씩 **①**[ ]쪽에서 **②**[ ]쪽으로 원을 그리며 도는 운동
  → 지구의 자전으로 하루 동안 나타나는 천체의 겉보기 운동

(1) 일주 운동 방향: 동 → 서(지구의 자전 방향과 반대)

지구는 자전축을 중심으로 서 → 동으로 자전한다.

↓

지구에 있는 관측자에게는 천구에 있는 천체들이 지구의 자전 방향과 반대 방향(동 → 서)으로 움직이는 것처럼 보인다.

(2) 일주 운동 속도: 1 시간에 15°씩 회전(지구의 자전 속도와 같음)
  360°÷24 시간

탐구 지구의 자전으로 나타나는 별의 운동

그림은 어느 날 북쪽 하늘에서 2 시간 간격으로 북두칠성이 움직인 경로를 나타낸 것이다. 북두칠성의 운동을 관찰한다.

결과 및 정리

❶ 북두칠성의 운동 방향: 시계 반대 방향(동 → 서)
❷ 북두칠성의 회전 중심: 북극성
❸ 2 시간 동안 북두칠성이 회전한 각도: 15°/시간×2 시간=30°

3 우리나라에서 본 별의 일주 운동

동쪽 하늘	↗	천체가 왼쪽 아래에서 오른쪽 위로 비스듬히 떠오르는 것처럼 보인다.
서쪽 하늘	↘	천체가 왼쪽 위에서 오른쪽 아래로 비스듬히 지는 것처럼 보인다.
남쪽 하늘	→	천체가 동쪽에서 서쪽으로 이동하는 것처럼 보인다.
❸[ ][ ] 하늘	↺	천체가 북극성을 중심으로 동심원을 그리면서 시계 반대 방향으로 도는 것처럼 보인다.

B 지구의 공전으로 나타나는 현상

1 지구의 공전 지구가 태양을 중심으로 1 년에 한 바퀴씩 서쪽에서 동쪽으로 도는 운동
  ↳ 지구의 공전으로 나타나는 현상: 태양의 연주 운동, 계절별 별자리 변화

2 태양의 연주 운동 태양이 별자리를 배경으로 **④**[ ]쪽에서 **⑤**[ ]쪽으로 이동하여 1 년 후 처음 위치로 되돌아오는 운동
  → 지구의 공전으로 1 년 동안 나타나는 태양의 겉보기 운동

(1) 연주 운동 방향: 서 → 동(지구의 공전 방향과 같음)

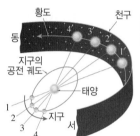

지구가 1 → 4로 이동하면 태양은 1′ → 4′으로 이동하는 것처럼 보인다.

↓

지구에 있는 관측자가 볼 때는 태양이 별자리 사이를 지구 공전 방향과 같은 방향(서 → 동)으로 움직이는 것처럼 보인다.

(2) 연주 운동 속도: 하루에 약 1°씩 이동(지구의 공전 속도와 같음)
  360°÷365 일

탐구 태양과 별자리의 위치 변화

그림은 15 일 간격으로 해가 진 직후 서쪽 하늘을 관측한 모습이다. 시간에 따라 태양과 별자리의 위치 변화를 관찰한다.

8 월 1 일 / 8 월 16 일 / 8 월 31 일 / 사자자리 / 태양

결과 및 정리

별자리의 이동(태양 기준) / 태양의 이동(별자리 기준)

❶ 태양을 기준으로 할 때 별자리의 이동: 동쪽에서 서쪽으로 이동
❷ 별자리를 기준으로 할 때 태양의 이동: 서쪽에서 동쪽으로 이동
❸ 태양, 별자리, 지구 중 실제로 이동한 것: **⑥**[ ][ ]

3 계절별 별자리 변화 지구가 태양을 중심으로 ^❼◻◻ 하여 태양이 보이는 위치가 달라지므로 한밤중 남쪽 하늘에서 볼 수 있는 별자리는 계절에 따라 달라진다.

(1) **태양이 지나는 별자리:** 황도^❷ 12궁에 표시된 달에 해당하는 별자리를 지난다.
┗ 태양이 연주 운동하면서 지나가는 길인 황도에 있는 12개의 별자리

(2) **한밤중에 남쪽 하늘에서 보이는 별자리:** 태양 ^❽◻◻쪽의 별자리가 보인다.

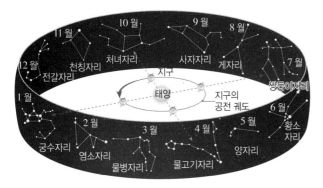

구분	태양이 지나는 별자리	한밤중에 남쪽 하늘에서 보이는 별자리
1 월	궁수자리	쌍둥이자리
4 월	^❾◻◻◻◻	^❿◻◻◻
7 월	쌍둥이자리	궁수자리
10 월	처녀자리	물고기자리

탐구 **지구의 공전으로 나타나는 별자리의 변화**

① 원형 돌림판 가운데에 전등을 놓고, 돌림판 밖에 별자리 그림 4개를 각각 세워 놓는다.
② 스타이로폼 공에 소형 카메라를 붙인 다음, 소형 카메라를 스마트 기기와 연결한다.
③ 소형 카메라가 원형 돌림판 밖을 향하도록 놓는다.
④ 원형 돌림판을 시계 반대 방향으로 돌리면서 실시간으로 소형 카메라에 찍힌 별자리를 관찰한다.

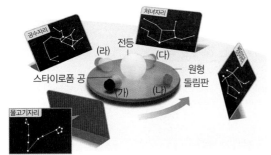

결과 및 정리

스타이로폼 공이 (가)~(라) 위치에 있을 때 보이는 별자리

(가)	(나)	(다)	(라)
물고기자리	쌍둥이자리	처녀자리	궁수자리

➜ 지구의 공전으로 지구의 위치가 달라지면서 한밤중 남쪽 하늘(태양 반대쪽)에서 볼 수 있는 별자리가 달라진다.

기출 PICK

기출 PICK A-2

천체의 일주 운동: 천체가 하루에 한 바퀴씩 동쪽에서 서쪽으로 도는 겉보기 운동

원인	지구의 자전
운동 방향	동 → 서(지구 자전 방향과 반대 방향)
운동 속도	1 시간에 15°씩 회전
보이는 현상	태양, 달, 별 등이 동쪽에서 떠서 서쪽으로 진다.

기출 PICK A-3

우리나라에서 본 별의 일주 운동

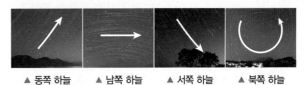

▲ 동쪽 하늘　　▲ 남쪽 하늘　　▲ 서쪽 하늘　　▲ 북쪽 하늘

기출 PICK B-2

태양의 연주 운동: 태양이 별자리를 배경으로 1 년에 한 바퀴씩 서쪽에서 동쪽으로 도는 겉보기 운동

원인	지구의 공전
운동 방향	서 → 동(지구 공전 방향과 같은 방향)
운동 속도	하루에 약 1°씩 이동
보이는 현상	한밤중에 남쪽 하늘에서 보이는 별자리는 계절에 따라 다르다.

기출 PICK B-3

계절별 별자리 변화

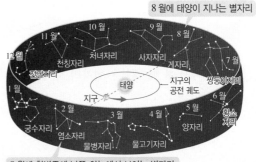

8월에 태양이 지나는 별자리

8월에 한밤중에 남쪽 하늘에서 보이는 별자리

용어

❶ **천구**(天 하늘, 球 공): 하늘에 별들이 붙어 있는 것처럼 보이는 무한히 넓은 가상의 구
❷ **황도**(黃 누렇다, 道 길): 천구상에서 태양이 지나는 길

답 ❶ 동 ❷ 서 ❸ 북쪽 ❹ 서 ❺ 동 ❻ 지구 ❼ 공전 ❽ 반대 ❾ 물고기자리 ❿ 처녀자리

OX로 개념 확인

◆ 개념에 대한 설명이 옳으면 ○, 옳지 않으면 ✕로 쓰고, ✕인 경우 옳지 않은 부분
에 밑줄을 긋고 옳은 문장으로 고쳐 보자.

396 지구가 자전축을 중심으로 1 년에 한 바퀴씩 도는 운동을 지구의 자전이라고
한다. ( )

_____

397 천체의 일주 운동은 지구의 자전 때문에 나타나는 겉보기 운동이다. ( )

_____

398 별들은 1 시간에 15°씩 겉보기 운동을 한다. ( )

_____

399 우리나라에서 북쪽 하늘의 별들은 하루 동안 북극성을 중심으로 시계 방향으
로 회전하는 것처럼 보인다. ( )

_____

400 태양이 별자리 사이를 이동하여 1 년 후 처음 위치로 되돌아오는 것처럼 보이
는 현상을 태양의 일주 운동이라고 한다. ( )

_____

401 태양은 1 년을 주기로 연주 운동을 한다. ( )

_____

402 태양이 연주 운동함에 따라 1 년 동안 지나가는 천구상의 길을 황도라고 한다. ( )

_____

403 지구에서 볼 때 태양은 별자리 사이를 동쪽에서 서쪽으로 이동하는 것처럼 보
인다. ( )

_____

404 계절에 따라 밤하늘에 보이는 별자리가 달라지는 것은 지구가 공전하기 때문이다. ( )

_____

405 태양이 황도를 따라 연주 운동할 때 지구에서는 태양 쪽에 있는 별자리가 관측
된다. ( )

_____

난이도별 필수기출

상 6 문항
중 19 문항
하 11 문항

A 지구의 자전으로 나타나는 현상

지구의 자전

406 하

다음 (   ) 안에 들어갈 말을 옳게 짝 지은 것은?

> 지구가 자전축을 중심으로 하루에 한 바퀴씩 (㉠)쪽에서 (㉡)쪽으로 도는 운동을 지구의 (㉢)이라고 한다.

	㉠	㉡	㉢
①	동	서	자전
②	동	서	공전
③	서	동	자전
④	서	동	공전
⑤	남	북	자전

407 중

 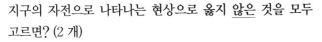

지구의 자전으로 나타나는 현상으로 옳지 <u>않은</u> 것을 모두 고르면? (2 개)

① 낮과 밤이 반복된다.
② 달의 위상이 매일 바뀐다.
③ 달이 동쪽에서 떠서 서쪽으로 진다.
④ 태양이 동쪽에서 떠서 서쪽으로 진다.
⑤ 계절에 따라 보이는 별자리가 달라진다.
⑥ 별들이 북극성을 중심으로 회전하는 것처럼 보인다.

408 중

지구의 자전과 관련된 설명으로 옳지 <u>않은</u> 것은?

① 실제 운동이 아닌 겉보기 운동이다.
② 지구의 자전 방향과 천체의 일주 운동 방향은 반대이다.
③ 지구는 자전축을 중심으로 하루에 한 바퀴씩 자전한다.
④ 천체의 일주 운동은 지구가 자전하기 때문에 나타나는 현상이다.
⑤ 우리나라에서 북쪽 하늘을 보면 별들은 북극성을 중심으로 시계 반대 방향으로 도는 것처럼 보인다.

천체의 일주 운동

409 하

(가) 지구의 자전 방향과 (나) 천체의 일주 운동 방향을 옳게 짝 지은 것은?

	(가)	(나)		(가)	(나)
①	서→동	서→동	②	서→동	동→서
③	동→서	서→동	④	동→서	동→서
⑤	남→북	북→남			

410 하

그림은 어느 날 북쪽 하늘을 2 시간 간격으로 찍은 것을 순서 없이 나타낸 것이다.

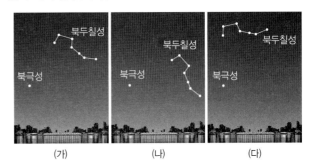

(가)   (나)   (다)

먼저 관측된 것부터 옳게 나열한 것은?

① (가) → (나) → (다)   ② (나) → (가) → (다)
③ (나) → (다) → (가)   ④ (다) → (가) → (나)
⑤ (다) → (나) → (가)

411 하

우리나라에서 동쪽 하늘을 보았을 때 나타나는 별의 일주 운동 모습은?

① 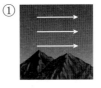 ②   ③

④   ⑤

VII

천체의 일주 운동에 대한 설명으로 옳지 <u>않은</u> 것을 모두 고르면? (2 개)

① 천체의 실제 운동이 아닌 겉보기 운동이다.

② 지구가 자전하기 때문에 나타나는 현상이다.

③ 일주 운동 주기는 일주일이다.

④ 천체가 지구의 자전 방향과 반대 방향으로 움직이는 것처럼 보인다.

⑤ 일주 운동 속도는 지구의 자전 속도보다 빠르다.

⑥ 천체는 1 시간에 15°씩 이동한다.

⑦ 우리나라 북쪽 하늘을 보면 별들이 북극성을 중심으로 돈다.

★ 빈출
413 중

오른쪽 그림은 어느 날 밤에 관측한 북극성과 북두칠성의 움직임을 나타낸 것이다. 이에 대한 설명으로 옳지 <u>않은</u> 것은?

① 북쪽 하늘을 관측한 것이다.

② 북두칠성은 A에서 B로 이동했다.

③ A와 B의 시간 차이는 4 시간이다.

④ 지구가 자전하기 때문에 나타나는 현상이다.

⑤ 하루 동안 북두칠성은 북극성을 중심으로 회전한다.

414 중

그림은 어느 시각에 관측한 북쪽 하늘의 카시오페이아자리를 나타낸 것이다.

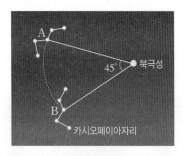

카시오페이아자리가 B의 위치에 있을 때 밤 11 시경이었다면, A 위치에 있을 때는 몇 시경인가?

① 저녁 8 시경   ② 저녁 9 시경

③ 밤 12 시경   ④ 새벽 1 시경

⑤ 새벽 2 시경

415 중

그림은 어느 날 우리나라에서 북쪽 하늘의 별들을 관측한 모습이다.

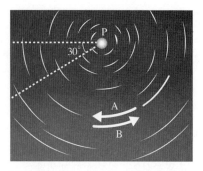

이에 대한 설명으로 옳은 것을 〈보기〉에서 모두 고른 것은?

보기

ㄱ. 별들의 회전 방향은 A이다.

ㄴ. 별들은 1 시간에 1°씩 회전한다.

ㄷ. 2 시간 동안 관측한 모습이다.

ㄹ. 시간이 지나도 별 P는 거의 움직이지 않는다.

① ㄱ, ㄴ   ② ㄱ, ㄷ   ③ ㄴ, ㄷ

④ ㄴ, ㄹ   ⑤ ㄷ, ㄹ

416 중

그림은 어느 날 서울에서 북쪽 하늘을 향해 3 시간 동안 별의 일주 운동을 촬영한 것이다.

이에 대한 설명으로 옳은 것은?

① θ의 크기는 15°이다.

② 호의 중심에 있는 별 P는 북극성이다.

③ 모든 호의 중심각의 크기는 서로 다르다.

④ 별들은 시계 방향으로 겉보기 운동을 한다.

⑤ 지구가 공전하기 때문에 나타나는 현상이다.

417 중

그림은 우리나라에서 관측한 별의 일주 운동 모습이다.

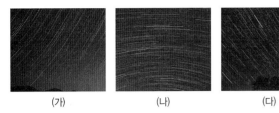

(가)   (나)   (다)

이에 대한 설명으로 옳은 것은?

① (가)는 서쪽 하늘, (나)는 남쪽 하늘, (다)는 동쪽 하늘을 관측한 것이다.

② (가)에서 별들은 서쪽에서 동쪽으로 이동한다.

③ (다)에서 별들은 오른쪽 아래로 비스듬히 이동한다.

④ 별들은 1 시간에 약 1°씩 움직인다.

⑤ 그림에 나타난 호는 별이 실제로 이동한 자취이다.

418 중

그림은 우리나라에서 관측한 천체의 일주 운동을 나타낸 것이다.

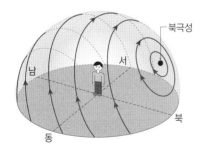

이에 대한 설명으로 옳은 것을 〈보기〉에서 모두 고른 것은?

┌─────── 보기 ───────┐
ㄱ. 지구의 자전으로 나타나는 현상이다.

ㄴ. 하루 동안 지구에서 관측되는 모든 천체는 서쪽에서 떠서 동쪽으로 진다.

ㄷ. 관측 방향에 따라 천체의 일주 운동 모습은 다르게 나타난다.
└─────────────────┘

① ㄱ   ② ㄴ   ③ ㄱ, ㄷ

④ ㄴ, ㄷ   ⑤ ㄱ, ㄴ, ㄷ

419 상

그림은 어느 날 밤 같은 장소에서 일정 시간 간격을 두고 관측한 북극성과 북두칠성의 모습을 나타낸 것이다.

이에 대한 설명으로 옳지 않은 것은?

① 북두칠성은 북극성을 중심으로 1 시간에 15°씩 회전한다.

② 북두칠성은 북극성을 중심으로 12 시간 동안 한 바퀴 회전한다.

③ ㉠을 관측한 시각이 저녁 8 시라면 ㉡을 관측한 시각은 오전 8 시이다.

④ 북두칠성은 시계 반대 방향으로 겉보기 운동을 한다.

⑤ 북극성은 지구의 자전축 방향에 위치하여 거의 움직이지 않는 것처럼 보인다.

420 상

그림은 우리나라에서 별의 일주 운동을 나타낸 것으로, A와 B는 그 중 2 개의 별이다.

이에 대한 설명으로 옳은 것은?

① 남쪽 하늘의 모습이다.

② 그림의 왼쪽은 동쪽이다.

③ 1 시간 후 별 B는 지표면에 더욱 가까워진다.

④ 별의 일주 운동은 시계 반대 방향으로 일어난다.

⑤ 별 A는 별 B보다 북극성을 중심으로 1 시간 동안 회전하는 각도가 작다.

B 지구의 공전으로 나타나는 현상

지구의 공전

421 (하)

그림은 지구가 공전하는 모습을 나타낸 것이다.

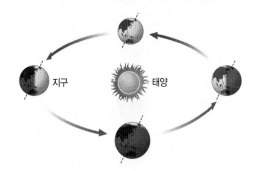

이에 대한 설명으로 옳은 것을 〈보기〉에서 모두 고른 것은?

〈보기〉
ㄱ. 공전의 중심에는 태양이 있다.
ㄴ. 지구는 동쪽에서 서쪽으로 공전한다.
ㄷ. 지구는 1년을 주기로 공전한다.

① ㄱ   ② ㄴ   ③ ㄱ, ㄷ
④ ㄴ, ㄷ   ⑤ ㄱ, ㄴ, ㄷ

422 (하)

다음과 같은 현상이 나타나는 원인으로 옳은 것은?

• 태양이 별자리 사이를 이동하는 것처럼 보인다.
• 계절에 따라 지구에서 볼 수 있는 별자리가 달라진다.

① 달의 공전   ② 달의 자전
③ 지구의 공전   ④ 지구의 자전
⑤ 태양의 자전

423 (중)

지구의 공전과 관련된 설명으로 옳은 것은?

① 지구는 하루에 약 15°씩 공전한다.
② 지구의 공전 방향과 태양의 연주 운동 방향은 반대이다.
③ 지구는 태양을 중심으로 한 달에 한 바퀴씩 공전한다.
④ 지구의 공전으로 천체의 일주 운동이 나타난다.
⑤ 지구가 공전하기 때문에 지구에 있는 관측자에게는 태양이 별자리 사이를 이동하는 것처럼 보인다.

★빈출 424 (중)

지구의 공전으로 나타나는 현상으로 옳은 것을 〈보기〉에서 모두 고른 것은?

〈보기〉
ㄱ. 낮과 밤이 반복된다.
ㄴ. 별이 일주 운동을 한다.
ㄷ. 태양이 연주 운동을 한다.
ㄹ. 계절에 따라 보이는 별자리가 달라진다.

① ㄱ, ㄴ   ② ㄱ, ㄷ   ③ ㄴ, ㄷ
④ ㄴ, ㄹ   ⑤ ㄷ, ㄹ

425 (상)

지구의 운동에 대한 설명으로 옳은 것은?

① 지구의 공전 속도와 태양의 일주 운동 속도는 같다.
② 지구가 자전함에 따라 북극성의 위치는 변한다.
③ 여러 날 동안 관측하면 별자리는 태양을 기준으로 서쪽에서 동쪽으로 이동한다.
④ 태양이 별자리 사이를 이동하는 방향과 지구가 공전하는 방향은 같다.
⑤ 지구가 자전하기 때문에 계절에 따라 보이는 별자리가 다르다.

태양의 연주 운동

426 (하)

다음 (   ) 안에 들어갈 말을 옳게 짝 지은 것은?

태양이 별자리 사이를 하루에 약 (㉠)씩 (㉡)(으)로 이동하는 것처럼 보이는 현상을 태양의 연주 운동이라고 하며, 이는 지구의 (㉢)(으)로 나타나는 겉보기 운동이다.

	㉠	㉡	㉢
①	1°	서 → 동	공전
②	1°	동 → 서	공전
③	1°	서 → 동	자전
④	15°	서 → 동	자전
⑤	15°	동 → 서	공전

427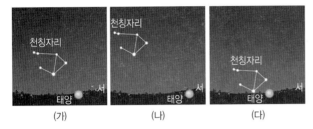

그림은 15 일 간격으로 해가 진 직후 서쪽 하늘을 관측한 모습을 순서 없이 나타낸 것이다.

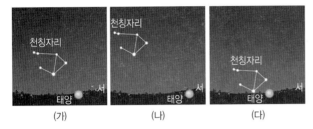

(가)~(다)를 먼저 관측한 것부터 순서대로 옳게 나열한 것은?

① (가) → (나) → (다)　　② (나) → (가) → (다)
③ (나) → (다) → (가)　　④ (다) → (가) → (나)
⑤ (다) → (나) → (가)

428 ⑧

천체의 운동 방향을 옳게 짝 지은 것은?

① 지구의 자전: 동 → 서
② 지구의 공전: 서 → 동
③ 별의 일주 운동: 서 → 동
④ 태양의 일주 운동: 서 → 동
⑤ 태양의 연주 운동: 동 → 서

☆빈출 429 ⑧　　이 문제에서 볼 수 있는 보기는 多

태양의 연주 운동에 대한 설명으로 옳지 않은 것을 모두 고르면? (2 개)

① 지구의 공전에 의해 나타나는 현상이다.
② 태양은 이동하여 1 년 후 처음 위치로 되돌아온다.
③ 태양은 별자리 사이를 하루에 약 15°씩 이동한다.
④ 태양이 연주 운동하며 지나가는 길을 황도라고 한다.
⑤ 지구에서 보이는 태양의 위치가 달라지므로 계절에 따라 보이는 별자리가 달라진다.
⑥ 태양이 황도를 따라 연주 운동을 할 때 태양 근처에 있는 별자리가 관측된다.
⑦ 태양은 황도 12궁의 별자리를 한 달에 1 개씩 지나간다.

☆빈출 430 ⑧　　이 문제에서 볼 수 있는 보기는 多

그림은 15 일 간격으로 해가 진 직후 서쪽 하늘을 관측한 모습을 순서 없이 나타낸 것이다.

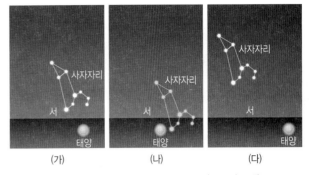

이에 대한 설명으로 옳은 것을 모두 고르면? (2 개)

① 관측한 순서는 (다) → (가) → (나)이다.
② 지구의 자전 때문에 나타나는 현상이다.
③ 별자리를 기준으로 태양은 동 → 서로 이동한다.
④ 태양을 기준으로 별자리는 서 → 동으로 이동한다.
⑤ 별자리의 운동은 실제 운동이 아닌 겉보기 운동이다.
⑥ 태양의 연주 운동 방향과 지구의 공전 방향은 반대이다.
⑦ 별자리는 이동하여 6 개월 후 처음 위치로 되돌아온다.

431 ⑧

그림은 15 일 간격으로 해가 진 직후 서쪽 하늘을 관측한 모습이다.

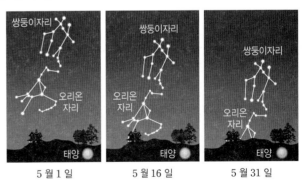

| 5 월 1 일 | 5 월 16 일 | 5 월 31 일 |

이에 대한 설명으로 옳은 것을 〈보기〉에서 모두 고른 것은?

─〈 보기 〉─
ㄱ. 같은 시각에 관측할 때 별자리는 하루에 약 1°씩 이동한다.
ㄴ. 5 월 16 일에 오리온자리는 자정에 남쪽 하늘에서 관측될 것이다.
ㄷ. 6 월 15 일경 해가 진 직후, 쌍둥이자리는 태양 부근에 위치할 것이다.
ㄹ. 11 월에 해가 진 직후 같은 시각에는 다른 별자리가 보인다.

① ㄱ, ㄴ　　② ㄱ, ㄷ　　③ ㄴ, ㄹ
④ ㄱ, ㄷ, ㄹ　　⑤ ㄴ, ㄷ, ㄹ

[432~434] 그림은 지구의 공전 궤도와 태양이 지나가는 별자리를 나타낸 것이다.

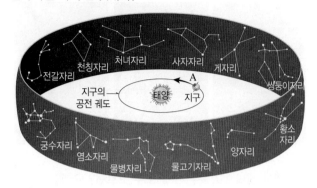

432 하

태양이 게자리를 지날 때 한밤중에 남쪽 하늘에서 보이는 별자리로 옳은 것은?

① 게자리   ② 사자자리   ③ 처녀자리
④ 염소자리   ⑤ 물고기자리

433 하

한밤중에 남쪽 하늘에서 보이는 별자리가 천칭자리일 때 태양이 위치한 별자리로 옳은 것은?

① 양자리   ② 물병자리   ③ 천칭자리
④ 황소자리   ⑤ 궁수자리

434 하

지구가 A에 있을 때 한밤중에 남쪽 하늘에서 보이는 별자리는?

① 궁수자리   ② 전갈자리   ③ 물병자리
④ 물고기자리   ⑤ 쌍둥이자리

[435~437] 그림은 지구의 공전 궤도와 태양이 지나가는 별자리를 나타낸 것이다.

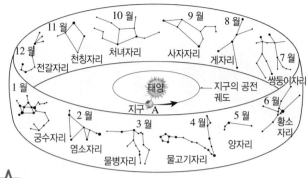

★빈출 435 중

지구가 A에 있을 때에 대한 설명으로 옳지 않은 것은?

① 지구는 3월이다.
② 태양은 사자자리를 지난다.
③ 한밤중에 남쪽 하늘에서는 물병자리가 보인다.
④ 한 달 후에 태양은 처녀자리를 지난다.
⑤ 지구가 공전하여 태양이 보이는 위치가 달라진다.

★빈출 436 중

12월에 (가) 태양이 지나는 별자리와 (나) 한밤중에 남쪽 하늘에서 보이는 별자리를 옳게 짝 지은 것은?

	(가)	(나)		(가)	(나)
①	전갈자리	사자자리	②	전갈자리	황소자리
③	황소자리	전갈자리	④	황소자리	물병자리
⑤	사자자리	물병자리			

437 중

어느 날 한밤중에 남쪽 하늘에서 사자자리를 보았다. 두 달 후 한밤중에 남쪽 하늘에서 볼 수 있는 별자리는?

① 양자리   ② 천칭자리   ③ 물병자리
④ 궁수자리   ⑤ 쌍둥이자리

★빈출
438 중

이 문제에서 볼 수 있는 보기는 多

그림은 지구의 공전 궤도와 태양이 지나는 길에 위치한 별자리를 나타낸 것이다.

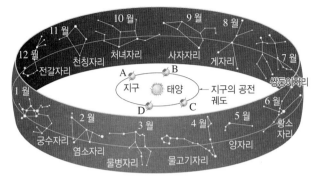

이에 대한 설명으로 옳지 않은 것을 모두 고르면? (2 개)

① 지구는 D → C → B → A 방향으로 공전한다.
② 한밤중에 남쪽 하늘에서 천칭자리가 보일 때 지구의 위치는 A이다.
③ 한밤중에 남쪽 하늘에서 물고기자리를 볼 수 있는 시기는 4 월이고, 이때 태양은 처녀자리를 지난다.
④ 태양이 별자리 사이를 하루에 약 1°씩 이동한다.
⑤ 1 년을 주기로 나타나는 현상이다.
⑥ 계절에 따라 밤하늘에서 보이는 별자리가 달라진다.
⑦ 지구에서 볼 때 태양은 별자리 사이를 동쪽에서 서쪽으로 지나간다.

439 중

그림과 같이 설치하고, 원형 돌림판을 시계 반대 방향으로 돌리면서 소형 카메라에 찍힌 별자리를 관찰하였다.

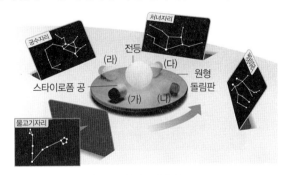

이 실험에 대한 설명으로 옳은 것은?

① 전등은 지구를, 스타이로폼 공은 태양을 나타낸다.
② 원형 돌림판을 시계 반대 방향으로 돌리는 것은 지구의 자전 방향을 나타낸 것이다.
③ 궁수자리를 볼 수 있는 스타이로폼 공의 위치는 (나)이다.
④ 원형 돌림판이 돌면서 스타이로폼 공의 소형 카메라에 보이는 별자리는 전등 쪽에 있는 별자리이다.
⑤ 이 실험을 통해 지구의 운동으로 밤하늘에서 보이는 별자리를 알 수 있다.

440 상

이 문제에서 볼 수 있는 보기는 多

그림은 태양이 연주 운동을 하며 지나가는 길 부근에 있는 12 개의 별자리를 나타낸 것이다.

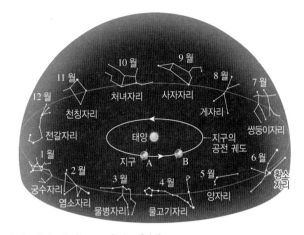

이에 대한 설명으로 옳은 것은?

① 지구가 A에 있을 때 한밤중에 남쪽 하늘에서는 사자자리가 보인다.
② 태양이 천칭자리에 있는 것처럼 보이는 지구의 위치는 B이다.
③ 태양의 연주 운동이 나타나는 까닭은 태양이 공전하기 때문이다.
④ 지구에서 볼 때 태양과 같은 방향에 있는 별자리가 한밤중 남쪽 하늘에서 주로 관측된다.
⑤ 지구가 공전하면 태양은 동쪽에서 서쪽으로 이동하는 것처럼 보인다.
⑥ 지구가 A에서 B로 공전할 때 태양은 물병자리에서 양자리로 이동하는 것처럼 보인다.

441 상

그림은 우리나라에서 한밤중에 관측할 수 있는 대표적인 별자리를 일부 나타낸 것이다.

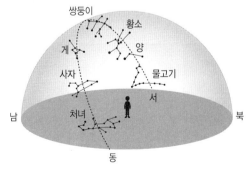

남쪽 하늘에서 쌍둥이자리가 관측되는 날로부터 3 개월 후 같은 시각에 같은 방향에서 관측할 수 있는 별자리는 무엇인가? (단, 별자리는 같은 간격으로 떨어져 있다.)

① 게자리　　② 황소자리　　③ 사자자리
④ 처녀자리　　⑤ 물고기자리

난이도별 서술형 필수기출

상 4 문항
중 8 문항
하 7 문항

A 지구의 자전으로 나타나는 현상

442 하

지구의 자전으로 나타나는 현상을 2 가지 서술하시오.

_____

_____

443 하

지구의 자전 방향과 별의 일주 운동 방향을 각각 문장으로 서술하시오.

_____

_____

444 하

그림은 우리나라의 여러 방향에서 별의 일주 운동을 찍은 사진이다.

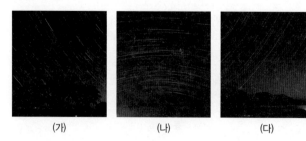

(가)   (나)   (다)

서쪽 하늘의 일주 운동 모습을 고르고, 이때 일주 운동은 어떻게 나타나는지 서술하시오.

_____

445 중

그림은 지구의 자전과 천체의 일주 운동을 나타낸 것이다.

A와 B를 이용하여 천체의 일주 운동 방향을 나타내고, 그렇게 생각한 까닭을 서술하시오.

_____

_____

☆빈출
446 중

그림은 어느 날 밤 북쪽 하늘에서 북두칠성을 4 시간 간격으로 관측한 모습이다.

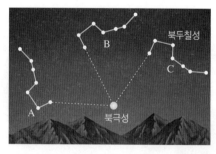

(1) 저녁 8 시경 북두칠성의 위치가 B였다면 4 시간 후 북두칠성의 위치를 A~C 중 고르고, 이동한 각도를 구하시오.

_____

(2) 이와 같이 북두칠성의 일주 운동이 나타나는 까닭을 서술하시오.

_____

★빈출
447 중

그림은 우리나라 어느 방향의 하늘에서 별의 일주 운동을 관측한 것이다.

(1) 어느 방향의 별의 일주 운동 모습인지 쓰고, 별의 일주 운동 방향을 화살표로 그리시오.

_____

(2) 이와 같은 현상이 나타나는 까닭을 서술하시오.

_____

_____

★빈출
448 중

그림은 어느 날 우리나라에서 2시간 동안 관측한 별의 일주 운동 모습이다.

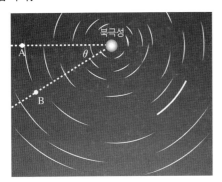

(1) 2시간 동안 별들이 회전한 각도(θ)를 구하시오.

_____

(2) 별들이 회전하는 방향을 A와 B를 이용하여 쓰고, 그 까닭을 일주 운동 방향과 관련하여 서술하시오.

_____

_____

449 상

그림은 우리나라에서 관측한 북두칠성의 일주 운동을 나타낸 것이다.

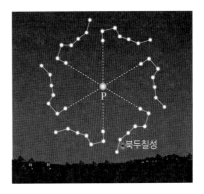

(1) 북두칠성이 별 P를 중심으로 한 바퀴 도는 데 걸리는 시간은 얼마인지 쓰시오.

_____

(2) 별 P가 무엇인지 쓰고, 별 P가 일주 운동의 중심으로 보이는 까닭을 서술하시오.

_____

_____

450 상

그림은 북반구에서 어느 날 한밤중에 관측한 별자리를 나타낸 것이다.

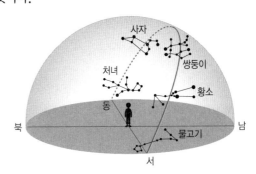

이때로부터 6시간 후 남쪽 하늘에서 볼 수 있는 별자리는 무엇인지 쓰고, 그 까닭을 서술하시오. (단, 별자리는 같은 간격으로 떨어져 있다.)

_____

_____

B 지구의 공전으로 나타나는 현상

451 하

지구의 공전으로 나타나는 현상을 2 가지 서술하시오.

452 하

계절에 따라 보이는 별자리가 달라지는 까닭을 다음의 단어를 이용하여 서술하시오.

> 지구, 태양, 공전

453 하

지구의 공전 방향과 태양의 연주 운동 방향을 각각 문장으로 서술하시오.

☆빈출
454 하

그림은 황도 12궁과 지구의 위치를 나타낸 것이다.

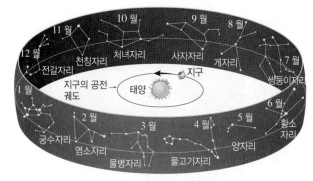

지구의 위치가 그림과 같을 때는 몇 월인지 쓰고, 이때 태양이 지나는 별자리와 한밤중 남쪽 하늘에서 보이는 별자리는 무엇인지 서술하시오.

455 중

태양이 (가) 하루를 주기로 뜨고 지는 까닭과 (나) 별자리 사이를 이동하여 1 년 후에 제자리로 돌아오는 까닭을 각각 서술하시오.

☆빈출
456 중

그림은 15 일 간격으로 해가 진 직후 서쪽 하늘을 관측한 모습이다.

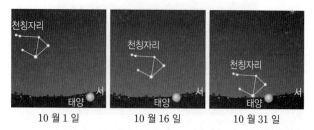

(1) 태양은 별자리를 기준으로 어느 방향으로 이동하는지 쓰시오.

(2) 이와 같은 현상이 나타나는 까닭을 서술하시오.

★빈출
457 중

그림은 황도 12궁과 지구 공전 궤도상에서 지구의 위치를 나타낸 것이다.

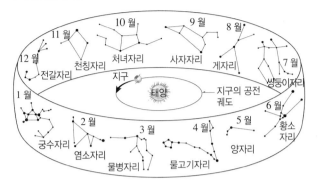

(1) 지구의 위치가 그림과 같을 때 한밤중에 남쪽 하늘에서 보이는 별자리와 6개월 후 한밤중에 남쪽 하늘에서 보이는 별자리는 무엇인지 차례대로 쓰시오.

_____

(2) 지구의 위치에 따라 한밤중에 남쪽 하늘에서 볼 수 있는 별자리가 달라지는 까닭을 서술하시오.

_____

_____

458 중

그림은 황도 12궁과 지구 공전 궤도상에서 지구의 위치를 나타낸 것이다.

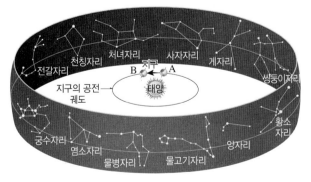

지구가 A에서 B로 공전하는 동안 관측되는 태양의 위치 변화를 서술하시오.

_____

_____

459 상

그림은 15일 간격으로 해가 진 직후 서쪽 하늘을 관측한 모습이다.

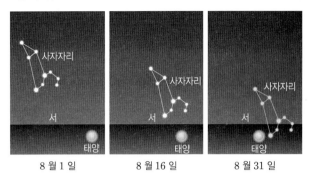

(1) 지구, 태양, 별자리 중 실제로 무엇이 이동하여 이와 같은 현상이 나타난 것인지 쓰시오.

_____

(2) 보름 후인 9월 15일경 사자자리의 위치 변화를 서술하시오.

_____

_____

460 상

그림은 황도 12궁과 지구 공전 궤도상에서 지구의 위치를 나타낸 것이다.

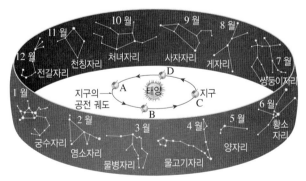

(1) 한밤중에 남쪽 하늘에서 사자자리는 관측하기 어렵지만, 물병자리는 관측할 수 있는 지구의 위치는 어디인지 A~D 중 골라 쓰시오.

_____

(2) 지구가 (1)의 답과 같은 위치에 있을 때 사자자리를 관측하기 어려운 까닭을 서술하시오.

_____

_____

10 달의 운동

A 달의 공전과 위상 변화

1 달의 ❶[ ][ ] 달이 지구를 중심으로 <u>약 한 달에 한 바퀴</u>씩 <u>서쪽에서 동쪽으로 도는 운동</u> 달은 하루에 약 13°씩 이동한다.
└ᐧ달의 공전으로 나타나는 현상: 달의 위상 변화, 일식과 월식 등

2 달의 위상 변화

(1) **달의 위상**: 지구에서 볼 때 밝게 보이는 달의 모양

(2) **달의 위상이 변하는 까닭**: 달이 햇빛을 반사하는 부분은 항상 같지만 달이 공전하여 지구, 태양, 달의 상대적인 위치가 변하면 지구에서 보이는 달의 모양이 달라진다.

(3) **달의 위상 변화 주기**: 달이 약 한 달 주기로 공전하기 때문에 달의 위상도 약 한 달 주기로 반복된다.

(4) **달의 위상 변화 순서**: 보이지 않음 → 초승달 → ❷[ ][ ][ ] → 보름달 → ❸[ ][ ][ ] → 그믐달 → 보이지 않음 → …

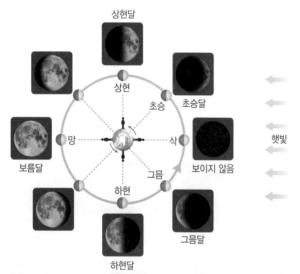

위치	관측 날짜	위상
삭❶	음력❷ 1 일경	지구 – 달 – 태양 순으로 놓여 달이 보이지 않는다. →달이 태양과 같은 방향에 있을 때
초승	음력 2 일 ~3 일경	삭과 상현 사이에 위치하여 오른쪽 일부분이 밝은 달로 보인다. → 초승달
상현	음력 7 일 ~8 일경	달과 태양이 지구를 중심으로 직각을 이루어 오른쪽이 밝은 반달로 보인다. → 상현달
망❸	음력 15 일경	달 – 지구 – 태양 순으로 놓여 달의 앞면 전체가 보인다. → ❹[ ][ ][ ] └달이 태양의 반대 방향에 있을 때
하현	음력 22 일 ~23 일경	달과 태양이 지구를 중심으로 직각을 이루어 왼쪽이 밝은 반달로 보인다. → 하현달
그믐	음력 27 일 ~28 일경	하현과 삭 사이에 위치하여 왼쪽 일부분이 밝은 달로 보인다. → 그믐달

모형을 이용한 달의 위상 변화 관찰

① 달의 위상 변화판을 책상 위에 올려놓은 후, 가운데에 스마트 기기를 설치한다.
② 스타이로폼 공의 절반은 노란색, 절반은 검은색으로 칠한다.
③ 스타이로폼 공을 달의 위상 변화판의 각 위치에 놓고 스타이로폼 공의 노란색 부분이 태양을 향하게 한 다음, 스마트 기기로 스타이로폼 공을 촬영한다.

결과 및 정리

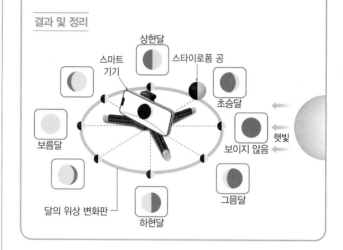

개념 더 알아보기

◆ **해가 진 직후 관측되는 달의 모양 변화**

(날짜: 음력)

└ᐧ보름달이 동쪽 하늘에서 보이면 태양은 반대 방향인 서쪽 하늘에 있다.

• 음력 2 일경: 서쪽 하늘에서 초승달
• 음력 7 일~8 일경: 남쪽 하늘에서 상현달
• 음력 15 일경: 동쪽 하늘에서 보름달
➡ 약 한 달 후에 달은 같은 위치에서 보인다.

B 일식과 월식

1 일식 지구에서 보았을 때 달이 ❺[ ][ ]을 가리는 현상
달이 태양을 가릴 수 있는 까닭: 태양이 달보다 매우 크지만, 매우 멀리 있기 때문에 지구에서는 태양과 달이 비슷한 크기로 보인다.

(1) **일식의 종류**

❻[ ][ ][ ]	부분일식
달이 태양을 완전히 가리는 현상	달이 태양의 일부를 가리는 현상

(2) **일식의 진행**: 달이 지구를 중심으로 공전하여 태양 앞을 지나갈 때 일어난다.

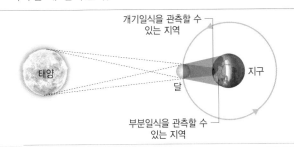

위치 관계	태양 – 달 – 지구의 순서로 일직선을 이룬다. → 달이 ^❼□ 의 위치에 있을 때
관측 가능 지역	• 지구에서 달의 그림자가 생기는 지역에서만 볼 수 있다. • 개기일식: 달이 태양 전체를 가리는 지역 • 부분일식: 달이 태양의 일부를 가리는 지역
진행 방향	달이 공전하여 태양의 앞을 지나감에 따라 태양의 오른쪽(서쪽)부터 가려지고, 오른쪽(서쪽)부터 빠져나온다. 

2 월식 지구에서 보았을 때 ^❽□ 이 지구의 그림자에 들어가 가려지는 현상

(1) **월식의 종류**

개기월식	^❾□□□□
달이 지구의 그림자에 완전히 가려져 붉게 보이는 현상	달의 일부가 지구의 그림자에 가려지는 현상

└─• 개기월식 때 달이 붉게 보이는 까닭: 햇빛이 지구 대기를 지날 때 흩어지면서 달에 붉은 빛이 상대적으로 많이 도달하기 때문이다.

(2) **월식의 진행**: 달이 지구를 중심으로 공전하면서 지구의 그림자 속으로 들어갈 때 일어난다.

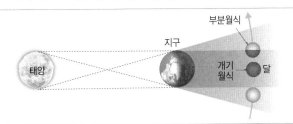

위치 관계	태양 – 지구 – 달의 순서로 일직선을 이룬다. → 달이 ^❿□ 의 위치에 있을 때
관측 가능 지역	• 지구에서 밤이 되는 모든 지역에서 볼 수 있다. • 개기월식: 달 전체가 지구의 그림자 속에 들어갈 때 • 부분월식: 달의 일부가 지구의 그림자 속에 들어갈 때
진행 방향	달이 공전하여 지구의 그림자 속으로 들어감에 따라 달의 왼쪽(동쪽)부터 가려지고, 왼쪽(동쪽)부터 빠져나온다. 

/// **기출 PICK**

🖊 **기출 PICK A-2**

달의 위상이 변하는 까닭: 달이 지구를 중심으로 공전하면서 태양, 지구, 달의 상대적인 위치가 달라지기 때문이다.

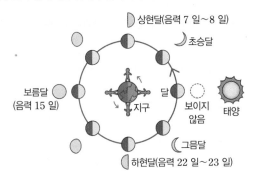

🖊 **기출 PICK B**

일식과 월식 비교

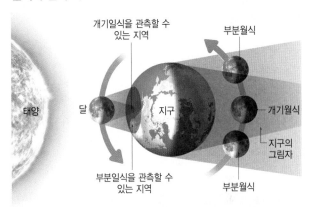

일식	구분	월식
태양	가려지는 천체	달
태양 – 달 – 지구	천체 배열	태양 – 지구 – 달
삭	달의 위상	망
지구에서 달의 그림자가 생기는 지역	관측 가능 지역	지구에서 밤이 되는 모든 지역
태양의 오른쪽부터 가려진다.	진행 방향	달의 왼쪽부터 가려진다.

일식은 달의 그림자가 생기는 지역에서만 볼 수 있어 관측 가능 지역이 좁지만, 월식은 지구에서 밤인 지역 어디에서나 볼 수 있기 때문에 관측 가능 지역이 넓다.

용어

❶ **삭(朔 초하루)**: 음력 1 일경에 달이 지구와 태양 사이에 놓여 보이지 않는 때 또는 그때의 달
❷ **음력**: 달의 모양 변화를 기준으로 만든 책력
❸ **망(望 보름)**: 음력 15 일경에 지구를 기준으로 달이 태양의 반대 방향에 놓여 둥글게 보이는 때 또는 그때의 달

답 ❶ 공전 ❷ 상현달 ❸ 하현달 ❹ 보름달 ❺ 태양 ❻ 개기일식 ❼ 삭 ❽ 달 ❾ 부분월식 ❿ 망

OX로 개념 확인

♦ 개념에 대한 설명이 옳으면 ○, 옳지 않으면 ×로 쓰고, ×인 경우 옳지 않은 부분
에 밑줄을 긋고 옳은 문장으로 고쳐 보자.

461 달이 지구를 중심으로 공전하면서 태양, 지구, 달의 상대적인 위치가 달라지기
때문에 지구에서 보이는 달의 모양이 달라진다.　(　)

_____

462 달의 위상 변화는 약 하루를 주기로 반복한다.　(　)

_____

463 지구에서 보았을 때 달이 태양과 같은 방향에 있다면 달의 밝은 부분을 볼 수
없어 달이 보이지 않는다.　(　)

_____

464 음력 7 일~8 일경에는 하현달을 볼 수 있다.　(　)

_____

465 달, 지구, 태양 순으로 일직선상에 위치할 때를 삭이라고 한다.　(　)

_____

466 일식이 일어날 때 달은 삭에 위치하고, 월식이 일어날 때 달은 망에 위치한다.　(　)

_____

467 지구에서 보았을 때 달이 태양을 가리는 현상을 일식이라고 한다.　(　)

_____

468 일식이 일어나면 지구에서 밤이 되는 모든 지역에서 관측할 수 있다.　(　)

_____

469 달의 일부가 지구의 그림자 속에 있으면 부분월식이 일어난다.　(　)

_____

470 월식이 일어날 때 달은 왼쪽부터 가려지고, 오른쪽부터 빠져나온다.　(　)

_____

난이도별 필수 기출

상 5 문항
중 15 문항
하 9 문항

A 달의 공전과 위상 변화

471 하

달의 공전으로 나타나는 현상을 〈보기〉에서 모두 고른 것은?

┌──────────〈 보기 〉──────────┐
ㄱ. 일식과 월식   ㄴ. 달의 위상 변화
ㄷ. 천체의 일주 운동   ㄹ. 태양의 연주 운동
└─────────────────────────────┘

① ㄱ, ㄴ   ② ㄱ, ㄷ   ③ ㄴ, ㄷ
④ ㄴ, ㄹ   ⑤ ㄷ, ㄹ

[472~473] 그림은 달의 공전 궤도를 나타낸 것이다.

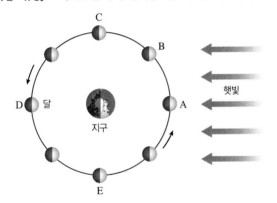

472 ⭐빈출 하

A~E 중 달의 위상이 상현달일 때 달의 위치는?

① A   ② B   ③ C
④ D   ⑤ E

473 ⭐빈출 하

달이 D의 위치에 있을 때 달의 위상은?

①   ②   ③

④   ⑤

[474~475] 그림은 달의 공전 궤도를 나타낸 것이다.

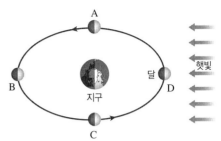

474 ⭐빈출 하

달이 C의 위치에 있을 때 지구에서 보이는 달의 모양은?

① 초승달   ② 그믐달   ③ 상현달
④ 하현달   ⑤ 보름달

475 하

A~D 중 다음 설명에 해당하는 달의 위치는?

┌───┐
음력 1 일경 달의 위치로, 달이 보이지 않는다.
└───┘

① A   ② B   ③ C
④ D   ⑤ A, C

476 중

다음은 달의 위상 변화에 대한 설명이다.

┌───┐
달이 지구를 중심으로 회전하는 것을 ㉠ 달의 공전이라고 한다.
달의 공전 위치에 따라 ㉡ 달의 모양이 다르게 보인다. 지구
를 기준으로 ㉢ 달이 태양과 반대 방향에 있을 때와 ㉣ 달이
태양과 같은 방향에 있을 때 달의 위상은 다르다.
└───┘

이에 대한 설명으로 옳은 것은?

① ㉠의 주기는 약 1 년이다.
② ㉠의 방향은 동쪽에서 서쪽이다.
③ ㉡은 달이 스스로 빛을 내기 때문이다.
④ ㉢의 경우 망이라고 한다.
⑤ ㉣의 경우 지구에서 보름달을 볼 수 있다.

477 중

지구에서 관측되는 달의 모양이 변하는 까닭은?

① 달의 자전 주기와 공전 주기가 같기 때문이다.

② 태양이 동쪽에서 떠서 서쪽으로 지기 때문이다.

③ 지구가 자전하면서 달이 일주 운동을 하기 때문이다.

④ 지구가 태양을 중심으로 공전하면서 태양이 보이는 위치가 변하기 때문이다.

⑤ 달이 지구를 중심으로 공전하면서 태양, 달, 지구의 상대적인 위치가 변하기 때문이다.

[478~479] 그림은 달의 공전 궤도를 나타낸 것이다.

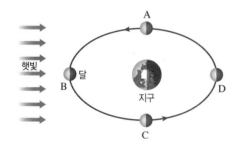

478 중

달이 A~D에 위치할 때 달의 위상을 옳게 짝 지은 것은?

	A	B	C	D
①	상현달	보이지 않음	보름달	하현달
②	상현달	보름달	하현달	보이지 않음
③	하현달	보이지 않음	상현달	보름달
④	하현달	보름달	상현달	보이지 않음
⑤	보이지 않음	상현달	보름달	하현달

479 중

달이 오른쪽 그림과 같은 모양으로 보일 때 달의 위치와 관측 가능한 날짜를 옳게 짝 지은 것은?

	위치	날짜
①	A	음력 7 일~8 일경
②	A	음력 22 일~23 일경
③	B	음력 15 일경
④	C	음력 7 일~8 일경
⑤	C	음력 22 일~23 일경

480 중

그림은 달의 공전 궤도를 나타낸 것이다.

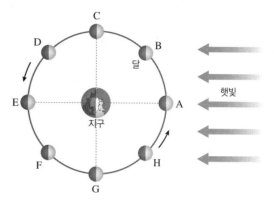

이에 대한 설명으로 옳은 것을 모두 고르면? (2 개)

① 달이 A에 있을 때는 망이다.

② 음력 2 일~3 일경 달의 위치는 B이다.

③ C에서 달의 위상은 추석(음력 8 월 15 일)의 위상과 같다.

④ 달이 D에 있을 때는 초승달로 보인다.

⑤ 달이 E에 있을 때는 햇빛을 받는 부분이 보이지 않는다.

⑥ 달이 G에 있을 때는 달의 오른쪽 반원을 볼 수 있다.

⑦ 그믐달은 달이 H에 있을 때 관측된다.

481 중

그림은 달의 위상 변화판 가운데에 스마트 기기를 놓고, 각각 절반씩 노란색과 검은색으로 칠한 스타이로폼 공을 달의 위상 변화판의 각 위치에 놓은 모습이다.

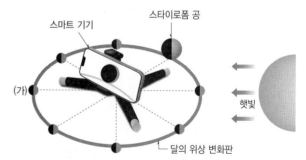

스타이로폼 공이 (가)에 위치할 때, 스마트 기기의 화면에 나타나는 스타이로폼 공의 모습에 해당하는 달의 모양은?

① 초승달　　② 상현달　　③ 보름달

④ 하현달　　⑤ 그믐달

482 ⓒ

이 문제에서 **볼 수 있는 보기는** 多

그림은 우리나라에서 일주일 간격으로 관측한 달의 위상을 나타낸 것이다.

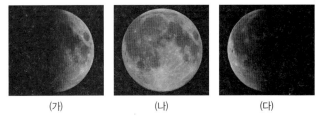

이에 대한 설명으로 옳은 것을 모두 고르면? (2개)

① (가)는 하현달이다.
② (나)는 달이 삭의 위치에 있을 때 보이는 달이다.
③ (다)는 달 – 지구 – 태양 순으로 일직선을 이룰 때 관측된다.
④ 삭 이후 (가)는 (다)보다 먼저 관측되었다.
⑤ (나)와 (다) 사이의 시기에 초승달이 관측된다.
⑥ 태양으로부터의 거리는 (가)가 (나)보다 멀다.
⑦ 달이 공전함에 따라 위치가 변하면 태양 빛을 반사하여 밝게 보이는 부분이 달라진다.

483 ⓒ

그림은 서로 다른 날 해가 진 직후 같은 시각에 달을 관측한 모습을 나타낸 것이다.

(가)와 (나)를 관측한 내용으로 옳지 <u>않은</u> 것은?

	구분	(가)	(나)
①	달의 위치	상현	망
②	날짜(음력)	7일~8일경	15일경
③	관측 방향	남쪽 하늘	동쪽 하늘
④	태양, 지구, 달의 배열	달, 지구, 태양이 일직선 배열	달과 태양이 지구를 중심으로 직각 배열
⑤	관측 가능 시간	(나)보다 짧다.	(가)보다 길다.

484 ⓢ

그림 (가)는 어느 날 우리나라에서 관측한 달의 모습을, (나)는 태양, 지구, 달의 위치 관계를 나타낸 것이다.

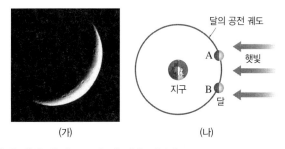

이에 대한 설명으로 옳지 <u>않은</u> 것은?

① (가) 모양의 달을 초승달이라고 한다.
② (나)에서 달은 A에서 B 방향으로 이동한다.
③ (가)는 달이 (나)의 A 근처에 있을 때의 위상이다.
④ 이날로부터 5일 후 같은 시각에 달을 관측하면 (가)는 상현달로 보인다.
⑤ (나)에서 달이 A에서 다시 A로 돌아오는 데 약 한 달이 걸린다.

485 ⓢ

이 문제에서 **볼 수 있는 보기는** 多

그림은 해가 진 직후 매일 같은 시각에 관측한 달의 모습이다.

이에 대한 설명으로 옳지 <u>않은</u> 것은?

① 달은 약 15일을 주기로 모양이 변한다.
② 달의 위상이 변하는 것은 달이 지구를 중심으로 공전하기 때문이다.
③ 달의 위치는 매일 약 13°씩 동쪽으로 이동한다.
④ 달의 모양은 초승달 → 상현달 → 보름달로 변한다.
⑤ 가장 오래 관측할 수 있는 달은 보름달이다.
⑥ 음력 15일경 동쪽 하늘에서 보름달이 관측될 때 태양은 서쪽 하늘에 있을 것이다.

486 상

그림 (가)는 달이 공전하는 동안 태양으로부터 달까지의 거리를 나타낸 것이고, (나)는 A~E 시기 중 어느 날 달의 모양을 나타낸 것이다.

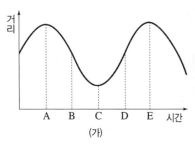

(가)   (나)

이에 대한 설명으로 옳은 것은?

① A일 때 달의 위상은 삭이다.
② B일 때 달의 모양은 (나)와 같다.
③ C일 때는 일식이 일어날 수 있다.
④ D일 때는 음력 22일~23일경이다.
⑤ A에서 E까지 약 1년이 걸린다.

B 일식과 월식

487 하

다음 (　) 안에 들어갈 말을 옳게 짝 지은 것은?

> 일식은 (㉠)이/가 (㉡)을/를 가릴 때 일어나고, 월식은 (㉠)이/가 (㉢)의 그림자 속에 들어갈 때 일어난다.

	㉠	㉡	㉢
①	달	태양	지구
②	달	지구	태양
③	태양	달	지구
④	태양	지구	달
⑤	지구	태양	달

488 하

월식이 일어날 때 달의 위상은?

①   ②   ③
초승달   그믐달   상현달

④   ⑤
하현달   보름달

★빈출 489 하

그림은 달의 공전 궤도를 나타낸 것이다.

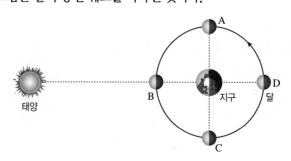

A~D 중 일식과 월식이 일어날 수 있는 달의 위치를 옳게 짝 지은 것은?

	일식	월식		일식	월식
①	A	B	②	B	D
③	C	A	④	D	A
⑤	D	B			

490 하

그림은 일식과 월식이 일어날 때 태양, 지구, 달의 모습을 나타낸 것이다. 부분월식이 일어나는 달의 위치는?

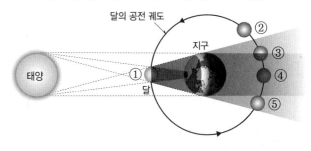

491 중

이 문제에서 볼 수 있는 보기는 多

일식과 월식에 대한 설명으로 옳은 것은?

① 일식은 태양이 지구의 그림자에 가려지는 현상이다.
② 일식은 태양 – 지구 – 달의 순서로 일직선을 이룰 때 일어난다.
③ 월식은 달이 지구의 그림자 속에 들어갈 때 일어난다.
④ 월식이 일어날 때 달은 태양과 지구 사이에 있다.
⑤ 일식과 월식은 지구가 태양을 중심으로 공전하기 때문에 일어나는 현상이다.
⑥ 일식이 일어날 때보다 월식이 일어날 때 태양과 달 사이의 거리가 더 가깝다.

492 중

그림은 태양, 달, 지구의 위치 관계를 나타낸 것이다.

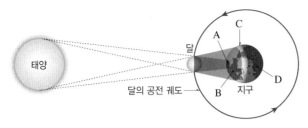

이에 대한 설명으로 옳지 <u>않은</u> 것은?

① 일식이 일어날 때의 원리를 나타낸 것이다.
② A 지역에서는 시간이 지날수록 태양의 오른쪽부터 보인다.
③ B 지역에서는 개기일식을 관측할 수 있다.
④ C와 D 지역에서는 일식이 관측되지 않는다.
⑤ 이날은 음력 1 일경이다.

493 중

그림은 어느 날 북반구에서 일식이 일어나는 과정을 나타낸 것이다.

이에 대한 설명으로 옳은 것을 〈보기〉에서 모두 고른 것은?

─── 보기 ───
ㄱ. 일식의 진행 방향은 A이다.
ㄴ. 달이 망의 위치에 있을 때 일어난다.
ㄷ. 이날 달 전체가 지구의 그림자 속에 들어간다.
ㄹ. 관측자는 달의 그림자가 생기는 지역에 있다.

① ㄱ, ㄴ   ② ㄱ, ㄹ   ③ ㄴ, ㄷ
④ ㄴ, ㄹ   ⑤ ㄷ, ㄹ

494 중

그림은 월식이 일어날 때 태양, 지구, 달의 위치를 나타낸 것이다.

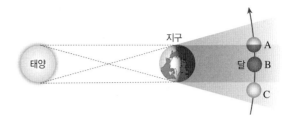

이에 대한 설명으로 옳은 것은?

① 하현달이 보이는 날에 일어난다.
② 달이 A에 위치할 때에는 월식이 일어나지 않는다.
③ 달이 B에 위치할 때는 부분월식이 일어난다.
④ 달이 C에 있을 때 지구에서는 달 전체가 붉게 보인다.
⑤ 월식이 일어날 때 달은 왼쪽부터 가려지고 왼쪽부터 빠져 나온다.

495 중

그림은 어느 날 북반구에서 일어난 월식의 진행 과정 중 일부를 나타낸 것이다.

이에 대한 설명으로 옳지 <u>않은</u> 것은?

① 태양, 지구, 달의 순서로 일직선상에 놓여 있다.
② 지구에서 밤이 되는 모든 지역에서 관측할 수 있다.
③ 이날 지구에서는 개기월식이 관측된다.
④ 달이 공전하여 나타나는 현상이다.
⑤ 달이 지구의 그림자로 들어가기 시작하는 모습이다.

496 중

그림 (가)는 북반구에서 관측한 일식을, (나)는 북반구에서 관측한 월식을 나타낸 것이다.

(가)   (나)

이에 대한 설명으로 옳은 것은?

① (가)는 달이 태양의 일부를 가린 모습이다.
② (나)는 달이 지구의 그림자에 완전히 가려질 때 일어난다.
③ (나)는 달이 공전하면서 태양 앞을 지나갈 때 일어난다.
④ (가)와 (나)가 일어날 때 달의 위상은 같다.
⑤ (가)는 지구상의 모든 지역에서 관측 가능하다.

497 중

그림은 일식과 월식의 원리를 알아보기 위한 실험을 나타낸 것이다.

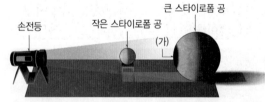

이에 대한 설명으로 옳은 것을 〈보기〉에서 모두 고른 것은?

〈 보기 〉
ㄱ. 손전등은 태양, 작은 스타이로폼 공은 달을 나타낸다.
ㄴ. (가)의 위치에서는 작은 스타이로폼 공에 의해 손전등의 빛이 가려진다.
ㄷ. 이와 같은 모습으로 천체가 위치할 때 월식이 일어난다.

① ㄱ   ② ㄴ   ③ ㄱ, ㄴ
④ ㄱ, ㄷ   ⑤ ㄴ, ㄷ

498 상

그림 (가)는 개기일식을 나타낸 것이고, (나)는 태양, 달, 지구의 상대적인 위치를 나타낸 것이다.

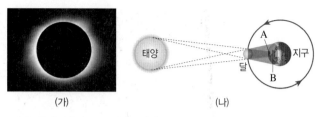

(가)   (나)

이에 대한 설명으로 옳은 것은?

① (가)와 같은 현상은 매월 1 회씩 나타난다.
② (가)는 달이 태양에 의해 완전히 가려진 모습이다.
③ (가) 현상이 나타나는 날 태양의 대기인 코로나를 관측할 수 있다.
④ (가)와 같은 현상은 (나)의 B 지역에서 관측 가능하다.
⑤ (나)의 A 지역에서는 태양의 왼쪽부터 가려지는 현상이 나타난다.

☆빈출
499 상

이 문제에서 볼 수 있는 보기는 多

그림은 태양, 달, 지구의 위치 관계를 나타낸 것이다.

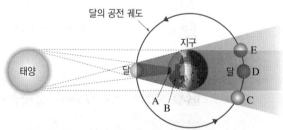

이에 대한 설명으로 옳지 않은 것을 모두 고르면? (2 개)

① 달의 위치가 삭일 때 일식이, 망일 때 월식이 일어날 수 있다.
② A에서는 달이 태양을 완전히 가리는 현상이 나타난다.
③ B에서는 부분일식이 관측된다.
④ 달이 C와 D에 위치할 때 월식을 관측할 수 있다.
⑤ E는 달의 일부가 지구의 그림자에 들어간 모습이다.
⑥ 일식보다 월식이 관측할 수 있는 지역이 넓다.
⑦ 달이 공전하여 지구의 그림자 속으로 들어가면 달의 서쪽부터 가려지기 시작한다.

상 2 문항
중 8 문항
하 3 문항

난이도별 서술형 필수 기출

A 달의 공전과 위상 변화

500 하

그림은 달이 공전하는 모습을 나타낸 것이다.

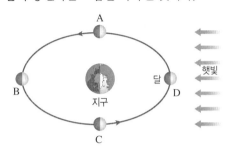

(1) 달의 위치가 A~D일 때 달의 위상을 각각 쓰시오.

_____

(2) 햇빛의 방향이 반대가 되면 A와 C 위치에 있는 달의 위상은 어떻게 달라지는지 서술하시오.

_____

_____

★빈출 501 중

그림은 달의 공전 궤도를 나타낸 것이다.

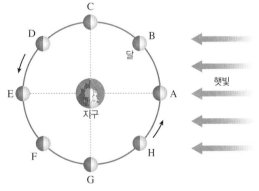

(1) A~H 중 음력 1월 15일인 정월 대보름에 관측되는 달의 위치와 이날 관측되는 달의 위상을 쓰시오.

_____

(2) 여러 날 동안 달을 관찰했을 때 달의 위상이 달라지는 까닭을 서술하시오.

_____

_____

★빈출 502 중

그림은 여러 날 동안 관측한 달의 위상을 순서 없이 나타낸 것이다.

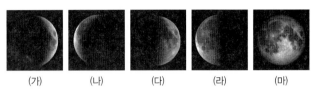

(가)   (나)   (다)   (라)   (마)

(1) (가)~(마)를 음력 날짜 순으로 지구에서 먼저 관측된 순서대로 나열하시오.

_____

(2) 지구에서 (마)와 같은 달이 관측될 때 태양, 지구, 달의 위치 관계를 서술하시오.

_____

_____

_____

503 중

그림은 전등을 한쪽에 비춘 후 스타이로폼 공을 든 사람이 스마트 기기를 든 사람을 중심으로 한 바퀴 도는 모습이다.

(1) 전등, 스마트 기기, 스타이로폼 공은 각각 무엇을 나타내는지 쓰시오.

_____

(2) 스타이로폼 공을 든 사람이 (가)~(라)에 위치할 때 스마트 기기를 든 사람이 관찰한 스타이로폼 공의 모습을 각각 그리시오.

(가)   (나)   (다)   (라)

504 상

그림은 태양, 지구, 달의 위치 관계를 나타낸 것이다.

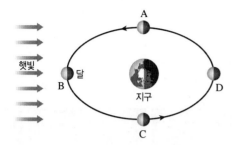

(1) 현재 달이 C의 위치에 있을 때 약 한 달 후 달의 위치와 지구에서 볼 수 있는 달의 위상을 쓰시오.

_____

(2) (1)의 답과 같이 달의 위치가 변하는 까닭을 서술하시오.

_____

_____

B 일식과 월식

505 하

개기일식과 개기월식이 일어날 때 지구에서 관측되는 모습을 각각 서술하시오.

_____

_____

506 하

어느 날 달이 태양을 가리는 현상이 나타났다면 태양, 지구, 달의 위치 관계를 서술하시오.

_____

_____

507 중 ★빈출

그림은 달의 공전 궤도를 나타낸 것이다.

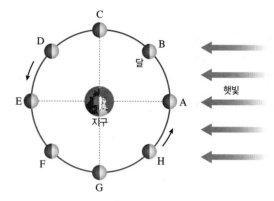

(1) A~H 중 일식과 월식이 일어날 때의 달의 위치를 순서대로 쓰시오.

_____

(2) 일식과 월식이 일어날 때 태양과 달 사이의 거리를 비교하여 서술하시오.

_____

_____

508 중

그림은 일식이 일어날 때의 모습을 모식적으로 나타낸 것이다.

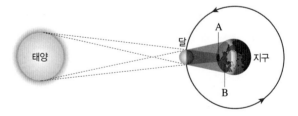

(1) A와 B 지역에서 관측할 수 있는 일식의 종류를 각각 쓰시오.

_____

(2) 달에 비해 태양은 매우 크지만, 지구에서 볼 때 달이 태양을 가릴 수 있는 까닭을 서술하시오.

_____

509 중

그림은 일식이 일어날 때 우리나라에서 관측한 태양의 모습을 순서 없이 나타낸 것이다.

 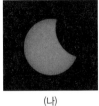 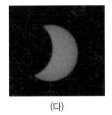

(가)   (나)   (다)

(1) (가)~(다)를 일식이 일어날 때 먼저 관측된 것부터 순서대로 나열하시오.

_____

(2) (1)의 답과 같이 일식이 진행되는 까닭을 달의 공전과 관련지어 서술하시오.

_____

_____

510 중

그림은 월식이 일어날 때 태양, 지구, 달의 위치 관계를 나타낸 것이다.

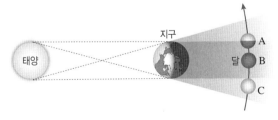

(1) A~C 중 월식이 일어나는 달의 위치를 모두 골라 쓰시오.

_____

(2) 월식이 일어날 때 달의 어느 쪽부터 가려지는지, 그 까닭과 함께 서술하시오.

_____

_____

511 중

그림은 어느 날 밤에 지구에서 관측한 월식이 진행되는 과정을 나타낸 것이다.

월식의 진행 순서

(1) 이날 태양, 달, 지구의 위치 관계를 서술하시오.

_____

(2) 이날 지구에서 월식을 관측할 수 있는 지역을 서술하시오.

_____

_____

512 상

그림은 태양, 지구, 달의 위치를 나타낸 것이다.

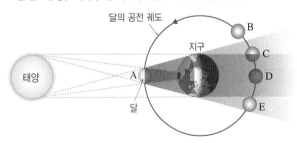

(1) A~E 중 오른쪽 그림과 같은 달의 모습이 관측되는 달의 위치를 고르고, 어떤 현상이 일어난 것인지 쓰시오.

(2) 지구에서 일식과 월식을 관측할 수 있는 지역을 비교하여 서술하시오.

_____

_____

513

다음은 국제천문연맹(IAU)이 정한 행성의 정의이다.

- 천체의 질량이 충분히 커서 둥근 모양을 유지할 수 있어야 한다.
- 태양을 중심으로 공전해야 한다.
- 궤도 주변의 천체들을 위성으로 만들거나 밀어낼 수 있는 지배적인 역할을 해야 한다.

2006 년 국제천문연맹(IAU)은 명왕성을 태양계의 행성에서 퇴출시키고 왜소 행성으로 만들었다. 명왕성이 행성의 정의를 근거로 퇴출된 까닭을 서술하시오.

514

그림은 태양계 행성 모형을 상대적인 크기 순으로 나타낸 것이다.

행성 A~G의 특징에 대한 설명으로 옳은 것은? (단, 태양과 행성 간의 크기 비율을 정확하지 않지만 비교는 가능하다.)

① 크기가 가장 작은 A는 화성이다.
② 지구와 A, B, C는 지구형 행성이다.
③ F는 자전축이 공전 궤도면에 거의 나란하다.
④ D, E, F, G는 표면이 단단한 암석으로 이루어져 있다.
⑤ 실제로 태양에서 네 번째 가까이 있는 행성은 C이다.

515

그림은 태양계 행성들이 태양을 중심으로 공전하는 모습을 나타낸 것이다.

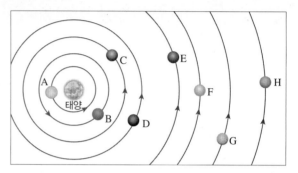

태양계 행성을 다음과 같이 구분할 때 (가)와 (나)에 모두 속하는 행성을 옳게 짝 지은 것은?

(가) 위성이 있는 행성
(나) 표면이 암석으로 되어 있는 행성

① C, D   ② E, F   ③ G, H
④ A, B, C, D   ⑤ E, F, G, H

516

그림은 태양의 흑점을 4 일 동안 관측한 모습이다.

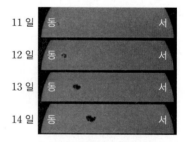

이에 대한 설명으로 옳은 것을 〈보기〉에서 모두 고른 것은?

〈 보기 〉
ㄱ. 흑점의 위치 변화는 태양의 자전 때문에 나타난다.
ㄴ. 흑점은 광구 아래에서 일어나는 대류 현상으로 생성된다.
ㄷ. 지구에서 볼 때 흑점은 동쪽에서 서쪽으로 이동하는 것처럼 보인다.

① ㄱ   ② ㄷ   ③ ㄱ, ㄴ
④ ㄱ, ㄷ   ⑤ ㄱ, ㄴ, ㄷ

517

그림은 우리나라에서 관측한 천체의 일주 운동을 나타낸 것이다.

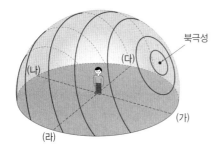

이에 대한 설명으로 옳은 것을 〈보기〉에서 모두 고른 것은?

〈 보기 〉
ㄱ. 별이 실제로 움직이는 것이 아니고 겉보기 운동이다.
ㄴ. (가) 하늘에서 보이는 별은 시계 방향으로 원을 그리며 도는 것처럼 보인다.
ㄷ. (나) 하늘에서 보이는 별은 동쪽에서 서쪽으로 지평선과 나란하게 움직이는 것처럼 보인다.
ㄹ. (다) 하늘에서는 별이 떠오르는 것을 볼 수 있다.

① ㄱ, ㄴ   ② ㄱ, ㄷ   ③ ㄱ, ㄹ
④ ㄴ, ㄹ   ⑤ ㄷ, ㄹ

518

그림은 우리나라에서 4 월 중순 저녁 8 시경 밤하늘에서 관측할 수 있는 별자리를 나타낸 것이다.

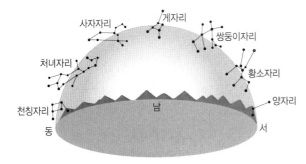

이에 대한 설명으로 옳은 것은?

① 게자리는 1 년 후 같은 자리로 되돌아온다.
② 하루 동안 지구의 자전으로 별자리는 서쪽에서 동쪽으로 이동하는 것처럼 보인다.
③ 2 시간 후 남쪽 하늘에서는 처녀자리가 관측된다.
④ 지구의 공전으로 별자리는 매일 동쪽에서 서쪽으로 약 15°씩 이동한다.
⑤ 10 월 중순 저녁 8 시경 서쪽 하늘에서는 게자리를 관측할 수 있다.

519

그림은 해가 진 직후 달의 위치와 모양을 15 일 동안 관측하여 나타낸 것이다.

이에 대한 설명으로 옳지 <u>않은</u> 것은?

① 매일 같은 시각에 달을 관측하면 달의 위치가 서쪽에서 동쪽으로 이동한다.
② 달의 모양이 다르게 보이는 까닭은 달이 지구를 중심으로 공전하기 때문이다.
③ 상현달이 해가 진 직후 남쪽 하늘에서 보이므로 새벽 6 시경에 달이 떴을 것이다.
④ 음력 15 일경에는 달의 위치가 망일 때이다.
⑤ 달을 관측할 수 있는 시간은 음력 2 일보다 음력 15 일에 더 길다.

520

그림은 지구에서 관측한 일식과 월식의 모습을 나타낸 것이다.

(가)   (나)   (다)

이에 대한 설명으로 옳은 것을 〈보기〉에서 모두 고른 것은?

〈 보기 〉
ㄱ. (가)는 달의 그림자가 생기는 지구의 일부 지역에서 낮에 관측할 수 있다.
ㄴ. (나)는 달이 망의 위치에 와서 태양 – 달 – 지구의 순서로 일직선을 이룰 때 일어날 수 있다.
ㄷ. (다)는 햇빛이 지구 대기를 지날 때 흩어지면서 달에 붉은 빛이 상대적으로 많이 도달하여 붉게 보인다.
ㄹ. (가)~(다) 모두 지구가 공전하여 나타나는 현상이다.

① ㄱ, ㄴ   ② ㄱ, ㄷ   ③ ㄱ, ㄹ
④ ㄴ, ㄷ   ⑤ ㄷ, ㄹ

MEMO

완자
기출 PICK

실전 대비 BOOK

_____ 반 _____ 번 이름: _____

521

1 물체에 힘을 작용할 때 나타날 수 있는 변화로 옳지 않은 것은?

① 물체의 모양이 변한다.
② 물체의 질량이 증가한다.
③ 운동하던 물체가 정지한다.
④ 운동하던 물체의 속력이 빨라진다.
⑤ 운동하는 물체의 운동 방향이 바뀐다.

522

2 오른쪽 그림은 10 N의 힘이 동쪽으로 작용하는 것을 화살표로 나타낸 것이다. 북쪽으로 작용하는 15 N의 힘을 나타낸 화살표로 옳은 것은?

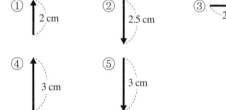

523

3 그림은 나무 도막에 두 힘을 동시에 작용하는 모습을 나타낸 것이다.

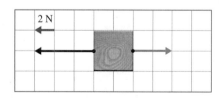

나무 도막에 작용하는 알짜힘의 방향과 크기는?

① 왼쪽, 2 N ② 왼쪽, 4 N ③ 왼쪽, 6 N
④ 오른쪽, 2 N ⑤ 오른쪽, 4 N

524

4 그림은 책에 두 힘 A와 B를 작용한 모습을 나타낸 것이다.

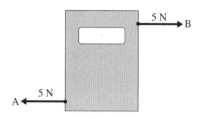

이에 대한 설명으로 옳지 않은 것을 모두 고르면? (2 개)

① A와 B는 힘의 크기가 같다.
② A와 B는 힘의 방향이 서로 반대이다.
③ A와 B는 일직선상에서 작용하고 있다.
④ 책에 작용한 A와 B의 작용점은 다르다.
⑤ A와 B는 힘의 평형을 이룬다.

525

5 그림은 지구 주위의 물체 (가)~(다)의 모습을 나타낸 것이다.

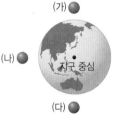

각 물체에 작용하는 중력의 방향을 옳게 짝 지은 것은?

	(가)	(나)	(다)
①	↓	↓	↓
②	↓	→	↑
③	←	→	←
④	←	→	↑
⑤	↑	↓	↓

526

6 무게와 질량에 대한 설명으로 옳지 <u>않은</u> 것은?

① 질량의 단위는 g, kg이다.

② 무게는 측정하는 장소에 따라 달라진다.

③ 지구에서 물체의 질량은 무게에 9.8을 곱하여 구한다.

④ 질량은 양팔저울이나 윗접시저울을 이용하여 측정할 수 있다.

⑤ 질량은 물체의 고유한 양으로 측정하는 장소가 달라져도 변하지 않는다.

527

7 달에서 어떤 물체의 무게를 측정하였더니 49 N이었다. 지구에서 측정했을 때 같은 물체의 질량과 무게를 옳게 짝 지은 것은?

	질량	무게		질량	무게
①	5 kg	49 N	②	5 kg	294 N
③	30 kg	49 N	④	30 kg	294 N
⑤	180 kg	588 N			

528

8 탄성력에 대한 설명으로 옳지 <u>않은</u> 것은?

① 탄성체가 많이 변형될수록 탄성력이 크다.

② 고무줄, 용수철 등은 탄성을 가진 탄성체이다.

③ 탄성력의 크기는 탄성체를 변형시킨 힘의 크기와 같다.

④ 탄성력의 방향은 탄성체를 변형시킨 힘의 방향과 같다.

⑤ 물체가 변형되었을 때 원래 모양으로 되돌아가려는 힘이다.

529

9 그림 (가)는 어떤 용수철을 처음 위치에서 6 cm만큼 오른쪽으로 당긴 모습이고, (나)는 동일한 용수철을 처음 위치에서 6 cm만큼 왼쪽으로 민 모습을 나타낸 것이다.

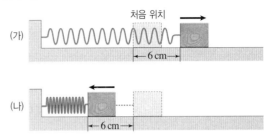

이에 대한 설명으로 옳은 것을 〈보기〉에서 모두 고른 것은?

〈 보기 〉

ㄱ. (나)에서 탄성력은 왼쪽으로 작용한다.

ㄴ. (가)와 (나)에서 물체에 작용하는 탄성력의 방향은 반대이다.

ㄷ. 물체에 작용하는 탄성력의 크기는 (가)에서가 (나)에서보다 크다.

① ㄱ   ② ㄴ   ③ ㄱ, ㄷ

④ ㄴ, ㄷ   ⑤ ㄱ, ㄴ, ㄷ

530

10 그림은 동일한 나무 도막을 각각 아크릴 판과 사포판, 비눗물을 뿌린 판 위에서 천천히 일정한 속력으로 잡아당기면서 힘 센서로 힘의 크기를 측정하는 모습을 나타낸 것이다.

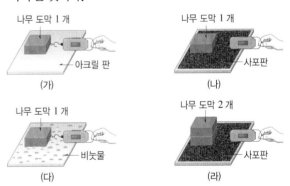

(가)~(라)에서 작용하는 마찰력의 크기가 큰 순서대로 옳게 나타낸 것은?

① (가)>(나)>(다)>(라)

② (나)>(라)>(가)>(다)

③ (다)>(가)>(나)>(라)

④ (라)>(가)>(다)>(나)

⑤ (라)>(나)>(가)>(다)

실전대비 BOOK

11 마찰력에 대한 설명으로 옳은 것을 〈보기〉에서 모두 고른 것은?

〈 보기 〉
ㄱ. 물체의 무게가 무거울수록 마찰력이 크게 작용한다.
ㄴ. 접촉면의 넓이가 넓을수록 마찰력이 크게 작용한다.
ㄷ. 두 물체가 떨어져 있는 상태에서도 마찰력이 작용한다.

① ㄱ ② ㄷ ③ ㄱ, ㄴ
④ ㄴ, ㄷ ⑤ ㄱ, ㄴ, ㄷ

12 물 밖에서 어떤 물체의 무게를 측정하였을 때는 15 N 이고, 같은 물체를 물속에 잠기게 한 후 무게를 측정하였을 때는 12 N이었다. 물속에서 물체에 작용한 중력과 부력의 크기를 옳게 짝 지은 것은?

	중력	부력		중력	부력
①	3 N	3 N	②	12 N	3 N
③	12 N	12 N	④	15 N	3 N
⑤	15 N	12 N			

13 부력에 대한 설명으로 옳지 <u>않은</u> 것을 모두 고르면? (2 개)

① 부력은 물체의 질량이 클수록 크게 작용한다.
② 강바닥에 가라앉은 돌에는 부력이 작용하지 않는다.
③ 같은 물체라도 물에 잠긴 정도에 따라 부력이 다르게 작용한다.
④ 물체가 물에 떠 있는 경우는 물체에 작용하는 중력과 부력이 평형을 이룬 것이다.
⑤ 풍등을 하늘로 띄우는 것은 부력을 활용한 예이다.

14 물체의 운동 상태가 일정한 것을 〈보기〉에서 모두 고른 것은?

〈 보기 〉
ㄱ. 책상 위에 놓여 있는 화분
ㄴ. 스키를 타고 슬로프를 내려오는 사람
ㄷ. 에스컬레이터를 타고 위층으로 올라가는 사람
ㄹ. 일정한 속력으로 회전하고 있는 대관람차

① ㄱ, ㄷ ② ㄱ, ㄹ ③ ㄴ, ㄷ
④ ㄴ, ㄹ ⑤ ㄷ, ㄹ

15 그림은 공이 수평면 위를 직선으로 굴러가는 모습을 일정한 시간 간격으로 사진을 찍어 나타낸 것이다.

이에 대한 설명으로 옳은 것은?

① 공에 작용하는 알짜힘은 0이다.
② 공은 운동 상태가 일정한 운동을 한다.
③ 빗면을 굴러 내려오는 공과 비슷한 운동을 한다.
④ 공은 속력과 운동 방향이 모두 변하는 운동을 한다.
⑤ 공에 작용하는 힘의 방향은 운동 방향과 반대 방향이다.

16 속력과 운동 방향이 모두 변하는 운동을 하는 것은?

① 비스듬히 던져 올린 농구공
② 지구 주위를 돌고 있는 인공위성
③ 지하철역 안에 설치된 무빙워크
④ 높은 곳에서 떨어뜨려 낙하하는 공
⑤ 1 층에서 10 층으로 올라가는 엘리베이터

서술형

537

17 그림과 같이 달에서 무게가 98 N인 물체를 지구로 가져왔다.

98 N

달

(1) 이 물체의 무게를 지구에서 측정하면 몇 N인지 풀이 과정과 함께 구하시오.

_____

(2) 이 물체의 질량을 달에서 측정하면 몇 kg인지 풀이 과정과 함께 구하시오.

_____

538

18 그림은 용수철에 매단 추의 개수에 따라 용수철이 늘어난 길이를 측정하여 나타낸 것이다. 이때 사용한 추 1개의 무게는 3 N이다.

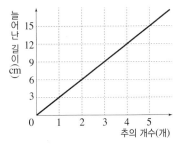

(1) 추를 6개 매달았을 때 용수철이 늘어난 길이를 풀이 과정과 함께 구하시오.

_____

(2) 이 용수철에 어떤 물체를 매달았더니 용수철이 늘어난 길이가 10 cm였다면 매단 물체의 무게는 몇 N인지 풀이 과정과 함께 구하시오.

_____

539

19 그림은 (가) 물속에 잠긴 채로 매달려 있는 쇠구슬의 줄을 끊은 모습을 나타낸 것이다. 쇠구슬은 (나) 물속에서 아래로 내려가다가 (다) 바닥에 가라앉았다.

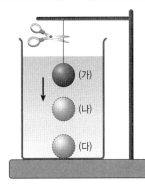

(가)~(다) 구간에서 쇠구슬에 작용하는 부력의 크기를 등호 또는 부등호를 사용하여 비교하고, 그 까닭을 서술하시오.

_____

540

20 그림은 무게가 30 N인 가방을 가만히 들고 있는 모습을 나타낸 것이다.

(1) 가방에 작용하는 2가지 힘을 서술하시오.

_____

(2) 가방에 작용하는 알짜힘은 몇 N인지 풀이 과정과 함께 구하시오.

_____

(3) 가방을 들고 있는 힘은 몇 N인지 풀이 과정과 함께 구하시오.

_____

_____ 반 _____ 번 이름: _____

541

1 과학에서의 힘이 작용한 예로 옳은 것을 〈보기〉에서 모두 고른 것은?

〈 보기 〉
ㄱ. 밀가루를 반죽한다.
ㄴ. 겨울에는 아침에 일어나기 힘들다.
ㄷ. 날아오는 야구공을 방망이로 힘껏 받아친다.
ㄹ. 시험을 앞둔 친구에게 힘이 되도록 응원한다.

① ㄱ, ㄴ   ② ㄱ, ㄷ   ③ ㄴ, ㄷ
④ ㄴ, ㄹ   ⑤ ㄷ, ㄹ

542

2 힘에 대한 설명으로 옳은 것을 모두 고르면? (2 개)
① 물체의 질량을 변화시킬 수 있다.
② 힘의 크기는 화살표의 굵기로 나타낸다.
③ 화살표로 힘의 크기, 방향, 작용점을 나타낼 수 있다.
④ 물체의 모양과 운동 상태를 동시에 변화시킬 수도 있다.
⑤ 물체에 작용하는 힘의 크기와 상관없이 물체에는 아무런 변화가 나타나지 않는다.

543

3 그림은 두 학생이 줄다리기를 하고 있는 모습을 나타낸 것이다.

학생들은 각각 힘을 작용하였으나 줄은 움직이지 않았다면 이에 대한 설명으로 옳지 <u>않은</u> 것은?
① 두 학생이 작용한 힘의 크기는 같다.
② 두 학생이 작용한 힘의 합력은 0이다.
③ 두 학생이 작용한 힘의 작용점이 같다.
④ 두 학생이 작용한 힘의 방향은 서로 반대이다.
⑤ 두 학생이 작용한 힘은 일직선상에서 작용한다.

544

4 중력에 대한 설명으로 옳은 것을 〈보기〉에서 모두 고른 것은?

〈 보기 〉
ㄱ. 어느 천체에서나 중력의 크기는 같다.
ㄴ. 물체의 질량과 관계없이 중력의 크기는 항상 일정하다.
ㄷ. 무게는 물체에 작용한 중력의 크기이므로 측정하는 장소에 따라 달라진다.

① ㄱ   ② ㄷ   ③ ㄱ, ㄴ
④ ㄴ, ㄷ   ⑤ ㄱ, ㄴ, ㄷ

545

5 다음은 무게와 질량에 대한 설명이다.

(㉠)은/는 물체의 고유한 양으로 단위가 (㉡)이다. (㉢)은/는 물체에 작용하는 중력의 크기로 단위가 (㉣)이다.

㉠~㉣에 들어갈 말을 옳게 짝 지은 것은?

	㉠	㉡	㉢	㉣
①	질량	kg	무게	kg
②	질량	N	무게	N
③	질량	kg	무게	N
④	무게	N	질량	kg
⑤	무게	kg	질량	kg

546

6 지구에서 어떤 물체의 무게를 측정하였더니 352.8 N이었다. 같은 물체를 달에서 측정했을 때의 질량과 무게를 옳게 짝 지은 것은?

	질량	무게		질량	무게
①	6 kg	9.8 N	②	6 kg	58.8 N
③	36 kg	58.8 N	④	36 kg	352.8 N
⑤	60 kg	588 N			

547

7 그림은 용수철에 추를 매달았을 때 용수철이 늘어난 길이를 추의 무게에 따라 나타낸 것이다.

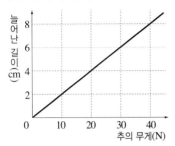

이 용수철에 무게가 70 N인 추를 매단다면 용수철이 늘어난 길이는?

① 7 cm ② 10 cm ③ 12 cm
④ 14 cm ⑤ 16 cm

548

8 탄성력을 이용한 도구가 아닌 것을 〈보기〉에서 모두 고른 것은?

┌─────── 〈보기〉 ───────┐
ㄱ. 장대높이뛰기   ㄴ. 물 미끄럼틀
ㄷ. 트램펄린   ㄹ. 윗접시저울
ㅁ. 양궁의 활   ㅂ. 구명조끼
└──────────────────────┘

① ㄱ, ㄴ, ㄹ ② ㄴ, ㄷ, ㅂ ③ ㄴ, ㄹ, ㅂ
④ ㄷ, ㄹ, ㅂ ⑤ ㄹ, ㅁ, ㅂ

549

9 표는 용수철에 추를 아래로 매달 때, 매달린 추의 질량에 따라 용수철의 전체 길이를 나타낸 것이다.

추의 질량(kg)	2	3	4
전체 길이(cm)	7	9	11

이 용수철의 처음 길이는?

① 2 cm ② 3 cm ③ 4 cm
④ 5 cm ⑤ 7 cm

550

10 마찰력을 작게 하여 이용하는 예를 〈보기〉에서 모두 고른 것은?

┌─────── 〈보기〉 ───────┐
ㄱ. 미끄럼틀에 물을 뿌린다.
ㄴ. 자전거 체인에 기름을 칠한다.
ㄷ. 펜의 손으로 잡는 부분에 고무를 덧댄다.
ㄹ. 눈이 오는 날은 자동차 타이어에 체인을 감는다.
└──────────────────────┘

① ㄱ, ㄴ ② ㄱ, ㄹ ③ ㄴ, ㄷ
④ ㄴ, ㄹ ⑤ ㄷ, ㄹ

551

11 그림은 크기와 재질이 같은 나무 도막을 각각 나무판과 사포판 위에서 천천히 일정한 속력으로 잡아당기면서 힘 센서에 나타난 힘의 크기를 측정하는 모습을 나타낸 것이다.

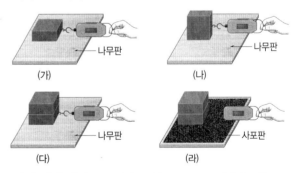

이에 대한 설명으로 옳은 것을 모두 고르면? (2 개)

① (가)와 (나)의 결과를 이용해 접촉면의 넓이에 따른 마찰력의 크기를 비교할 수 있다.
② (나)와 (다)의 결과를 이용해 물체의 무게에 따른 마찰력의 크기 변화를 알 수 있다.
③ (다)와 (라)의 결과를 이용해 접촉면의 거칠기에 따른 마찰력의 크기 변화를 알 수 있다.
④ 이 실험을 통해 마찰력의 크기는 접촉면의 거칠기와 상관이 없다는 것을 알 수 있다.
⑤ 이 실험을 통해 마찰력은 물체의 무게가 클수록, 접촉면이 넓을수록 크다는 것을 알 수 있다.

552

12 그림은 빗면에 놓인 나무 도막이 움직이지 않고 정지해 있는 모습을 나타낸 것이다.

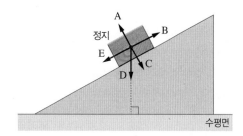

이에 대한 설명으로 옳은 것은?

① 나무 도막에 작용하는 중력의 방향은 E이다.

② 나무 도막에 작용하는 마찰력의 방향은 B이다.

③ 나무 도막은 정지해 있으므로 마찰력이 작용하지 않는다.

④ 빗면의 기울기가 더 작아지면 나무 도막이 움직일 것이다.

⑤ 빗면 위에 사포를 깔고 그 위에 같은 나무 도막을 놓으면 나무 도막이 움직일 것이다.

553

13 그림 (가)는 찰흙 덩어리 A, B, C를 막대 양쪽 끝에 매달았을 때의 모습을, (나)는 C를 물에 완전히 담갔을 때 막대가 수평을 이룬 모습을 나타낸 것이다. 이때 막대 중심에서 양쪽 찰흙 덩어리를 매단 거리는 같다.

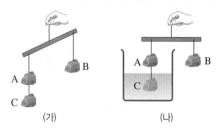

(가)   (나)

이에 대한 설명으로 옳은 것을 〈보기〉에서 모두 고른 것은?

─〈 보기 〉─
ㄱ. A와 C의 무게는 같다.
ㄴ. 물에 잠겼을 때 C에는 중력이 작용하지 않는다.
ㄷ. A와 C를 모두 물에 잠기게 하면 막대는 B 쪽으로 기운다.

① ㄱ   ② ㄷ   ③ ㄱ, ㄴ
④ ㄴ, ㄷ   ⑤ ㄱ, ㄴ, ㄷ

554

14 그림은 빗면을 내려온 탁구공에 선풍기로 바람을 보낼 때 탁구공이 운동하는 모습을 나타낸 것이다. (단, 빗면 아래에서 선풍기 바람을 제외하고 탁구공에 작용하는 다른 힘은 무시한다.)

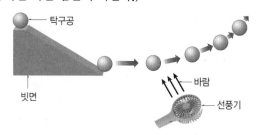

이에 대한 설명으로 옳은 것은?

① 빗면을 내려온 탁구공은 원운동을 하게 된다.

② 선풍기 바람의 방향은 탁구공의 운동에 영향을 미치지 않는다.

③ 빗면을 내려온 이후에 탁구공은 계속 속력이 일정한 운동을 한다.

④ 탁구공이 빗면을 내려오는 동안 탁구공에 작용한 알짜힘은 0이다.

⑤ 탁구공이 빗면을 내려오는 동안 탁구공은 속력이 변하고 운동 방향이 일정한 운동을 한다.

555

15 그림은 책상 위에 반만 걸쳐 놓은 자의 한쪽 위에 동전 A를 올리고, 다른 한쪽 앞에 동전 B를 놓은 뒤 동전을 올려놓은 쪽을 빠르게 친 모습을 나타낸 것이다.

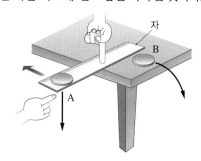

이때 동전 A는 바닥으로 떨어지고 동전 B는 수평 방향으로 날아갔다. 이에 대한 설명으로 옳은 것을 〈보기〉에서 모두 고른 것은? (단, 공기의 저항은 무시한다.)

─〈 보기 〉─
ㄱ. 동전 A와 B에 작용하는 힘의 방향은 같다.
ㄴ. 동전 B는 운동 방향이 일정한 운동을 한다.
ㄷ. 동전 A와 B 둘 다 속력과 운동 방향이 모두 변하는 운동을 한다.

① ㄱ   ② ㄷ   ③ ㄱ, ㄴ
④ ㄴ, ㄷ   ⑤ ㄱ, ㄴ, ㄷ

556

16 물체의 운동 방향과 나란한 방향으로 알짜힘이 작용한 경우에 대한 설명으로 옳은 것은?

① 물체의 운동 상태가 변하지 않는다.
② 물체의 속력이 변하는 운동을 한다.
③ 물체의 운동 방향만 변하는 운동을 한다.
④ 물체에 작용하는 힘들이 평형을 이룬 상태이다.
⑤ 물체의 속력과 운동 방향이 모두 변하는 운동을 한다.

서술형

557

17 그림은 날아오는 야구공을 방망이로 세게 치는 모습이다.

이때 야구공을 치는 힘에 의해 나타나는 변화 2 가지를 서술하시오.

_____

_____

558

18 그림은 지구와 달에서 윗접시저울 위에 동일한 사과를 올려서 질량을 측정하는 모습을 나타낸 것이다.

300 g

?

지구

달

달에서 사과는 몇 g짜리 추와 수평을 이루는지 까닭과 함께 서술하시오.

_____

_____

559

19 그림과 같이 바닥에 무게가 30 N인 물체를 올려놓고 왼쪽으로 20 N의 힘으로 밀었더니 물체가 움직이지 않았다.

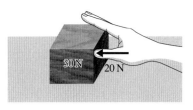

30 N   20 N

(1) 물체에 작용한 마찰력의 방향은 어느 방향인지 쓰고, 까닭을 서술하시오.

_____

_____

(2) 물체에 작용한 마찰력의 크기는 몇 N인지 쓰고, 까닭을 서술하시오.

_____

_____

560

20 그림은 알짜힘이 작용하여 운동 상태가 변하는 예를 분류한 표이다.

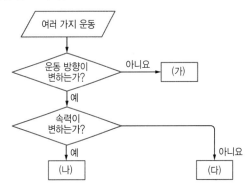

여러 가지 운동

운동 방향이 변하는가? — 아니요 → (가)

예

속력이 변하는가?

예 → (나)   아니요 → (다)

(1) (가)에 해당하는 운동의 예를 2 가지 쓰시오.

_____

(2) (나)와 같은 운동을 하려면 물체에 알짜힘이 어떻게 작용해야 하는지 서술하시오.

_____

_____

(3) (다)와 같은 운동을 하려면 물체에 알짜힘이 어떻게 작용해야 하는지 서술하시오.

_____

_____

_____ 반 _____ 번 이름: _____

561

1 그림 (가)는 빈 페트병을, (나)와 (다)는 물을 가득 채운 페트병을 스펀지 위에 올려놓았을 때의 모습이다.

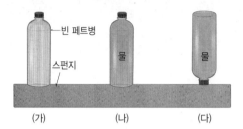

빈 페트병
스펀지
물
물
(가)　　(나)　　(다)

이에 대한 설명으로 옳은 것은? (단, 페트병의 모양과 크기는 같다.)

① (가)는 (나)보다 스펀지가 깊게 눌린다.
② 작용하는 힘의 크기는 (나)>(다)이다.
③ (가)와 (나)를 비교하면 힘이 작용하는 면적이 압력에 미치는 영향을 알 수 있다.
④ (나)와 (다)를 비교하면 작용하는 힘의 크기가 압력에 미치는 영향을 알 수 있다.
⑤ 스펀지에 작용하는 압력은 (가)<(나)<(다)이다.

562

2 압력을 이용하는 원리가 나머지 넷과 다른 것은?

① 못　　　② 압정　　　③ 아이젠
④ 눈썰매　　⑤ 주사기 바늘

563

3 기체의 압력에 대한 설명으로 옳은 것을 〈보기〉에서 모두 고른 것은?

〈 보기 〉
ㄱ. 모든 방향으로 작용한다.
ㄴ. 일정한 면적에 기체 입자가 충돌하여 가하는 힘이다.
ㄷ. 일정한 부피에서 기체 입자가 용기 벽에 충돌하는 횟수가 적을수록 기체의 압력이 커진다.

① ㄱ　　　② ㄷ　　　③ ㄱ, ㄴ
④ ㄴ, ㄷ　　⑤ ㄱ, ㄴ, ㄷ

564

4 그림은 공기 주입기를 이용하여 찌그러진 축구공에 공기를 넣는 모습을 나타낸 것이다.

이에 대한 설명으로 옳지 않은 것을 모두 고르면? (2개)

① 축구공 속 기체의 압력은 작아진다.
② 축구공이 사방으로 부풀어 오른다.
③ 축구공 속 기체 입자의 개수는 일정하다.
④ 축구공 속 기체 입자가 축구공 안쪽 벽에 충돌하는 횟수가 증가한다.
⑤ 축구공 속 기체 입자는 끊임없이 운동하여 축구공 안쪽 벽에 충돌한다.

565

5 다음 장치에서 공통으로 이용한 원리로 가장 적절한 것은?

▲ 에어백

▲ 풍선 놀이 틀
▲ 구조용 공기 안전 매트

① 물질은 세 가지 상태로 존재한다.
② 물질은 액체 표면에서 기체로 변한다.
③ 위로 올라갈수록 공기의 압력이 작아진다.
④ 물질은 한 가지 상태에서 다른 상태로 변한다.
⑤ 기체 입자는 끊임없이 운동하면서 물체에 충돌해 힘을 가한다.

[6~7] 일정한 온도에서 오른쪽 그림과 같이 장치한 다음 피스톤을 눌러 주사기 속 공기를 압축하면서 공기의 압력과 부피를 측정하였다.

주사기
압력 센서
스마트 기기

압력(기압)	1	2	3
부피(mL)	30	㉠	10

566

6 이에 대한 설명으로 옳은 것은?

① ㉠은 20이다.
② 일정량의 기체의 압력과 부피는 비례한다.
③ 기체에 압력을 가하면 기체 입자의 개수가 감소한다.
④ 온도가 일정할 때 압력이 증가하면 기체의 부피도 증가한다.
⑤ 일정한 온도에서 일정량의 기체의 압력과 부피의 곱은 일정하다.

567

7 이 실험 결과를 나타낸 그래프로 가장 적절한 것은?

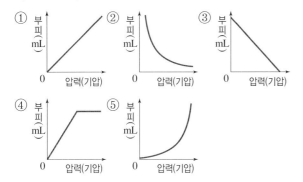

① 부피(mL) / 압력(기압)
② 부피(mL) / 압력(기압)
③ 부피(mL) / 압력(기압)
④ 부피(mL) / 압력(기압)
⑤ 부피(mL) / 압력(기압)

568

8 오른쪽 그림과 같이 일정한 온도에서 주사기에 공기를 넣고 끝을 막은 다음 피스톤을 눌렀다. 주사기 속 기체 입자 사이의 거리 변화와 기체의 부피 변화로 옳은 것은?

	입자 사이의 거리	부피
①	감소	일정
②	감소	감소
③	일정	감소
④	증가	일정
⑤	증가	증가

569

9 오른쪽 그림은 일정한 온도에서 일정량의 기체의 압력에 따른 부피 변화를 나타낸 것이다. 이에 대한 설명으로 옳은 것을 모두 고르면? (2 개)

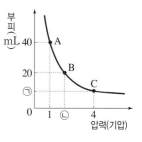

부피(mL)
40 A
20 B
㉠ C
0 1 ㉡ 4
압력(기압)

① ㉠은 10, ㉡은 2이다.
② 기체의 부피와 압력은 비례한다.
③ 기체 입자의 개수는 A>B>C이다.
④ 기체 입자의 충돌 횟수는 A<B<C이다.
⑤ 기체 입자 사이의 거리는 A<B<C이다.

570

10 그림은 일정한 온도에서 일정량의 기체에 가하는 압력을 변화시킬 때의 모습을 나타낸 것이다.

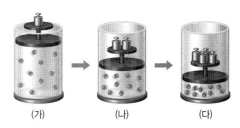

(가) → (나) → (다)

이에 대한 설명으로 옳은 것을 〈보기〉에서 모두 고른 것은?

〈 보기 〉
ㄱ. 실린더 속 기체의 압력은 (가)<(나)이다.
ㄴ. 실린더 속 기체 입자의 충돌 횟수는 (나)<(다)이다.
ㄷ. 실린더 속 기체의 부피는 (가)<(나)<(다)이다.

① ㄱ
② ㄷ
③ ㄱ, ㄴ
④ ㄴ, ㄷ
⑤ ㄱ, ㄴ, ㄷ

571

11 보일 법칙으로 설명할 수 있는 현상은?

① 겨울에 등산할 때 아이젠을 착용한다.
② 높은 산에 올라가면 과자 봉지가 부풀어 오른다.
③ 고무풍선에 공기를 불어넣으면 고무풍선이 부풀어 오른다.
④ 얼어 있는 강에 빠진 사람을 구하러 갈 때 얼음 위를 엎드려서 이동한다.
⑤ 같은 힘으로 연필을 누를 때 뭉툭한 부분보다 뾰족한 부분의 손가락이 더 아프다.

572

12 그림은 일정한 압력에서 온도에 따른 일정량의 기체의 부피 변화를 나타낸 것이다.

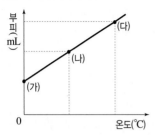

(가)~(다)에 대한 설명으로 옳은 것을 〈보기〉에서 모두 고른 것은?

〈 보기 〉
ㄱ. 기체 입자 운동의 빠르기는 모두 같다.
ㄴ. 기체 입자의 충돌 세기가 가장 큰 것은 (다)이다.
ㄷ. 기체 입자 사이의 거리는 (가)<(나)<(다)이다.

① ㄱ   ② ㄷ   ③ ㄱ, ㄴ
④ ㄴ, ㄷ   ⑤ ㄱ, ㄴ, ㄷ

573

13 그림 (가)와 같이 고무풍선을 씌운 삼각 플라스크를 뜨거운 물이 담긴 수조에 넣었다가 (나)와 같이 얼음물이 담긴 수조에 넣어 냉각시켰다.

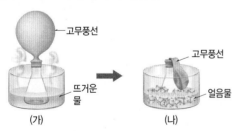

(가) → (나) 과정에서 변하는 것을 〈보기〉에서 모두 고른 것은?

〈 보기 〉
ㄱ. 고무풍선 속 기체 입자의 크기
ㄴ. 고무풍선 속 기체 입자의 충돌 세기
ㄷ. 고무풍선 속 기체 입자 사이의 거리
ㄹ. 고무풍선 속 기체 입자 운동의 빠르기

① ㄱ   ② ㄱ, ㄷ   ③ ㄴ, ㄹ
④ ㄴ, ㄷ, ㄹ   ⑤ ㄱ, ㄴ, ㄷ, ㄹ

574

14 그림은 압력을 일정하게 유지하면서 일정량의 기체가 들어 있는 실린더의 온도를 변화시킬 때의 모습을 나타낸 것이다. (나)에서 기체 입자 모형은 나타내지 않았다.

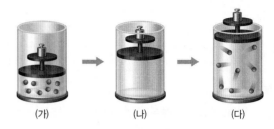

이에 대한 설명으로 옳지 않은 것은?

① 기체의 부피는 (가)<(나)이다.
② 기체의 온도는 (가)<(다)이다.
③ 기체 입자의 개수는 (나)=(다)이다.
④ 기체 입자의 충돌 세기는 (가)<(나)<(다)이다.
⑤ (가)~(다) 중 기체 입자 사이의 거리가 가장 먼 것은 (나)이다.

575

15 오른쪽 그림과 같이 물 묻힌 동전을 빈 병 입구에 올려놓고 병을 따뜻한 두 손으로 감싸 쥐었더니 동전이 움직였다. 다음은 이에 대한 세 학생의 대화이다.

- 학생 A: 병 속 기체의 온도는 높아져.
- 학생 B: 동전이 움직인 까닭은 병 속 기체 입자의 운동이 활발해져 기체의 부피가 증가하기 때문이야.
- 학생 C: 이 현상으로 기체의 압력과 부피 관계를 설명할 수 있어.

제시한 내용이 옳은 학생을 모두 고른 것은?

① A   ② B   ③ A, B
④ B, C   ⑤ A, B, C

576

16 기체의 온도와 부피 관계로 설명할 수 있는 현상으로 가장 적절한 것은?

① 비행기가 이륙할 때 귀가 먹먹해진다.
② 공기 침대에 누우면 침대의 부피가 줄어든다.
③ 찌그러진 탁구공을 뜨거운 물에 넣으면 펴진다.
④ 잠수부가 내뿜은 공기 방울이 수면으로 올라갈수록 점점 커진다.
⑤ 압축 천연가스 버스의 가스통에는 높은 압력을 가하여 부피를 줄인 천연가스가 들어 있다.

서술형

577

17 다음은 페트병과 쇠구슬을 이용하여 기체의 압력을 알아보는 실험이다.

[실험 과정]
(가) 페트병에 쇠구슬 15개를 넣고 뚜껑을 닫은 다음, 페트병을 양손으로 잡고 좌우로 흔들면서 손바닥에 느껴지는 힘을 확인한다.
(나) 다른 페트병에 쇠구슬 30개를 넣고 뚜껑을 닫는다.
(다) (가)와 (나)의 페트병을 손으로 잡고 같은 빠르기로 흔들면서 손바닥에 느껴지는 힘을 비교한다.

[실험 결과]
• (가)에서 손바닥 전체에서 쇠구슬이 충돌하는 힘이 느껴졌다.
• (다)에서 쇠구슬이 15개일 때보다 30개일 때가 손바닥에 느껴지는 힘이 크다.

(1) 쇠구슬을 기체 입자에 비유하고 쇠구슬이 충돌하면서 느껴지는 힘을 기체의 압력이라고 할 때, (가)의 결과로 알 수 있는 사실을 기체의 압력과 관련지어 서술하시오.

_____

_____

(2) (다)의 결과로 알 수 있는 사실을 기체 입자의 개수, 기체 입자의 충돌 횟수, 기체의 압력과 관련지어 서술하시오.

_____

_____

578

18 그림 (가)는 끝이 막힌 주사기에 들어 있는 기체 입자를 모형으로 나타낸 것이다.

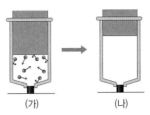

피스톤을 잡아당겼을 때 주사기 속 기체 입자 모형을 그림 (나)에 나타내시오. (단, 온도는 일정하고, 화살표의 길이는 입자 운동의 빠르기를 의미한다.)

579

19 다음은 생활 속 문제 해결의 2가지 예이다.

(가) 유리컵을 뽁뽁이로 포장하였더니 깨지지 않았다.
(나) 피펫의 윗부분을 막고 피펫의 가운데 부분을 손으로 감싸 쥐었더니 피펫 끝에 남은 용액이 빠져나왔다.

(1) (가)에서 이용한 원리를 온도 또는 압력과 기체의 부피 관계와 관련지어 서술하시오.

_____

_____

(2) (나)에서 이용한 원리를 온도 또는 압력과 기체의 부피 관계와 관련지어 서술하시오.

_____

_____

580

20 그림은 압력 또는 온도에 따른 기체의 부피 변화를 나타낸 것이다.

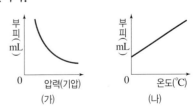

(가)와 (나)로 설명할 수 있는 생활 속 현상을 각각 1가지 서술하시오. (단, 압력 또는 온도에 따른 기체의 부피 변화를 포함할 것)

_____

_____

_____ 반 _____ 번 이름: _____

1 오른쪽 그림과 같이 모양과 질량이 같은 벽돌을 스펀지 위에 올려놓았다. 이에 대한 설명으로 옳지 않은 것은?

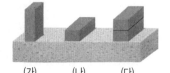

(가) (나) (다)

① 작용하는 힘의 크기는 (가)=(나)<(다)이다.
② 힘이 작용하는 면적은 (가)<(나)=(다)이다.
③ 스펀지가 눌리는 정도는 (가)>(나)=(다)이다.
④ (가)와 (나)를 비교하면 힘이 작용하는 면적과 압력의 관계를 알 수 있다.
⑤ (나)와 (다)를 비교하면 작용하는 힘의 크기와 압력의 관계를 알 수 있다.

2 일상생활에서 압력을 작게 하여 이용한 예로 옳은 것을 모두 고르면? (2 개)

① 스키를 타면 눈에 잘 빠지지 않는다.
② 자동차에 충격이 가해지면 에어백이 터진다.
③ 갯벌에서 널빤지를 이용하면 쉽게 이동할 수 있다.
④ 아이젠에 박힌 금속 끝은 뾰족하여 얼음에 잘 박힌다.
⑤ 공기를 넣은 고무풍선을 바늘로 누르면 쉽게 터진다.

3 그림과 같이 찌그러진 축구공에 기체를 넣으면 축구공이 팽팽해진다.

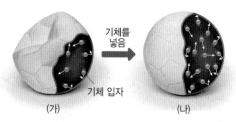

기체를 넣음

기체 입자

(가)   (나)

(가) → (나) 과정에 대한 설명으로 옳은 것을 〈보기〉에서 모두 고른 것은?

〈 보기 〉
ㄱ. 축구공 속 기체 입자의 개수가 증가한다.
ㄴ. 축구공 속 기체 입자의 충돌 횟수가 증가한다.
ㄷ. 축구공 속 기체 입자는 모든 방향으로 움직인다.

① ㄱ   ② ㄷ   ③ ㄱ, ㄴ
④ ㄴ, ㄷ   ⑤ ㄱ, ㄴ, ㄷ

4 기체의 압력에 대한 설명으로 옳은 것을 모두 고르면? (2 개)

① 기체의 압력은 중력 방향으로만 작용한다.
② 기체의 압력은 일정한 면적에 기체 입자가 충돌해서 가하는 힘이다.
③ 용기의 부피가 일정할 때 용기 속 기체 입자가 용기 벽에 충돌하는 횟수가 적을수록 기체의 압력이 크다.
④ 지구를 둘러싸고 있는 공기의 압력을 대기압이라고 한다.
⑤ 일반적으로 공기의 압력은 위로 올라갈수록 커진다.

5 다음은 페트병과 쇠구슬을 이용하여 기체의 압력을 알아보는 실험이다.

크기와 모양이 같은 2 개의 페트병에 쇠구슬을 각각 15 개, 30 개를 넣고 뚜껑을 닫은 다음, 페트병을 양손으로 잡고 같은 빠르기로 흔들었더니 쇠구슬 30 개가 들어 있는 페트병을 잡은 손에 더 큰 힘이 느껴졌다.

이 실험 결과를 통해 알 수 있는 사실로 옳은 것을 〈보기〉에서 모두 고른 것은? (단, 온도는 일정하다.)

〈 보기 〉
ㄱ. 기체 입자는 모든 방향으로 운동한다.
ㄴ. 기체의 압력은 기체 입자가 용기 벽에 충돌하여 힘을 가하기 때문에 나타난다.
ㄷ. 용기의 부피가 일정할 때 기체 입자의 개수가 많을수록 기체의 압력이 크다.

① ㄱ   ② ㄴ   ③ ㄷ
④ ㄱ, ㄴ   ⑤ ㄴ, ㄷ

586

6 일정한 온도에서 주사기에 압력 센서를 연결한 다음 피스톤을 눌러 주사기 속 공기를 압축하면서 공기의 압력과 부피를 측정하였다.

압력(기압)	1	㉠	4
부피(mL)	60	20	㉡

이에 대한 설명으로 옳은 것은?

① ㉠+㉡=22이다.
② 피스톤을 누르면 기체 입자의 개수는 줄어든다.
③ 피스톤을 누르면 주사기 속 기체의 부피는 커진다.
④ 기체의 압력이 2 배가 되면 기체의 부피는 $\frac{1}{2}$로 감소한다.
⑤ 주사기 속 기체 입자가 주사기 벽에 충돌하는 횟수는 1 기압일 때가 2 기압일 때보다 많다.

587

7 오른쪽 그림은 일정한 온도에서 일정량의 기체의 압력에 따른 부피 변화를 나타낸 것이다. A~C에 대한 설명으로 옳은 것을 〈보기〉에서 모두 고른 것은?

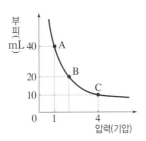

〈 보기 〉
ㄱ. 기체 입자의 개수는 모두 같다.
ㄴ. 압력과 부피를 곱한 값은 모두 같다.
ㄷ. 기체 입자가 가장 빠르게 운동하는 것은 C이다.

① ㄱ ② ㄷ ③ ㄱ, ㄴ ④ ㄴ, ㄷ ⑤ ㄱ, ㄴ, ㄷ

588

8 그림은 일정한 온도에서 일정량의 기체에 가하는 압력을 변화시킬 때의 모습을 나타낸 것이다. (나)에서 기체 입자 모형은 나타내지 않았다.

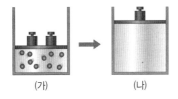
(가)   (나)

이에 대한 설명으로 옳은 것을 〈보기〉에서 모두 고른 것은?

〈 보기 〉
ㄱ. 기체의 압력은 (가)>(나)이다.
ㄴ. 기체의 부피는 (가)>(나)이다.
ㄷ. 기체 입자의 크기는 (가)=(나)이다.
ㄹ. 기체 입자의 충돌 횟수는 (가)=(나)이다.

① ㄱ   ② ㄱ, ㄷ   ③ ㄴ, ㄹ
④ ㄱ, ㄴ, ㄷ   ⑤ ㄴ, ㄷ, ㄹ

589

9 그림과 같이 일정한 온도에서 감압 용기에 과자 봉지를 넣고 용기 속 공기를 뺐더니 과자 봉지가 부풀어 올랐다.

과자 봉지 / 부풀어 오름

감압 용기에서 공기를 뺐을 때 감소하는 것을 모두 고르면? (3 개)

① 감압 용기 속 기체 입자의 개수
② 감압 용기 속 기체 입자의 충돌 횟수
③ 과자 봉지 속 기체의 부피
④ 과자 봉지 속 기체의 압력
⑤ 과자 봉지 속 기체 입자 운동의 빠르기

590

10 다음 현상과 같은 원리로 설명할 수 있는 것으로 적절한 것은?

헬륨 풍선이 하늘 높이 올라가면 크기가 점점 커진다.

① 마약 탐지견이 냄새를 맡아 마약을 찾는다.
② 잠수부가 내뿜은 공기 방울은 수면으로 올라갈수록 점점 커진다.
③ 물이 조금 담긴 생수병을 냉장고에 넣어 두면 생수병이 찌그러진다.
④ 굽이 뾰족한 구두를 신고 바닷가를 걸으면 신발 자국이 깊게 남는다.
⑤ 종이 팩에 들어 있는 우유를 모두 마신 뒤 빨대로 공기를 빨아들이면 종이 팩이 찌그러진다.

[11~12] 오른쪽 그림과 같이 온도가 각각 다른 물이 담긴 비커 (가)~(다)에 물방울로 입구를 막은 스포이트를 자에 붙여 차례대로 넣으며 스포이트 속 물방울의 위치를 측정하였다. (단, 압력은 일정하다.)

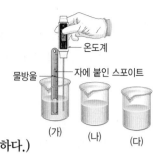
온도계
물방울
자에 붙인 스포이트
(가) (나) (다)

비커	(가)	(나)	(다)
물방울 위치(cm)	10	11	12

591
11 이 실험에 대한 설명으로 옳은 것을 〈보기〉에서 모두 고른 것은?

〈 보기 〉
ㄱ. (가)~(다) 중 물의 온도가 가장 높은 것은 (가)이다.
ㄴ. 온도가 높아지면 스포이트 속 기체의 부피가 증가한다.
ㄷ. 이 실험을 통해 압력이 일정할 때 온도에 따른 기체의 부피 변화를 확인할 수 있다.

① ㄱ ② ㄴ ③ ㄱ, ㄷ ④ ㄴ, ㄷ ⑤ ㄱ, ㄴ, ㄷ

592
12 이 실험 결과를 나타낸 그래프로 가장 적절한 것은?

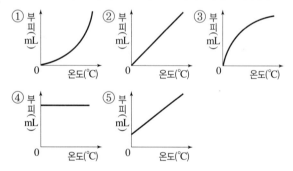
① 부피(mL), 온도(℃)
② 부피(mL), 온도(℃)
③ 부피(mL), 온도(℃)
④ 부피(mL), 온도(℃)
⑤ 부피(mL), 온도(℃)

593
13 오른쪽 그림은 일정한 압력에서 일정량의 기체의 온도에 따른 부피 변화를 나타낸 것이다. 이에 대한 설명으로 옳은 것은?

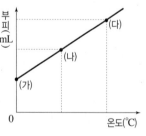
부피(mL), (다), (나), (가), 온도(℃)

① 온도가 높아지면 기체의 부피는 일정하게 감소한다.
② 기체 입자 사이의 거리는 (가)>(나)이다.
③ 기체 입자 운동의 빠르기는 (가)<(나)<(다)이다.
④ (가)~(다) 중 기체 입자의 개수가 가장 많은 것은 (다)이다.
⑤ 기체 입자가 용기 벽에 충돌하는 세기는 (가)~(다)가 모두 같다.

594
14 그림과 같이 일정한 압력에서 일정량의 기체가 들어 있는 실린더를 가열하였다.

1 기압
가열
1 기압

실린더 속 기체에 대한 설명으로 옳은 것을 〈보기〉에서 모두 고른 것은?

〈 보기 〉
ㄱ. 기체 입자의 충돌 세기는 감소한다.
ㄴ. 기체 입자 운동의 빠르기는 증가한다.
ㄷ. 기체 입자 사이의 거리는 증가한다.

① ㄱ ② ㄴ ③ ㄱ, ㄷ
④ ㄴ, ㄷ ⑤ ㄱ, ㄴ, ㄷ

595
15 다음은 기체의 부피가 변하는 현상의 예이다.

공기가 들어 있는 고무풍선을 액체 질소에 넣으면 고무풍선의 크기가 작아진다.

이와 같은 원리로 설명할 수 있는 현상을 〈보기〉에서 모두 고른 것은?

〈 보기 〉
ㄱ. 점핑 볼을 누르면 점핑 볼의 부피가 감소한다.
ㄴ. 열기구의 풍선 속 기체를 가열하면 풍선이 부풀어 오르면서 위로 떠오른다.
ㄷ. 손으로 피펫 윗부분을 막고 중간을 감싸 쥐면 피펫 끝에 남아 있는 액체가 빠져나온다.

① ㄴ ② ㄷ ③ ㄱ, ㄴ
④ ㄱ, ㄷ ⑤ ㄴ, ㄷ

16 다음은 압력 또는 온도에 따라 기체의 부피가 변하는 현상이다.

> (가) 날씨가 추워지면 자동차 타이어가 수축한다.
> (나) 소스가 담긴 용기를 누르면 내용물이 나온다.
> (다) 범퍼카가 충돌하면 완충 장치 속 기체의 부피가 줄어든다.
> (라) 과자 봉지를 뜨거운 햇볕에 두면 과자 봉지가 팽팽해진다.
> (마) 공기 주머니가 있는 운동화는 발바닥에 전해지는 충격을 줄여 준다.

보일 법칙과 샤를 법칙으로 설명할 수 있는 것으로 옳게 분류한 것은?

	보일 법칙	샤를 법칙
①	(가), (다)	(나), (라), (마)
②	(나), (라)	(가), (다), (마)
③	(다), (마)	(가), (나), (라)
④	(나), (다), (마)	(가), (라)
⑤	(나), (라), (마)	(가), (다)

서술형

17 다음은 일상생활에서 기체의 압력을 이용한 예이다.

▲ 혈압 측정기　　▲ 자동차 구조용 에어 잭

이와 같이 기체의 압력이 나타나는 까닭을 입자 운동과 관련지어 서술하시오.

18 오른쪽 그림은 주사기에 공기가 들어 있는 고무풍선을 넣고 입구를 막은 다음 피스톤을 누르는 모습을 나타낸 것이다. 이때 고무풍선의 부피 변화를 기체 입자의 충돌 횟수와 관련지어 서술하시오.

고무풍선

19 그림은 일정한 온도에서 일정량의 기체에 가하는 압력을 변화시킬 때의 모습을 나타낸 것이다.

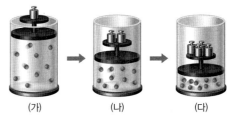

(가)　　(나)　　(다)

(가) → (나) → (다) 과정에서 증가하는 것과 일정한 것을 각각 2가지 서술하시오.

20 그림은 일정량의 기체가 들어 있는 실린더에 조건 A, B를 변화시켰을 때의 모습을 나타낸 것이다.

조건 A　　조건 B

(1) 조건 A를 쓰고, 그렇게 판단한 까닭을 서술하시오.

(2) 조건 B를 쓰고, 그렇게 판단한 까닭을 서술하시오.

_____ 반 _____ 번 이름: _____

601

1 태양계를 구성하는 천체가 <u>아닌</u> 것은?

① 행성 ② 위성 ③ 혜성
④ 북극성 ⑤ 소행성

602

2 오른쪽 그림은 태양계를 이루는 어떤 행성을 나타낸 것이다. 이 행성에 대한 설명으로 옳은 것을 모두 고르면? (2 개)

① 위성이 없다.
② 흰색의 극관이 있다.
③ 희미한 고리가 있다.
④ 과거에 물이 흘렀던 흔적이 있다.
⑤ 태양계 행성 중 크기가 가장 크다.

603

3 그림은 태양계 행성을 질량과 반지름에 따라 A와 B 집단으로 분류한 것이다.

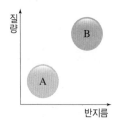

A 집단과 비교하여 B 집단에 속하는 행성들의 특징으로 옳지 <u>않은</u> 것은?

① 고리가 있다.
② 위성 수가 없거나 적다.
③ 표면이 기체로 이루어져 있다.
④ 목성, 토성, 천왕성, 해왕성이 속한다.
⑤ A 집단보다 태양으로부터의 거리가 멀다.

604

4 그림은 천체 망원경의 구조를 나타낸 것이다.

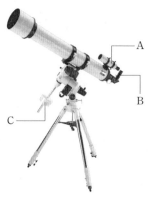

A~C에 대한 설명으로 옳은 것을 〈보기〉에서 모두 고른 것은?

〈 보기 〉
ㄱ. A는 관측하려는 천체를 찾을 때 사용된다.
ㄴ. B는 대물렌즈이다.
ㄷ. C는 망원경의 균형을 잡아주는 역할을 한다.

① ㄱ ② ㄴ ③ ㄱ, ㄷ
④ ㄴ, ㄷ ⑤ ㄱ, ㄴ, ㄷ

605

5 그림은 태양의 표면에서 나타나는 현상과 태양의 대기를 나타낸 것이다.

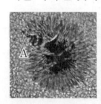

A~C에 대한 설명으로 옳지 <u>않은</u> 것은?

① A의 수는 변하지 않고 일정하다.
② A는 주변보다 온도가 낮아 어둡게 보인다.
③ B는 태양 활동이 활발하면 크기가 커진다.
④ C는 채층이다.
⑤ B와 C는 달에 의해 태양의 광구가 완전히 가려질 때 잘 관측된다.

606

6 다음은 어느 시기에 태양에서 나타난 현상들이다.

- 태양풍이 강해진다.
- 흑점 수가 많아진다.
- 코로나의 크기가 커진다.
- 홍염과 플레어가 더 자주 발생한다.

태양에서 이와 같은 현상이 나타날 때 지구에서 나타날 수 있는 현상으로 옳지 <u>않은</u> 것은?

① 인공위성 고장 및 오작동이 자주 발생한다.
② 무선 전파 통신이 더 빠른 속도로 전달된다.
③ 북극 지방 하늘 주위로 비행하기 어려워진다.
④ 오로라가 더 넓은 지역에서 더 자주 나타난다.
⑤ 위성 위치 확인 시스템(GPS) 오류로 정확한 위치 정보 확인이 어려울 수 있다.

607

7 그림은 어느 날 밤에 본 북극성과 북두칠성의 움직임을 나타낸 것이다.

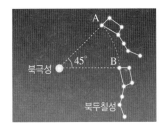

북두칠성이 움직인 방향과 A와 B의 시간 차이를 옳게 짝 지은 것은?

	움직인 방향	A와 B의 시간 차이
①	A → B	2 시간
②	A → B	3 시간
③	B → A	1 시간
④	B → A	2 시간
⑤	B → A	3 시간

608

8 지구의 자전과 관련된 설명으로 옳은 것을 모두 고르면? (2 개)

① 지구의 자전으로 낮과 밤이 반복된다.
② 지구의 자전으로 천체의 연주 운동이 나타난다.
③ 지구는 1 년에 한 바퀴씩 서쪽에서 동쪽으로 자전한다.
④ 지구의 자전 방향과 천체의 일주 운동 방향은 반대이다.
⑤ 우리나라 북쪽 하늘에서 관측한 별은 북극성을 중심으로 시계 방향으로 도는 것처럼 보인다.

609

9 그림은 우리나라에서 관측한 별의 일주 운동 모습이다.

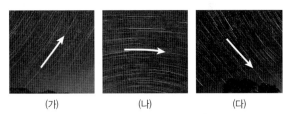

(가) (나) (다)

관측자가 본 밤하늘의 방향을 옳게 짝 지은 것은?

	(가)	(나)	(다)
①	동쪽	서쪽	남쪽
②	동쪽	남쪽	서쪽
③	서쪽	동쪽	남쪽
④	서쪽	남쪽	동쪽
⑤	남쪽	동쪽	서쪽

610

10 태양의 연주 운동에 대한 설명으로 옳은 것은?

① 지구의 자전에 의해 나타나는 현상이다.
② 태양은 별자리 사이를 이동하여 하루 후 처음 위치로 되돌아오는 것처럼 보인다.
③ 태양은 별자리 사이를 하루에 약 1°씩 이동한다.
④ 태양은 별자리 사이를 동쪽에서 서쪽으로 이동한다.
⑤ 태양은 황도 12궁의 별자리를 1 년에 1 개씩 지나간다.

611

11 그림은 해가 진 직후 관측한 서쪽 하늘의 모습을 순서 없이 나타낸 것이다.

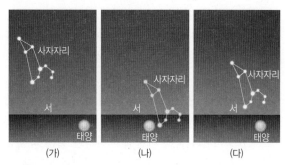

(가)   (나)   (다)

이에 대한 설명으로 옳은 것을 〈보기〉에서 모두 고른 것은?

〈 보기 〉
ㄱ. 관측한 순서는 (다) → (나) → (가)이다.
ㄴ. 태양은 별자리를 기준으로 서 → 동으로 이동한다.
ㄷ. 지구가 공전하기 때문에 나타나는 현상이다.
ㄹ. 별자리는 태양을 기준으로 동 → 서로 이동한다.

① ㄱ, ㄴ   ② ㄱ, ㄷ   ③ ㄴ, ㄹ
④ ㄱ, ㄷ, ㄹ   ⑤ ㄴ, ㄷ, ㄹ

612

12 그림은 지구의 공전 궤도와 태양이 지나가는 별자리를 나타낸 것이다.

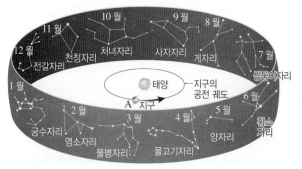

지구가 A 위치에 있을 때 (가) 태양이 지나는 별자리와 (나) 한밤중에 남쪽 하늘에서 보이는 별자리를 옳게 짝 지은 것은?

	(가)	(나)		(가)	(나)
①	사자자리	전갈자리	②	사자자리	물병자리
③	물병자리	사자자리	④	물병자리	황소자리
⑤	전갈자리	황소자리			

[13~14] 그림은 달의 공전 궤도를 나타낸 것이다.

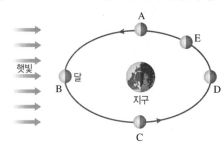

613

13 달과 태양이 지구를 중심으로 직각을 이루어 달의 왼쪽이 밝은 반달로 보이는 달의 위치로 옳은 것은?

① A   ② B   ③ C
④ D   ⑤ E

614

14 달이 D의 위치에 있을 때 지구에서 보이는 달의 모양은?

① 초승달   ② 그믐달   ③ 상현달
④ 하현달   ⑤ 보름달

615

15 그림은 일식이 일어날 때의 모습을 나타낸 것이다.

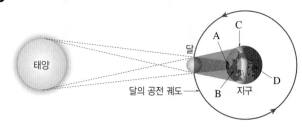

A~D 중 (가) 개기일식을 볼 수 있는 곳과 (나) 부분일식을 볼 수 있는 곳을 옳게 짝 지은 것은?

	(가)	(나)		(가)	(나)
①	A	B	②	A	C
③	A	D	④	B	A
⑤	B	C			

616

16 그림은 월식이 일어날 때의 모습을 나타낸 것이다.

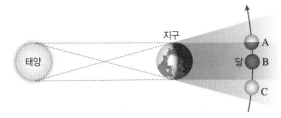

이에 대한 설명으로 옳은 것을 〈보기〉에서 모두 고른 것은?

〈 보기 〉
ㄱ. 달이 B에 위치할 때는 삭일 때이다.
ㄴ. 월식이 일어날 때 달은 왼쪽부터 가려진다.
ㄷ. 달이 A와 C에 위치할 때 부분월식이 관측된다.

① ㄱ   ② ㄴ   ③ ㄱ, ㄷ
④ ㄴ, ㄷ   ⑤ ㄱ, ㄴ, ㄷ

서술형

617

17 그림은 태양의 흑점 수 변화를 나타낸 것이다.

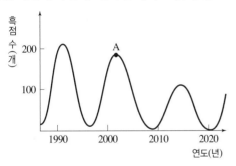

A 시기에 태양에서 나타날 수 있는 현상을 다음 단어를 포함하여 서술하시오.

코로나, 홍염, 플레어

618

18 (1) 지구의 자전으로 나타나는 현상과 (2) 지구의 공전으로 나타나는 현상을 각각 1 가지씩 서술하시오.

(1) _____

(2) _____

619

19 표는 태양계 행성들의 여러 가지 물리적인 특징을 나타낸 것이다.

행성	반지름(지구=1)	질량(지구=1)	위성 수(개)
A	11.21	317.92	92
B	9.45	95.14	83
C	0.53	0.11	2
D	0.38	0.06	0

(1) A~D를 (가) 지구형 행성과 (나) 목성형 행성으로 구분하시오.

----

(2) (1)에서 구분한 (가)와 (나) 집단에 해당하는 행성들을 다음 특징을 이용하여 비교하여 서술하시오.

표면 상태, 고리의 유무

620

20 그림은 달의 공전 궤도를 나타낸 것이다.

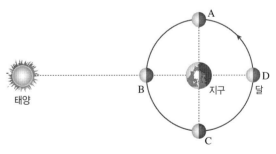

(1) A~D 중 일식이 일어날 수 있는 달의 위치를 쓰고, 일식이 일어나는 원리를 서술하시오.

----

(2) A~D 중 월식이 일어날 수 있는 달의 위치를 쓰고, 지구에서 월식을 관측할 수 있는 지역을 서술하시오.

_____ 반 _____ 번 이름: _____

621

1 다음은 태양계를 구성하는 어떤 천체에 대한 설명인가?

> 태양을 중심으로 공전하며 모양이 불규칙하고, 주로 화성과 목성 궤도 사이에서 띠를 이루어 분포한다.

① 태양   ② 행성   ③ 혜성
④ 소행성   ⑤ 왜소 행성

622

2 태양계를 이루는 행성에 대한 설명으로 옳지 <u>않은</u> 것은?

① 금성: 이산화 탄소로 이루어진 두꺼운 대기가 있다.
② 화성: 극지방에 얼음과 드라이아이스로 이루어진 흰색의 극관이 있다.
③ 목성: 표면에 거대한 대기의 소용돌이인 대적점이 있다.
④ 토성: 얼음과 암석으로 이루어진 뚜렷한 고리가 있다.
⑤ 해왕성: 대기가 거의 없어 낮과 밤의 표면 온도 차가 크고 표면에 충돌 구덩이가 많다.

623

3 표는 태양계 행성의 물리적 특징에 따라 두 집단으로 분류한 것이다.

특징	(가)	(나)
고리	있다.	없다.
반지름	크다.	작다.
위성 수	많다.	없거나 적다.
표면 상태	(㉠)	고체

이에 대한 설명으로 옳은 것을 〈보기〉에서 모두 고른 것은?

> 〈 보기 〉
> ㄱ. ㉠은 '기체'이다.
> ㄴ. (가)는 지구형 행성, (나)는 목성형 행성이다.
> ㄷ. 토성은 (나)에 해당한다.
> ㄹ. (가)에 속하는 행성은 (나)에 속하는 행성보다 질량이 크다.

① ㄱ, ㄴ   ② ㄱ, ㄹ   ③ ㄴ, ㄷ
④ ㄴ, ㄹ   ⑤ ㄷ, ㄹ

624

4 다음은 천체 망원경을 조립하고 관측하는 방법을 순서 없이 나타낸 것이다.

> (가) 삼각대를 세우고 가대를 끼운 후, 균형추를 끼우고 경통에 보조 망원경과 접안렌즈를 끼운다.
> (나) 접안렌즈로 보며 천체의 모습이 선명하게 보이도록 초점 조절 나사로 초점을 맞춘다.
> (다) 균형추를 조절해 천체 망원경의 균형을 맞춘다.
> (라) 경통이 관측하려는 천체를 향하게 한 다음, 천체가 보조 망원경의 중앙에 오도록 조절한다.

순서대로 옳게 나열한 것은?

① (가) → (나) → (다) → (라)
② (가) → (다) → (라) → (나)
③ (나) → (가) → (라) → (다)
④ (나) → (다) → (가) → (라)
⑤ (다) → (라) → (가) → (나)

625

5 그림은 태양에서 관측할 수 있는 현상이다.

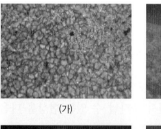

(가)   (나)

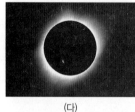
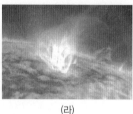

(다)   (라)

이에 대한 설명으로 옳지 <u>않은</u> 것은?

① (가)는 광구 아래에서 일어나는 대류 현상으로 생긴다.
② (가)와 흑점은 달에 의해 태양의 광구가 완전히 가려지면 관측되지 않는다.
③ (나)는 태양 활동이 활발해지면 더 자주 발생한다.
④ (다)는 온도가 광구의 평균 온도보다 매우 낮다.
⑤ (라)가 발생하면 많은 양의 물질과 에너지가 우주 공간으로 방출된다.

626

6 그림은 태양의 흑점 수 변화를 나타낸 것이다.

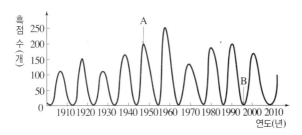

이에 대한 설명으로 옳은 것은?

① 흑점 수는 약 20년을 주기로 변한다.

② 태양 활동은 A 시기보다 B 시기에 더 활발하다.

③ 태양에서 전기를 띤 입자는 A 시기보다 B 시기에 더 많이 방출되었을 것이다.

④ A 시기보다 B 시기에 지구에서 오로라를 볼 수 있는 지역이 더 넓었을 것이다.

⑤ A 시기에는 위성 위치 확인 시스템(GPS) 오류로 정확한 위치 정보 확인이 어려울 수 있다.

627

7 그림은 어느 날 밤 4시간 간격으로 북두칠성을 관측한 모습이다.

이에 대한 설명으로 옳은 것을 〈보기〉에서 모두 고른 것은?

─〈 보기 〉─
ㄱ. 북두칠성은 A → C 방향으로 이동했다.
ㄴ. θ는 60°이다.
ㄷ. 지구가 공전하기 때문에 나타나는 현상이다.

① ㄱ   ② ㄴ   ③ ㄱ, ㄷ
④ ㄴ, ㄷ   ⑤ ㄱ, ㄴ, ㄷ

628

8 지구의 자전으로 나타나는 현상으로 옳은 것을 〈보기〉에서 모두 고른 것은?

─〈 보기 〉─
ㄱ. 낮과 밤이 반복된다.
ㄴ. 별이 일주 운동을 한다.
ㄷ. 태양이 연주 운동을 한다.
ㄹ. 계절에 따라 보이는 별자리가 달라진다.

① ㄱ, ㄴ   ② ㄱ, ㄷ   ③ ㄴ, ㄷ
④ ㄴ, ㄹ   ⑤ ㄷ, ㄹ

[9~10] 그림은 지구의 공전 궤도와 태양이 지나가는 별자리를 나타낸 것이다.

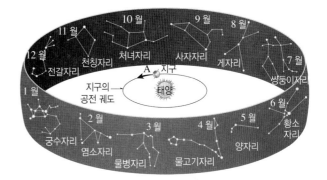

629

9 지구가 A 위치에 있을 때에 대한 설명으로 옳지 <u>않은</u> 것은?

① 지구는 10월이다.

② 태양은 물고기자리를 지난다.

③ 한밤중에 남쪽 하늘에서는 처녀자리가 보인다.

④ 한 달 후에 태양은 양자리를 지난다.

⑤ 지구가 공전하여 태양이 보이는 위치가 달라진다.

630

10 지구에서 한밤중에 남쪽 하늘에서 황소자리를 볼 수 있는 시기와 이때 태양이 지나는 별자리를 옳게 짝 지은 것은?

① 6월, 전갈자리   ② 6월, 황소자리
③ 6월, 사자자리   ④ 12월, 전갈자리
⑤ 12월, 황소자리

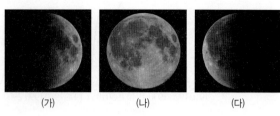

631

11 천체의 일주 운동 방향과 태양의 연주 운동 방향을 옳게 짝 지은 것은?

	천체의 일주 운동 방향	태양의 연주 운동 방향
①	동 → 서	동 → 서
②	동 → 서	서 → 동
③	서 → 동	동 → 서
④	서 → 동	서 → 동
⑤	남 → 북	북 → 남

[12~13] 그림은 달의 공전 궤도를 나타낸 것이다.

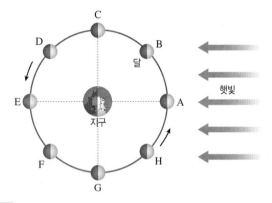

632

12 이에 대한 설명으로 옳지 <u>않은</u> 것을 모두 고르면? (2 개)

① 달이 A에 있을 때는 햇빛을 받는 부분이 보이지 않는다.

② 음력 2 일~3 일경 달의 위치는 D이다.

③ 달이 E에 있을 때는 망이다.

④ 달이 G에 있을 때는 달의 왼쪽 반원을 볼 수 있다.

⑤ 초승달은 달이 H에 있을 때 관측된다.

633

13 달이 C의 위치에 있을 때 달의 위상으로 옳은 것은?

①   ②   ③

④   ⑤

634

14 그림은 우리나라에서 관측한 달의 위상을 순서 없이 나타낸 것이다.

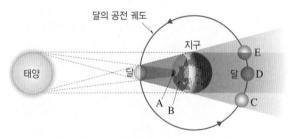

이에 대한 설명으로 옳은 것은?

① (가)는 달 – 지구 – 태양 순으로 일직선을 이룰 때 관측된다.

② (나)는 달이 삭의 위치에 있을 때 보이는 달이다.

③ (다)는 상현달이다.

④ 음력 날짜 순으로 (가)는 (다)보다 먼저 관측되었다.

⑤ (가)와 (나) 사이의 시기에 초승달이 관측된다.

635

15 그림은 태양, 달, 지구의 위치 관계를 나타낸 것이다.

이에 대한 설명으로 옳은 것은?

① 달의 위치가 삭일 때 월식이, 망일 때 일식이 일어날 수 있다.

② A에서는 부분일식이, B에서는 개기일식이 관측된다.

③ 달이 D와 E에 위치할 때 월식을 관측할 수 있다.

④ 일식이 월식보다 관측할 수 있는 지역이 넓다.

⑤ 달이 C에서 D로 진행할 때는 달의 오른쪽부터 서서히 가리기 시작한다.

636
16 그림은 일식이 일어나는 모습을 순서 없이 나타낸 것이다.

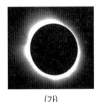 
(가)   (나)   (다)

이에 대한 설명으로 옳은 것을 〈보기〉에서 모두 고른 것은?

> ── 〈 보기 〉 ──
> ㄱ. 일식이 일어날 때 관측한 태양의 모습은 (나) → (가) → (다) 순이다.
> ㄴ. 달의 위상이 망일 때 일어난다.
> ㄷ. 달이 지구의 그림자에 가려져서 나타나는 현상이다.

① ㄱ   ② ㄴ   ③ ㄱ, ㄷ
④ ㄴ, ㄷ   ⑤ ㄱ, ㄴ, ㄷ

서술형

637
17 그림은 태양계 행성의 반지름과 질량의 특징을 막대그래프로 나타낸 뒤 A와 B 두 집단으로 분류한 것이다.

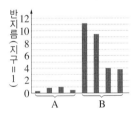 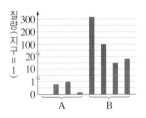

A와 B 집단의 이름을 각각 쓰고, 행성을 A와 B 집단으로 분류하여 서술하시오.

638
18 오른쪽 그림은 태양의 표면에서 볼 수 있는 모습을 나타낸 것이다. A의 이름을 쓰고, A가 어둡게 보이는 까닭을 서술하시오.
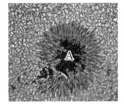

639
19 그림은 해가 진 직후 관측한 서쪽 하늘의 모습을 순서 없이 나타낸 것이다.

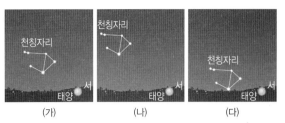
(가)   (나)   (다)

(1) (가)~(다)를 먼저 관측한 것부터 순서대로 옳게 나열하시오.

(2) 이와 같은 현상이 나타나는 까닭을 서술하시오.

640
20 그림은 우리나라에서 15일 동안 저녁 6시쯤에 관측한 달의 위치와 모양이다.

이와 같이 매일 같은 시각에 관측한 달의 위치와 모양이 변하는 까닭을 서술하시오.

01　힘의 표현과 평형

6쪽　□×로 개념 확인

001 ○　002 ×　003 ○　004 ×　005 ×　006 ○　007 ×　008 ○
009 ○　010 ×

002 힘의 크기를 측정하기 위해서는 온도계를 사용한다.
　　　　　　　　　　　　　　　　용수철저울, 힘 센서

004 힘을 나타낼 때는 힘이 작용하는 지점에서 힘의 방향만 화살표로 나
타낸다.
　　　　　　　　　　　방향과 크기를

005 힘을 나타낼 때는 화살표의 시작점으로 힘의 방향을 나타낸다.
　　　　　　　　　　　　　　　　　　작용점

007 반대 방향으로 작용하는 두 힘의 합력의 크기는 두 힘의 합이다.
　　　　　　　　　　　　　　　　　　　　　　　　　차

010 물체에 작용하는 두 힘이 평형을 이루기 위해서는 두 힘의 크기가 같
고, 방향이 같으며, 일직선상에서 작용해야 한다.
　　반대이며

7쪽~10쪽　난이도별 필수 기출

011 ②　012 ②　013 ③　014 ①　015 ③, ⑧　　016 ④　017 ②
018 ⑤, ⑦　　019 ①　020 ③　021 ⑤　022 ⑤　023 ③　024 ①
025 ④　026 ①　027 ④　028 ①　029 ④　030 ④　031 ③　032 ④
033 ④

11쪽　난이도별 서술형 필수 기출

034 과학에서 말하는 힘은 물체의 모양이나 운동 상태를 변화시키는 것
으로, 보고서 작성은 이와 관련이 없기 때문에 과학에서 말하는 힘이 작
용하지 않았다.

035 (다), (다)의 농구공은 힘이 작용하여 물체의 운동 상태가 변한 것이
고, (가), (나), (라)는 모래성, 접시, 풍선에 힘이 작용하여 물체의 모양이
변한 것이다.

036 축구공을 차는 힘의 크기나 방향이 같아도 힘의 작용점이 다르면
축구공이 다르게 날아간다.

037 (1) 줄이 이동하지 않았으므로 줄에 작용하는 알짜힘은 0이다. 따라
서 왼쪽 학생이 줄을 잡아당기는 힘의 크기와 오른쪽 학생이 줄을 잡아당
기는 힘의 크기가 같으므로 오른쪽 학생이 줄을 잡아당기는 힘의 크기는
100 N이다.
(2) 두 학생이 줄을 당기는 힘의 크기가 같고, 힘의 방향이 반대이며, 두
힘이 일직선상에서 작용하고 있으므로 줄에 작용하는 두 힘이 평형을 이
루어 줄이 이동하지 않는다.

02　여러 가지 힘 - 중력, 탄성력

14쪽　□×로 개념 확인

038 ○　039 ○　040 ○　041 ×　042 ×　043 ○　044 ×　045 ○
046 ×　047 ○

041 물체의 질량이 작을수록 물체에 작용하는 중력의 크기가 크다.
　　　　　　　　　　클수록

042 물체에 작용하는 중력의 크기를 질량이라고 하고, 물체의 고유한 양
을 무게라고 한다.　　　　　　　　　　　　　　　　무게
　　　　　　　　질량

044 용수철을 잡아당길 때 탄성력의 방향은 용수철을 잡아당긴 방향과
같은 방향이다.
반대

046 용수철을 잡아당겼을 때 용수철이 늘어난 길이와 용수철의 탄성력의
크기는 반비례한다.
　　　　　비례

15쪽~19쪽　난이도별 필수 기출

048 ①　049 ⑤　050 ⑤　051 ③, ⑦　　052 ③　053 ③　054 ④
055 ④　056 ④　057 ⑤　058 ⑥, ⑦　　059 ④　060 ③, ⑤
061 ④　062 ②　063 ③　064 ③　065 ②, ③　　066 ③, ④
067 ③　068 ③　069 ④　070 ④　071 ②　072 ③　073 ①

20쪽~21쪽　난이도별 서술형 필수 기출

074

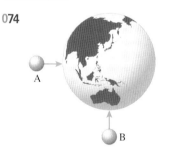

중력이 지구 중심 방향으로 작용하기 때문에 물체 A, B가 지구 중심 방
향으로 움직인다.

075 (1) A의 질량은 측정 장소와 상관없이 $\left(\dfrac{147}{9.8}\right)$ kg=15 kg이다.

(2) B의 무게를 지구에서 측정하면 달에서 측정할 때보다 6 배이다. 따라
서 지구에서 측정한 B의 무게 (147×6) N=882 N이다.

076 중력. 위로 던진 공이 땅으로 떨어진다. 폭포의 물이 위에서 아래로
흐른다. 등

077 4 개. 달에서 사과의 무게는 지구에서보다 $\dfrac{1}{6}$ 배이지만, 달에서 추
4 개의 무게도 동일하게 지구에서보다 $\dfrac{1}{6}$ 배이다. 또는, 윗접시저울은 물
체의 질량을 측정하고, 질량은 측정 장소와 상관없이 동일하다. 따라서 지
구와 달에서 윗접시저울이 균형을 이루기 위해 필요한 추의 개수가 같다.

078 물체의 무게를 지구에서 측정하면 행성 A에서 측정할 때보다 $\dfrac{1}{4}$ 배
이므로 지구에서 측정한 물체의 무게는 $\left(196 \times \dfrac{1}{4}\right)$ N=49 N이다. 따라
서 물체의 질량은 $\left(\dfrac{49}{9.8}\right)$ kg=5 kg이다.

079 탄성력. 용수철을 누르는 힘의 방향과 반대 방향인 위쪽으로 힘이
작용한다.

080 용수철이 3 cm 늘어날 때 추의 무게는 2 N씩 커지므로 3 cm : 2 N
=21 cm : x에서 물체의 무게 x=14 N이다.

230 ③　231 ⑤　232 ②　233 ④　234 ③　235 ⑤　236 ①　237 ⑤
238 ④　239 ④　240 ②, ⑥　　241 ④　242 ②, ⑤
243 ⑥, ⑦　　244 ④, ⑤　　245 ③　246 ③　247 ④　248 ①
249 ③　250 ②, ⑤　　251 ⑤　252 ⑥　253 ④　254 ⑤

255 1 L

256 기체의 압력이 감소하고, 부피는 증가한다.

257 (1)

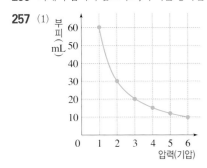

(2) **온도**가 일정할 때 **일정량**의 기체의 압력과 부피는 **반비례**한다.

258 감소

259 (1) 감소한다.
(2) 기체 입자 사이의 거리가 감소하고, 기체 입자의 충돌 횟수가 증가
한다.

260 기체의 부피가 감소하여 기체 입자 사이의 거리가 감소하므로 기체
입자가 실린더 안쪽 벽에 충돌하는 횟수가 증가하여 실린더 속 기체의 압
력이 증가한다.

261 기준, 기체를 빼내면 감압 용기 속 기체의 압력이 작아지므로 과자
봉지 속 기체에 작용하는 압력도 작아지기 때문이다.

262 (1) • 기체의 부피: 감소
• 기체 입자 사이의 거리: 감소
• 기체 입자의 충돌 횟수: 증가
• 기체의 압력: 증가
(2) 감소한다. 주사기 속 기체의 압력이 증가하므로 고무풍선에 작용하는
외부 압력이 증가하기 때문이다.

263

피스톤을 누를 때	피스톤을 당길 때

264 보일 법칙

265 수면으로 올라갈수록 수압이 낮아져 공기 방울 속 기체의 부피가
증가하므로 공기 방울이 점점 커진다.

266 비행기가 이륙할 때 귀가 먹먹해진다.
천연가스 버스의 가스통에는 높은 압력을 가해 저장한 천연가스가 들어
있다.

07　기체의 온도와 부피 관계

267 ×　268 ○　269 ○　270 ×　271 ×　272 ○　273 ×　274 ×
275 ○　276 ×

267 압력이 일정할 때 온도가 높아지면 기체의 부피가 감소하고, 온도가
낮아지면 기체의 부피가 증가한다.
　　　　　　　　　　　증가　　　　　　　　　　감소

270 일정한 압력에서 일정량의 기체가 들어 있는 실린더의 온도를 낮추
면 실린더 속 기체 입자 사이의 거리가 증가한다.
　　　　　　　　　　　　　감소

271 일정한 압력에서 일정량의 기체가 들어 있는 실린더의 온도를 높이
거나 낮추면 실린더 속 기체 입자의 개수가 달라진다.
　　　　　　　　　　　　　　　달라지지 않는다.

273 오뚝싸개 인형을 뜨거운 물과 찬물에 차례대로 넣었다가 꺼낸 다음,
인형의 머리에 뜨거운 물을 부으면 인형 안으로 물이 들어간다.
　　　　　　　　　　　인형에서 물이 나온다.

274 일정한 압력에서 주사기에 일정량의 기체를 넣고 입구를 막은 다음,
주사기를 뜨거운 물에 넣으면 주사기 속 기체 입자의 운동이 둔해진다.
　　　　　　　　　　　　　　　　　　　활발해진다.

276 햇빛이 비치는 곳에 과자 봉지를 두면 과자 봉지가 부풀어 오르는데,
이는 보일 법칙과 관련된 현상이다.
　　　　샤를

277 ③　278 ⑤　279 ③, ⑤　　280 ⑤　281 ①　282 ②　283 ③
284 ⑤　285 ②, ③　　286 ⑤　287 ②, ③　　288 ⑤　289 ①
290 ⑤　291 ⑤　292 ④　293 ④　294 ④　295 ②　296 ⑤　297 ③
298 ③　299 ⑤　300 ②　301 ①　302 ②　303 ③

304 증가한다.

305 삼각 플라스크 속 기체의 온도가 높아져 고무풍선이 부풀어 오른다.

306 • 온도가 일정할 때: 기체의 압력을 높인다.
• 압력이 일정할 때: 기체의 온도를 낮춘다.

307 (1)

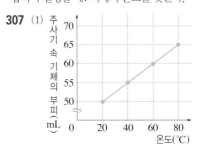

(2) **압력**이 일정할 때 **온도**가 높아지면 **일정량**의 기체의 **부피**는 일정한
비율로 증가한다.

308 기체 입자 운동이 활발해진다. (기체 입자 운동이 빨라진다. 기체
입자 운동의 빠르기가 증가한다.)

167 물체에 작용하는 알짜힘이 0이므로 물체의 속력과 운동 방향이 변하지 않는다.

168 중력과 부력. 중력은 연직 아래 방향으로 작용하고, 부력은 중력과 반대인 위 방향으로 작용한다. 중력과 부력의 크기는 같다.

169 무중력. 진공 상태인 우주 공간에서 우주선의 엔진을 끄면 우주선에 작용하는 알짜힘이 0이 된다. 따라서 우주선은 날아가던 속력과 운동 방향을 유지한 상태로 계속 날아간다.

170 골프공이 굴러갈 때 공과 잔디 사이에 운동 방향과 반대 방향으로 마찰력이 작용한다. 따라서 골프공의 운동 방향과 반대 방향으로 알짜힘이 작용하여 속력이 점점 느려지다가 어느 순간 멈춘다.

171 회전 그네가 일정한 속력으로 돌아가고 있으므로 회전 그네에 탄 사람에게 작용하는 알짜힘은 운동 방향과 수직 방향으로 작용한다.

172 수직 방향으로는 공에 중력이 작용하여 공이 올라갈 때는 속력이 일정하게 느려지고, 공이 내려올 때는 속력이 일정하게 빨라지는 운동을 한다. 수평 방향으로는 공에 작용하는 알짜힘이 0이므로 공의 속력이 변하지 않고 일정한 운동을 한다.

173 ③ **174** ① **175** ② **176** ① **177** ① **178** ⑤ **179** ③ **180** ③

191 ③ **192** ④ **193** ④ **194** ③ **195** ③, ⑦ **196** ④ **197** ④ **198** ③ **199** ③ **200** ③ **201** ④ **202** ⑤ **203** ② **204** ⑤ **205** ⑤ **206** ④ **207** ③ **208** ② **209** ②, ⑤ **210** ⑤ **211** ⑤

212 압력은 일정한 **면적**에 작용하는 **힘**이다.

213 (1) (나). 작용하는 힘의 크기가 더 크기 때문이다.
(2) (라). 힘이 작용하는 면적이 더 좁기 때문이다.

214 (가)는 힘이 작용하는 면적을 넓혀 압력을 작게 하는 경우이고, (나)는 힘이 작용하는 면적을 좁혀 압력을 크게 하는 경우이다.

215 널빤지를 타고 갯벌 위를 이동한다. 힘이 작용하는 면적을 넓혀 압력을 작게 하므로 갯벌에 잘 빠지지 않기 때문이다.

216 일정한 면적에 기체 입자가 충돌하여 힘을 가하기 때문에 기체의 압력이 나타난다.

217 축구공 속 기체 입자의 개수가 증가하고 더 많은 기체 입자가 축구공 안쪽 벽에 충돌하여 모든 방향으로 압력을 가하기 때문이다.

218 기체 입자의 개수가 많을수록 기체의 압력이 커진다.

219 종이 팩 속 기체 입자의 개수가 줄어들고 기체 입자가 종이 팩 안쪽 벽에 충돌하는 횟수가 감소하여 종이 팩 속 기체의 압력이 감소하기 때문이다.

---

06 기체의 압력과 부피 관계

220 × **221** × **222** ○ **223** ○ **224** × **225** ○ **226** × **227** × **228** × **229** ○

220 온도가 일정할 때 압력이 증가하면 기체의 부피가 증가하고, 압력이 감소하면 기체의 부피가 감소한다.
~~감소~~ / ~~증가~~

221 온도가 일정할 때 일정량의 기체의 압력과 부피는 비례하는데, 이를 보일 법칙이라고 한다.
~~반비례~~

224 일정한 온도에서 일정량의 기체가 들어 있는 실린더 위의 추를 제거하여 압력을 낮추면 실린더 속 기체 입자 운동의 빠르기가 감소한다.
~~변하지 않는다.~~

226 일정한 온도에서 감압 용기에 과자 봉지를 넣고 뚜껑을 덮은 다음 기체를 빼내면 과자 봉지가 쭈그러든다.
~~부풀어 오른다.~~

227 일정한 온도에서 주사기에 작게 분 고무풍선을 넣고 입구를 막은 다음 피스톤을 누르면 고무풍선의 크기가 감소하여 고무풍선 속 기체의 압력이 감소한다.
~~증가~~

228 헬륨 풍선이 하늘 높이 올라가면 대기압이 높아지므로 풍선의 크기가 점점 커진다.
~~낮아지므로~~

---

05 기체의 압력

181 ○ **182** ○ **183** × **184** × **185** × **186** ○ **187** × **188** × **189** ○ **190** ×

183 작용하는 힘의 크기가 같을 때 힘이 작용하는 면적이 좁을수록 압력이 작아진다.
~~커~~

184 못. 바늘. 압정. 칼날 등은 힘이 작용하는 면적을 좁혀 압력을 작게 하여 일상생활에서 사용하는 도구이다.
~~크게~~

185 설피를 덧신고 눈 위를 걸으면 눈에 닿는 면적이 좁아져서 압력이 작아지므로 눈에 발이 잘 빠지지 않는다.
~~넓어~~

187 기체의 압력은 중력 방향으로만 작용한다.
~~모든 방향으로~~

188 일정한 면적에 기체 입자가 충돌하는 횟수가 증가해도 기체의 압력은 변하지 않는다.
~~커진다.~~

190 구조용 공기 안전 매트에 기체를 넣으면 안전 매트 속 기체 입자의 개수가 많아지므로 충돌 횟수가 감소하여 안전 매트가 부풀어 오른다. 이는 기체의 압력을 이용하는 일상생활의 예이다.
~~증가~~

081 용수철을 왼쪽 방향으로 밀면 탄성력은 오른쪽으로 작용한다. 탄성력의 크기를 x라고 하면 $6\,cm : 10\,N = 3\,cm : x$이므로 탄성력의 크기 $x = \dfrac{30}{6}\,N = 5\,N$이다.

082 (1) 7 개

(2) 용수철에 매단 추의 개수가 1 개씩 증가할 때마다 용수철이 늘어난 길이가 3 cm씩 늘어난다. 따라서 용수철에 매단 추의 개수와 용수철에 작용하는 탄성력의 크기는 비례한다.

083 중력, 탄성력, 중력은 지구 중심 방향인 연직 아래 방향으로 작용한다. 탄성력은 탄성체인 고무줄이 늘어나는 방향과 반대 방향으로 작용하므로 연직 위 방향으로 작용한다.

03 여러 가지 힘-마찰력, 부력

24 쪽 ○X로 개념 확인

084 ○ **085** × **086** ○ **087** × **088** × **089** ○ **090** × **091** ○ **092** × **093** ○

085 마찰력은 물체가 운동하거나 운동하려고 하는 방향과 ~~같은~~ 방향으로 작용한다.
_{반대}

087 물체가 미끄러지지 않아야 하는 경우에는 마찰력을 ~~작게~~ 한다.
_{크게}

088 창문이 잘 열리도록 하기 위해 창틀 사이에 작은 바퀴를 설치하여 마찰력을 ~~크게~~ 한다.
_{작게}

090 부력의 방향은 중력의 방향과 ~~같은~~ 방향이다.
_{반대}

092 (부력의 크기)=(~~물속~~에서 물체의 무게)−(~~물 밖~~에서 물체의 무게)
_{물 밖}　_{물속}

25 쪽∼29 쪽 난이도별 필수 기출

094 ② **095** ②, ⑤　**096** ⑤ **097** ② **098** ⑤ **099** ②, ⑥, ⑦
100 ④ **101** ①, ④　**102** ⑤ **103** ③ **104** ④ **105** ①, ⑤
106 ② **107** ④ **108** ③ **109** ① **110** ③ **111** ④ **112** ①, ③
113 ② **114** ④ **115** ② **116** ⑤ **117** ② **118** ②, ⑤

30 쪽∼31 쪽 난이도별 서술형 필수 기출

119 마찰력의 크기는 접촉면이 거칠수록, 물체의 무게가 무거울수록 커진다.

120 (나). 나무 도막이 움직이는 순간 용수철저울의 눈금은 나무 도막에 작용하는 마찰력의 크기를 나타낸다. 마찰력은 접촉면이 거칠수록, 물체의 무게가 무거울수록 크므로 (나)가 가장 크다.

121 (1) 창문을 열기 쉽도록 창틀에 바퀴를 설치한다. 자전거 체인에 윤활유를 칠한다. 등

(2) 계단에 미끄럼 방지 패드를 붙인다. 고무장갑의 손바닥 부분을 울퉁불퉁하게 만든다. 등

122 탄성력과 마찰력, 탄성력은 왼쪽 방향으로 작용하고, 마찰력도 왼쪽 방향으로 작용한다.

123 (1) 사포 > 나무 > 플라스틱

(2) 접촉면이 거칠수록 마찰력의 크기가 커진다.

124 ・방향: 위쪽

・크기: 부력의 크기는 물체가 물에 잠긴 후 감소한 무게와 같으므로 $5\,N - 3\,N = 2\,N$이다.

125 왼쪽. 오른쪽 쇠구슬이 물에 잠기면 오른쪽 쇠구슬에 부력이 위쪽으로 작용하므로 막대가 왼쪽으로 기울어진다.

126 (나). 물에 잠긴 물체의 부피가 클수록 부력의 크기가 크므로 페트병 전체가 물속에 잠긴 (나)에 작용하는 부력의 크기가 (가)보다 크다.

127 (1) B. 화물선이 물에 잠긴 부피가 클수록 부력의 크기가 크므로 B에 작용하는 부력의 크기가 A보다 크다.

(2) B. A와 B는 모두 물에 떠 있으므로 화물선에 작용하는 중력과 부력이 힘의 평형을 이루고 있다. 화물선에 작용하는 부력의 크기는 B가 A보다 크므로 화물선에 작용하는 중력의 크기도 B가 A보다 크다.

128 (1) 잠수함의 공기 조절 탱크에 물을 가득 채우면 잠수함이 무거워져 잠수함에 작용하는 중력의 크기가 커진다. 그리고 잠수함이 잠수하면 물에 잠긴 부피가 커지며 잠수함에 작용하는 부력도 커진다.

(2) 잠수함이 잠수한 수심을 유지하기 위해서는 잠수함에 작용하는 중력과 부력의 크기가 같아지는 정도로만 공기 조절 탱크에 물을 채워야 한다.

04 힘의 작용과 운동 상태 변화

34 쪽 ○X로 개념 확인

129 ○ **130** ○ **131** × **132** × **133** ○ **134** ○ **135** × **136** ○ **137** × **138** ○

131 운동하고 있는 물체에 작용하는 알짜힘이 0이면 물체는 ~~점점 느려지다가 운동을 멈춘다.~~
_{일정한 속력으로 계속 운동한다.}

132 물체의 운동 방향과 수직 방향으로 알짜힘이 작용하면 물체는 운동 방향은 변하지 않고, 속력만 변하는 운동을 한다.
_{나란한}

135 물체의 운동 방향과 ~~나란한~~ 방향으로 알짜힘이 계속 작용하면 물체는 일정한 속력으로 원을 그리며 운동한다.
_{수직}

137 줄에 매달려 같은 경로를 왕복하는 운동을 하는 물체는 속력이 ~~변하지 않고 일정하다.~~
_{느려지고, 빨라지기를 반복한다.}

35 쪽∼40 쪽 난이도별 필수 기출

139 ③ **140** ① **141** ③ **142** ① **143** ⑤ **144** ③ **145** ② **146** ⑤
147 ⑤ **148** ② **149** ⑤ **150** ④ **151** ③ **152** ② **153** ③, ⑤
154 ① **155** ② **156** ⑤ **157** ④ **158** ③ **159** ③ **160** ③ **161** ②
162 ③ **163** ④ **164** ④ **165** ③ **166** ⑤

309 기체의 온도가 높아져 **기체 입자 운동**의 빠르기가 증가하고, 기체 입자가 실린더 안쪽 벽에 **충돌**하는 세기와 **충돌** 횟수가 증가하므로 기체의 **부피**가 증가한다.

310 (1) (가) > (나)
(2) 압력이 일정할 때 온도가 높아지면 기체의 부피가 증가하고, 온도가 낮아지면 기체의 부피가 감소한다.

311 (1) • 기체의 온도: 증가
• 기체 입자 사이의 거리: 증가
• 기체 입자의 충돌 세기: 증가
• 기체 입자 운동의 빠르기: 증가
(2) 주사기 속 기체의 부피가 증가하여 주사기의 피스톤이 바깥쪽으로 밀려 올라간다.

312

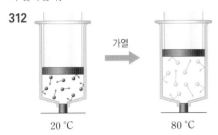

20 ℃   80 ℃

313 체온에 의해 빈 유리병 속 기체의 온도가 높아지면 기체 입자의 운동이 활발해지므로 기체의 부피가 증가하면서 동전을 밀어내기 때문이다.

314 인형 머리에 뜨거운 물을 부으면 인형 속 공기의 온도가 높아지고 공기 입자의 운동이 활발해져 공기의 부피가 증가하므로 물이 인형 밖으로 밀려 나온다.

315 줄어든다. (쭈그러든다.)

316 (1) 샤를 법칙
(2) 체온에 의해 피펫 속 기체의 온도가 높아지면 기체의 부피가 증가하면서 피펫 끝에 있던 용액을 밀어내기 때문이다.

317 추운 겨울철 자동차 타이어가 수축한다. 찌그러진 탁구공을 뜨거운 물에 넣으면 펴진다.

318 냉장고에 넣어 둔 달걀은 온도가 낮아져 달걀 껍데기 안쪽에 있는 공기의 부피가 줄어든다. 그런데 냉장고에 넣어 둔 달걀을 끓는 물에 바로 넣으면 공기의 부피가 갑자기 늘어나면서 달걀 껍데기가 깨진다.

74 쪽~75 쪽 최고 수준 도전 기출 | 05~07 |

319 ⑤ **320** ③ **321** ④ **322** ④ **323** ① **324** ③ **325** ④ **326** ①

08 태양계의 구성

78 쪽 OX로 개념 확인

327 ○ **328** × **329** × **330** ○ **331** ○ **332** × **333** × **334** ×
335 ○ **336** ○

328 행성과 위성은 태양을 중심으로 공전하는 둥근 모양의 천체이다.
　　　왜소 행성

329 태양계 행성 중 크기가 가장 크고 표면에 대적점이 있는 행성은 금성이다.
　　　　　　　　　　　　　　　　　　　　　　　　　　목성

332 천체 망원경에서 빛을 모으는 역할을 하는 것은 보조 망원경이다.
　　　　　　　　　　　　　　　　　　　　　　　　　대물렌즈

333 태양의 흑점이 주변보다 어둡게 보이는 까닭은 주변보다 온도가 높기 때문이다.
　　　　　　　　　　　　　　　　　　　　　　　　　　　낮기

334 광구 바로 위 붉은색의 얇은 대기층을 코로나라고 한다.
　　　　　　　　　　　　　　　　　　　채층

79 쪽~86 쪽 난이도별 필수 기출

337 ③ **338** ⑤ **339** ③, ⑦ 　　　**340** ① **341** ② **342** ③ **343** ⑤
344 ② **345** ③, ⑤ 　　　**346** ④ **347** ③ **348** ④ **349** ④ **350** ④
351 ④ **352** ① **353** ④, ⑥ 　　　**354** ③ **355** ② **356** ②, ④
357 ③ **358** ③ **359** ④ **360** ①, ② 　　　**361** ③ **362** ⑤ **363** ③
364 ② **365** ④ **366** ① **367** ③ **368** ⑤ **369** ② **370** ③
371 ③, ⑦ 　　　**372** ③ **373** ② **374** ④ **375** ①, ② 　　　**376** ⑤
377 ② **378** ③, ⑥ 　　　**379** ③

87 쪽~89 쪽 난이도별 서술형 필수 기출

380 주로 화성과 목성 궤도 사이에서 띠를 이루어 분포한다.

381 이산화 탄소로 이루어진 두꺼운 대기가 있어 표면 온도가 매우 높다. 태양계 행성 중 크기와 질량이 지구와 가장 비슷하다. 태양계 행성 중 지구에서 가장 밝게 보인다.

382 행성과 왜소 행성은 모두 태양을 중심으로 **공전**하고 **모양**이 둥글다. 행성은 **궤도 주변의 다른 천체**들에게 지배적인 역할을 하지만, 왜소 행성은 **궤도 주변의 다른 천체**들에게 지배적인 역할을 하지 못한다.

383 지구형 행성은 표면이 단단한 암석으로 이루어져 있고, 목성형 행성은 표면이 기체로 이루어져 있어 단단한 표면이 없다.

384 질량과 반지름이 작은 수성, 금성, 지구, 화성을 하나의 집단으로, 질량과 반지름이 큰 목성, 토성, 천왕성, 해왕성을 또 다른 집단으로 구분할 수 있다.

385 (1) A: 지구형 행성 B: 목성형 행성
(2) 수성, 금성, 화성은 A 집단에 속하고, 토성, 해왕성은 B 집단에 속한다.

386 (1) (가) 위성, (나) 행성, (다) 왜소 행성
(2) 모양이 둥근가?

387 (1) (가)
(2) (나)는 표면이 기체로 이루어져 있기 때문이다.

388 행성은 달보다 멀리 있어서 작게 보이므로 맨눈으로 관찰하기 어렵다.

389 (1) C, 관측하려는 천체를 찾을 때 사용한다.
(2) 배율이 낮아 시야가 넓기 때문이다.

390 대물렌즈와 보조 망원경에 태양 필터를 장착하거나 태양 투영판을 설치하여 태양을 관측한다.

391 흑점, 주변보다 온도가 낮기 때문이다.

392 광구 아래에서 일어나는 대류 현상으로 생긴다.

393 (1) (가) 홍염, (나) 코로나, (다) 플레어
(2) (가)와 (다)가 자주 발생하고, (나)의 크기가 커진다.

19 (1) 오른쪽, 마찰력은 물체의 운동을 방해하는 힘이므로 물체에 왼쪽으로 힘을 가했을 때 마찰력의 방향은 오른쪽이다.
(2) 20 N, 물체가 움직이지 않았으므로 물체에 작용한 힘의 크기와 마찰력의 크기는 같다.

20 (1) 자유 낙하 하는 공, 자이로 드롭 등
(2) 알짜힘이 물체의 운동 방향과 비스듬한 방향으로 계속 작용해야 한다.
(3) 알짜힘이 물체의 운동 방향과 수직 방향으로 계속 작용해야 한다.

Ⅵ. 기체의 성질

128쪽~131쪽 실전 대비 1회

1 ⑤   **2** ④   **3** ③   **4** ①, ③   **5** ⑤   **6** ⑤   **7** ②
8 ②   **9** ①, ④   **10** ③   **11** ②   **12** ④   **13** ④   **14** ⑤
15 ③   **16** ③

17 (1) 기체의 압력은 모든 방향으로 작용한다.
(2) 기체 입자의 개수가 많을수록 기체 입자가 용기 벽에 충돌하는 횟수가 많으므로 기체의 압력이 크다.

18

19 (1) 온도가 일정할 때 압력이 커지면 기체의 부피는 감소한다.
(2) 압력이 일정할 때 온도가 높아지면 기체의 부피는 증가한다.

20 (가): 하늘 높이 올라갈수록 헬륨 풍선 속 기체에 가하는 압력이 작아져 기체의 부피가 커지므로 헬륨 풍선이 점점 커진다.
(나): 햇빛이 비치는 곳에 과자 봉지를 두면 과자 봉지 속 기체의 온도가 높아져 기체의 부피가 커지므로 과자 봉지가 부풀어 오른다.

132쪽~135쪽 실전 대비 2회

1 ③   **2** ①, ③   **3** ⑤   **4** ②, ④   **5** ⑤   **6** ④
7 ③   **8** ②   **9** ①, ②, ④   **10** ②   **11** ④   **12** ⑤   **13** ③
14 ④   **15** ⑤   **16** ④

17 기체의 압력은 기체 입자가 운동하여 용기 벽에 충돌해서 힘을 가하기 때문에 나타난다.

18 피스톤을 누르면 주사기 속 기체의 부피가 감소하여 기체 입자의 충돌 횟수가 증가하므로 주사기 속 기체의 압력이 증가하여 고무풍선의 부피가 감소한다.

19 (가) → (나) → (다) 과정에서 증가하는 것은 기체의 압력, 기체 입자의 충돌 횟수이고, 일정한 것은 기체 입자의 개수, 기체 입자 운동의 빠르기이다.

20 (1) A는 '온도를 낮춤'이다. 압력이 일정할 때 일정량의 기체의 온도를 낮추면 기체 입자 운동의 빠르기가 감소하여 충돌 세기와 횟수가 감소하므로 기체의 부피가 작아진다.
(2) B는 '온도를 높임'이다. 압력이 일정할 때 일정량의 기체의 온도를 높이면 기체 입자 운동의 빠르기가 증가하여 충돌 세기와 횟수가 증가하므로 기체의 부피가 커진다.

Ⅶ. 태양계

136쪽~139쪽 실전 대비 1회

1 ④   **2** ②, ④   **3** ②   **4** ③   **5** ①   **6** ②   **7** ⑤
8 ①, ④   **9** ②   **10** ③   **11** ⑤   **12** ②   **13** ①   **14** ⑤
15 ①   **16** ②

17 코로나의 크기가 커지고, 홍염과 플레어가 더 자주 발생한다.

18 (1) 낮과 밤이 반복된다. 천체의 일주 운동이 나타난다.
(2) 태양의 연주 운동이 나타난다. 계절별로 보이는 별자리가 달라진다.

19 (1) (가) C, D (나) A, B
(2) (가) 집단에 해당하는 행성들은 표면이 단단한 암석으로 이루어져 있고, 고리가 없다. (나) 집단에 해당하는 행성들은 표면이 기체로 이루어져 있고, 고리가 있다.

20 (1) B, 일식은 태양, 달, 지구 순으로 일직선상에 놓여 달이 태양을 가려 태양의 전체 또는 일부가 보이지 않게 되면서 일어난다.
(2) D, 월식은 지구에서 밤이 되는 모든 지역에서 볼 수 있다.

140쪽~143쪽 실전 대비 2회

1 ④   **2** ⑤   **3** ②   **4** ②   **5** ④   **6** ⑤   **7** ②   **8** ①
9 ①   **10** ④   **11** ②   **12** ②, ⑤   **13** ②   **14** ④   **15** ③
16 ①

17 A 집단은 지구형 행성, B 집단은 목성형 행성이다. 수성, 금성, 지구, 화성은 A 집단에 속하고, 목성, 토성, 천왕성, 해왕성은 B 집단에 속한다.

18 흑점, 주변보다 온도가 낮기 때문이다.

19 (1) (나) → (가) → (다)
(2) 지구가 공전하기 때문이다.

20 달이 공전하기 때문이다.

465 달, 지구, 태양 순으로 일직선상에 위치할 때를 삭이라고 한다.
<u>망</u>

468 일식이 일어나면 지구에서 밤이 되는 모든 지역에서 관측할 수 있다.
<u>월식</u>

470 월식이 일어날 때 달은 왼쪽부터 가려지고, 오른쪽부터 빠져나온다.
<u>왼쪽</u>

107 쪽~112 쪽 난이도별 필수 기출

471 ① **472** ③ **473** ③ **474** ④ **475** ④ **476** ④ **477** ⑤ **478** ③

479 ② **480** ②, ⑦ **481** ③ **482** ④, ⑦ **483** ④ **484** ②

485 ① **486** ③ **487** ① **488** ⑤ **489** ② **490** ③ **491** ③ **492** ③

493 ② **494** ⑤ **495** ⑤ **496** ① **497** ③ **498** ③ **499** ④, ⑦

113 쪽~115 쪽 난이도별 서술형 필수 기출

500 (1) A: 상현달, B: 보름달, C: 하현달, D: 보이지 않음
(2) 햇빛의 방향이 반대가 되면 A에서는 하현달, C에서는 상현달이 관측된다.

501 (1) E, 보름달
(2) 달은 햇빛을 반사하여 밝게 보이므로 달이 공전하면서 태양, 달, 지구의 상대적인 위치가 달라지기 때문에 달의 위상이 변한다.

502 (1) (가) → (다) → (마) → (라) → (나)
(2) 달 - 지구 - 태양(또는 태양 - 지구 - 달) 순으로 일직선을 이룬다.

503 (1) 전등은 태양, 스마트 기기는 지구, 스타이로폼 공은 달을 나타낸다.
(2)

(가)	(나)	(다)	(라)

504 (1) C, 상현달
(2) 달은 약 한 달을 주기로 지구를 중심으로 공전하기 때문이다.

505 개기일식이 일어나면 달이 태양을 완전히 가리고, 개기월식이 일어나면 달이 지구의 그림자에 완전히 가려져 붉게 보인다.

506 태양 - 달 - 지구(또는 지구 - 달 - 태양)의 순서로 일직선을 이룬다.

507 (1) A, E
(2) 일식이 일어날 때보다 월식이 일어날 때 태양과 달 사이의 거리가 더 멀다.

508 (1) A 지역: 개기일식, B 지역: 부분일식
(2) 태양은 달에 비해 지구에서 매우 멀리 있기 때문에 지구에서는 태양과 달이 비슷한 크기로 보이므로 달이 태양을 가릴 수 있다.

509 (1) (나) → (가) → (다)
(2) 달은 서쪽에서 동쪽으로 지구를 중심으로 공전하므로, 태양의 오른쪽(서쪽)부터 가려지기 시작하고, 오른쪽(서쪽)부터 빠져나오기 때문이다.

510 (1) A, B
(2) 달은 서쪽에서 동쪽으로 공전하므로 월식이 일어날 때 달은 왼쪽부터 지구의 그림자에 들어가기 때문이다.

511 (1) 태양, 지구, 달의 순서로 일직선을 이룬다.
(2) 지구에서 밤이 되는 모든 지역에서 관측할 수 있다.

512 (1) C, 부분월식
(2) 일식은 달의 그림자가 생기는 지역에서만 볼 수 있어 관측 가능한 지역이 좁지만, 월식은 지구에서 밤인 지역 어디에서나 볼 수 있어 일식보다 월식을 관측할 수 있는 지역이 더 넓다.

116 쪽~117 쪽 최고 수준 도전 기출 | 08~10 |

513 명왕성은 자신의 궤도 주변에서 지배적인 역할을 하지 못하기 때문에 행성에서 퇴출되었다.

514 ② **515** ① **516** ④ **517** ② **518** ① **519** ③ **520** ②

실전 대비 BOOK

V. 힘의 작용

120 쪽~123 쪽 실전 대비 1회

1 ② **2** ④ **3** ① **4** ③, ⑤ **5** ② **6** ③ **7** ④

8 ④ **9** ② **10** ⑤ **11** ① **12** ④ **13** ①, ② **14** ①

15 ⑤ **16** ①

17 (1) 지구의 중력은 달의 중력의 6 배이므로 지구에서 물체의 무게는 98 N×6=588 N이다.
(2) 지구에서 물체의 질량은 (588÷9.8) kg=60 kg이다. 물체의 질량은 장소에 따라 변하지 않으므로 달에서 물체의 질량은 60 kg이다.

18 (1) 추를 1 개 매달 때마다 용수철이 3 cm씩 늘어나므로 추를 6 개 매달았을 때 용수철이 늘어난 길이는 3 cm×6=18 cm이다.
(2) 3 N짜리 추 하나를 매달았을 때 용수철이 3 cm 늘어나므로 3 N : 3 cm=x : 10 cm에서 물체의 무게 x=10 N이다.

19 (가)=(나)=(다). (가)~(다)에서 쇠구슬은 계속 물에 완전히 잠긴 상태이므로 물속에 잠긴 부피가 일정하여 쇠구슬에 작용하는 부력의 크기는 같다.

20 (1) 가방에는 가방을 들고 있는 힘과 중력이 작용한다.
(2) 가방은 움직이지 않으므로 가방에 작용하는 알짜힘은 0이다.
(3) 가방을 들고 있는 힘과 가방에 작용하는 중력이 평형을 이루어 알짜힘이 0이므로 가방을 들고 있는 힘은 가방의 무게와 같은 30 N이다.

124 쪽~127 쪽 실전 대비 2회

1 ② **2** ③, ④ **3** ③ **4** ② **5** ③ **6** ③ **7** ④

8 ④ **9** ② **10** ① **11** ①, ③ **12** ② **13** ② **14** ⑤

15 ① **16** ②

17 야구공이 찌그러지며 모양이 변한다. 야구공이 움직이는 속력과 운동 방향이 변한다.

18 질량은 물체의 고유한 양으로 측정하는 장소가 바뀌어도 변하지 않으므로 달에서도 300 g 추와 수평을 이룬다.

394 (1) B

(2) 전력 시스템 오류로 전기가 끊기거나 화재가 발생할 수 있다. 전파 신호 방해를 받아 무선 전파 통신 장애가 발생할 수 있다.

395 (가), 오로라는 태양 활동이 활발한 시기에 더 자주 나타나고, 더 넓은 지역에서 나타나므로 태양 활동이 더 활발한 시기인 (가) 시기가 오로라를 관측하기에 적합하다.

---

09 지구의 운동

92쪽 OX로 개념 확인

396 × **397** ○ **398** ○ **399** × **400** × **401** ○ **402** ○ **403** ×
404 ○ **405** ×

---

396 지구가 자전축을 중심으로 1 년에 한 바퀴씩 도는 운동을 지구의 자전이라고 한다.
하루

399 우리나라에서 북쪽 하늘의 별들은 하루 동안 북극성을 중심으로 시계 방향으로 회전하는 것처럼 보인다.
시계 반대 방향

400 태양이 별자리 사이를 이동하여 1 년 후 처음 위치로 되돌아오는 것처럼 보이는 현상을 태양의 일주 운동이라고 한다.
연주

403 지구에서 볼 때 태양은 별자리 사이를 동쪽에서 서쪽으로 이동하는 것처럼 보인다.
서쪽에서 동쪽

405 태양이 황도를 따라 연주 운동할 때 지구에서는 태양 쪽에 있는 별자리가 관측된다.
태양 반대쪽

93쪽~99쪽 난이도별 필수 기출

406 ③ **407** ②, ⑤   **408** ① **409** ② **410** ② **411** ②
412 ③, ⑤   **413** ② **414** ① **415** ⑤ **416** ② **417** ③ **418** ③
419 ② **420** ④ **421** ③ **422** ③ **423** ⑤ **424** ⑤ **425** ④ **426** ①
427 ② **428** ② **429** ③, ⑥   **430** ①, ⑤   **431** ④ **432** ④
433 ① **434** ⑤ **435** ① **436** ② **437** ② **438** ③, ⑦   **439** ⑤
440 ② **441** ④

100쪽~103쪽 난이도별 서술형 필수 기출

442 낮과 밤이 반복된다. 천체의 일주 운동이 나타난다.

443 지구는 서쪽에서 동쪽으로 자전하며, 별은 동쪽에서 서쪽으로 일주 운동을 한다.

444 (가), 천체가 왼쪽 위에서 오른쪽 아래로 비스듬히 지는 것처럼 보인다.

445 B → A, 천체의 일주 운동은 지구의 자전으로 나타나는 겉보기 운동이므로 지구의 자전 방향과 반대로 나타난다.

446 (1) A, 60°

(2) 지구가 하루에 한 바퀴씩 서쪽에서 동쪽으로 자전하기 때문이다.

447 (1) 북쪽 하늘

(2) 지구가 자전하기 때문이다.

448 (1) 30°

(2) A → B, 별들은 시계 반대 방향으로 일주 운동하기 때문이다.

449 (1) 24 시간(하루)

(2) 북극성, 북극성은 지구의 자전축 방향에 있어 거의 움직이지 않는 것처럼 보이기 때문이다.

450 처녀자리, 별들은 1 시간에 15°씩 동쪽에서 서쪽으로 회전하기 때문에 6 시간 동안에는 서쪽으로 90° 움직인다.

451 태양의 연주 운동이 나타난다. 계절별로 보이는 별자리가 달라진다.

452 지구가 태양을 중심으로 공전하기 때문이다.

453 지구는 서쪽에서 동쪽으로 공전하며, 태양은 서쪽에서 동쪽으로 연주 운동을 한다.

454 2 월, 태양은 염소자리를 지나고, 한밤중에 남쪽 하늘에서 보이는 별자리는 게자리이다.

455 (가): 지구가 자전하기 때문이다. (나): 지구가 공전하기 때문이다.

456 (1) 서 → 동

(2) 지구가 공전하기 때문이다.

457 (1) 천칭자리, 양자리

(2) 지구가 태양을 중심으로 공전하여 태양이 보이는 위치가 달라지기 때문이다.

458 태양은 물병자리에서 물고기자리로 이동한다.

459 (1) 지구

(2) 더 서쪽으로 이동한다.

460 (1) B

(2) 태양 빛이 밝기 때문에 관측하기 어렵다.

---

10 달의 운동

106쪽 OX로 개념 확인

461 ○ **462** × **463** ○ **464** × **465** × **466** ○ **467** ○ **468** ×
469 ○ **470** ×

---

462 달의 위상 변화는 약 하루를 주기로 반복된다.
한 달

464 음력 7 일~8 일경에는 하현달을 볼 수 있다.
상현달

2022 개정 교육과정

유통 과정에서 분리될 수 있으나 파본이 아닌 정상제품입니다.

완자

기출 PICK

정답과 해설

중학 과학

1·2

ABOVE IMAGINATION

우리는 남다른 상상과 혁신으로
교육 문화의 새로운 전형을 만들어
모든 이의 행복한 경험과 성장에 기여한다

완자 기출 PICK

정답과 해설

중학 과학

1·2

01 힘의 표현과 평형

002 모범답안 힘의 크기를 측정하기 위해서는 ~~온도계~~를 사용한다.
용수철저울, 힘 센서

003 운동 상태는 물체의 속력이나 운동 방향을 의미한다. 썰매를 밀면 썰매의 속력이 변하므로 운동 상태가 변하는 경우이다.

004 모범답안 힘을 나타낼 때는 힘이 작용하는 지점에서 힘의 ~~방향만~~ 화살표로 나타낸다.
방향과 크기를
바로 알기 | 힘을 나타낼 때는 힘이 작용하는 지점에서 힘의 방향과 크기를 화살표로 나타낸다.

005 모범답안 힘을 나타낼 때는 화살표의 시작점으로 힘의 ~~방향~~을 나타낸다.
작용점
바로 알기 | 힘의 작용점은 화살표의 시작점으로, 힘의 방향은 화살표의 방향으로, 힘의 크기는 화살표의 길이로 나타낸다.

007 모범답안 반대 방향으로 작용하는 두 힘의 합력의 크기는 두 힘의 ~~합~~이다.
차
바로 알기 | 같은 방향으로 작용하는 두 힘의 합력의 크기는 두 힘의 합이고, 반대 방향으로 작용하는 두 힘의 합력의 크기는 두 힘의 차이다.

010 모범답안 물체에 작용하는 두 힘이 평형을 이루기 위해서는 두 힘의 크기가 같고, 방향이 ~~같으며~~, 일직선상에서 작용해야 한다.
반대이며
바로 알기 | 물체에 작용하는 두 힘이 평형을 이루기 위해서는 두 힘의 방향이 반대여야 두 힘의 합력의 크기가 0이 될 수 있다.

011 물체에 힘을 작용하면 물체의 모양과 운동 상태가 변한다. 물체의 운동 상태는 물체의 속력과 운동 방향을 포함한다. 따라서 물체에 힘을 작용할 때 변하지 않는 것은 물체의 질량이다.

012 ② 힘의 단위는 N(뉴턴)이다.
바로 알기 | ①, ③, ④, ⑤ m(미터)는 길이의 단위이고, K(켈빈)은 온도, V(볼트)는 전압, s(초)는 시간의 단위이다.

013 과학에서의 힘은 물체의 모양이나 운동 상태를 변화시키는 원인이다. 이때 운동 상태는 물체의 속력이나 운동 방향을 의미한다.
① 색종이를 접으면 색종이의 모양이 변한다.
② 창문을 움직이면 창문의 운동 상태가 변한다.
④ 물풍선을 던지면 물풍선의 운동 상태가 변한다.
⑤ 축구공을 발로 세게 차면 축구공의 모양과 운동 상태가 변한다.
바로 알기 | ③ 과학책을 읽는 것은 과학책의 모양이나 운동 상태가 변화하는 것과 관련이 없으므로 과학에서의 힘이 작용한 경우가 아니다.

014 힘을 표현할 때 힘의 크기는 화살표의 길이, 힘의 방향은 화살표의 방향, 힘의 작용점은 화살표의 시작점으로 표현한다.

015 과학에서의 힘은 물체의 모양이나 운동 상태를 변화시키는 원인이다.
③ 교실에서 책상을 힘을 주어 밀면 책상의 속력이 변하며 운동 상태가 변한다.
⑧ 알루미늄 캔을 손으로 힘을 세게 주어서 찌그러뜨리면 알루미늄 캔의 모양이 변한다.
바로 알기 | ①, ②, ④, ⑤, ⑥, ⑦ 일상생활에서 말하는 '힘' 중 물체의 모양이나 운동 상태가 변하지 않은 경우이므로 과학에서 말하는 힘을 뜻하지 않는다.

016 ④ 농구공을 골대를 향해 던지면 농구공의 운동 상태가 변하며 날아간다.
바로 알기 | ① 점토를 누르는 것, ② 고무줄을 늘이는 것, ③ 대리석을 격파하는 것, ⑤ 밀가루 반죽을 손가락으로 누르는 것은 물체의 모양을 변화시키는 것이다.

017 화살표의 방향은 힘의 방향을 나타내고, 화살표의 길이는 힘의 크기를 나타낸다. 화살표의 방향이 동쪽이고, 화살표의 길이가 3 cm이므로 힘의 방향은 동쪽이고, 힘의 크기는 $(3 N) \times 3 = 9 N$이다.

018 ①, ⑥ 힘은 물체의 모양이나 운동 상태를 변하게 하는 원인으로, 힘의 단위는 과학자의 이름을 딴 N(뉴턴)을 사용한다.
②, ④ 힘을 표현할 때는 화살표를 사용한다. 힘의 방향은 화살표의 방향으로, 힘의 크기는 화살표의 길이로, 힘의 작용점은 화살표의 시작점으로 나타낸다.
③ 힘의 3요소는 힘의 방향, 힘의 크기, 힘의 작용점이다.
바로 알기 | ⑤ 힘을 화살표를 사용하여 나타낼 때 힘의 크기가 클수록 화살표의 길이를 길게 나타낸다.
⑦ 힘은 물체의 모양이나 운동 상태를 각각 변화시킬 수 있지만, 모양과 운동 상태를 모두 변화시킬 수도 있다.

019 ㄱ, ㄴ. 힘이 작용하여 물체의 모양과 운동 상태가 함께 변하는 경우이다.
바로 알기 | ㄷ, ㄹ. 힘이 작용하여 물체의 모양만 변하는 경우이다.

020 ③ 테니스공을 세게 칠수록 공의 운동 상태는 더 크게 변한다. 따라서 물체에 작용하는 힘의 크기가 커질수록 물체의 운동 상태는 크게 변한다.
바로 알기 | ①, ②, ⑤ 테니스공에 힘이 작용하여 테니스공의 운동 방향과 속력이 변한다. 따라서 공을 치기 전과 후의 공의 운동 상태가 다르다.
④ 테니스공은 힘을 받는 순간에는 모양이 변하지만 금방 다시 원래 모양으로 돌아오므로 공을 치고 시간이 한참 지나면 공의 모양이 처음 모습 그대로이다.

021 화살표의 방향은 힘의 방향을, 화살표의 길이는 힘의 크기를, 화살표의 시작점은 힘의 작용점을 나타낸다. 왼쪽으로 2 N의 힘은 오른쪽으로 1 N의 힘과 비교했을 때 반대 방향으로 2 배 큰 힘이다. 따라서 위의 물체와 같은 지점에서 반대 방향으로 2 배 길어진 ⑤가 왼쪽으로 2 N의 힘이 작용한 모습을 나타낸 것이다.

022 두 힘이 같은 방향으로 작용할 때 힘의 합력의 크기는 두 힘의 합과 같고, 방향도 같다. 따라서 합력의 크기는 10 N+40 N=50 N이다.

023 물체에 두 가지 이상의 힘이 작용할 때 물체에 작용하는 모든 힘들의 합력, 물체가 받는 순 힘을 알짜힘이라고 한다.

024 (가)에서는 두 힘이 반대 방향으로 작용하므로 두 힘의 합력의 크기는 3 N−2 N=1 N이다.
(나)에서는 두 힘이 같은 방향으로 작용하므로 두 힘의 합력의 크기는 3 N+1 N=4 N이다.

025 나무 도막에 작용하는 두 힘의 방향이 반대이므로 알짜힘의 방향은 큰 힘의 방향이고, 알짜힘의 크기는 두 힘의 차이다. 따라서 알짜힘의 방향은 서쪽이고, 알짜힘의 크기는 6 N−2 N=4 N이다.

026 도윤이와 예솔이는 수레에 같은 방향으로 힘을 작용하고 있으므로 도윤이가 미는 힘+예솔이가 끄는 힘=수레에 작용하는 알짜힘이다. 짐을 실은 수레를 예솔이가 끄는 힘은 100 N이고, 수레에 작용하는 알짜힘은 150 N이므로 도윤이가 수레를 미는 힘은 150 N−100 N=50 N이다.

027
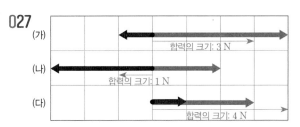

(가)에서 합력의 크기는 3 칸이므로 (1 N)×3=3 N이고, (나)에서 합력의 크기는 1 칸이므로 (1 N)×1=1 N이고, (다)에서 합력의 크기는 4 칸이므로 (1 N)×4=4 N이다. 따라서 합력의 크기를 비교하면 (다)>(가)>(나)이다.

028
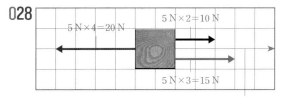

오른쪽 방향으로 작용하는 두 힘의 합력

한 물체에 세 힘이 작용하고 있을 때는 같은 방향으로 작용하는 두 힘의 합력을 먼저 구한다. 오른쪽 방향으로 작용하는 두 힘의 합력의 크기는 10 N+15 N=25 N이므로 왼쪽 방향으로 작용하는 힘 20 N보다 크다. 따라서 알짜힘은 오른쪽 방향이고, 알짜힘의 크기는 25 N−20 N=5 N이다.

029 물체에 왼쪽으로 작용하는 10 N의 힘과 평형을 이루기 위해서는 이 힘과 크기는 같고 방향은 반대인 힘이 일직선상에서 작용해야 한다. 따라서 오른쪽으로 10 N의 힘이 작용해야 두 힘이 평형을 이룬다.

030 ㄱ, ㄷ, ㄹ. 힘이 평형을 이루기 위해서는 물체에 작용한 알짜힘이 0이어야 한다. 따라서 두 힘의 크기가 같고, 반대 방향으로 작용하며 두 힘이 일직선상에서 작용해야 한다.

031 과자가 정지해 있으므로 과자에 작용하는 알짜힘은 0이다. 과자에 작용하는 알짜힘이 0이기 위해서는 개미 A가 과자에 작용하는 힘과 반대 방향으로 개미 B가 과자에 힘을 작용해야 하고, 그 크기는 같아야 한다. 따라서 개미 B가 과자를 당기는 힘은 1 N이다.

032 힘의 평형을 이루면 물체에 작용하는 알짜힘이 0이므로 정지해 있던 물체는 정지한 운동 상태를 유지한다.
①, ②, ③, ⑤는 물체나 사람이 정지한 운동 상태를 유지하고 있으므로 힘의 평형을 이루고 있다.
바로 알기 | ④ 자동차에 힘을 작용하여 멈춰있던 자동차를 움직였기 때문에 힘의 평형을 이루지 않는다.

033 ㄴ. 물체가 힘 센서에 매달려 있으므로 힘 센서는 물체를 위로 끌어 올리고 있다.
ㄷ. 힘 센서가 물체에 작용하는 힘은 위쪽 방향으로 20 N이므로, 물체에는 아래쪽 방향으로 20 N의 힘이 작용해야 알짜힘이 0이 된다.
바로 알기 | ㄱ. 물체가 정지한 상태를 유지하고 있으므로 물체에 작용하는 알짜힘의 크기는 0이다.

난이도별 서술형 필수 기출 11쪽

034 **모범 답안** 과학에서 말하는 힘은 물체의 모양이나 운동 상태를 변화시키는 것으로, 보고서 작성은 이와 관련이 없기 때문에 과학에서 말하는 힘이 작용하지 않았다.
해설 과학에서 말하는 힘은 물체의 모양이나 운동 상태를 변화시키는 원인이다.

035 **모범 답안** (다), (다)의 농구공은 힘이 작용하여 물체의 운동 상태가 변한 것이고, (가), (나), (라)는 모래성, 접시, 풍선에 힘이 작용하여 물체의 모양이 변한 것이다.
해설 물체의 운동 상태는 물체의 속력이나 운동 방향을 나타낸다. (다)는 농구공이 날아가서 골대에 들어가는 모습이므로 농구공의 운동 상태가 변한 것이다. (가)는 모래로 모래성을 만든 모습, (나)는 접시가 깨진 모습, (라)는 풍선을 눌러 찌그러뜨린 모습이므로 물체의 모양이 변한 것이다.

036 **모범 답안** 축구공을 차는 힘의 크기나 방향이 같아도 힘의 작용점이 다르면 축구공이 다르게 날아간다.
해설 동일한 두 물체에 힘이 작용할 때 힘의 크기나 방향이 같아도 힘의 작용점이 다를 경우 두 물체의 운동 상태가 서로 달라질 수 있다.

037 **모범 답안** (1) 줄이 이동하지 않았으므로 줄에 작용하는 알짜힘은 0이다. 따라서 왼쪽 학생이 줄을 잡아당기는 힘의 크기와 오른쪽 학생이 줄을 잡아당기는 힘의 크기가 같으므로 오른쪽 학생이 줄을 잡아당기는 힘의 크기는 100 N이다.
(2) 두 학생이 줄을 당기는 힘의 크기가 같고, 힘의 방향이 반대이며, 두 힘이 일직선상에서 작용하고 있으므로 줄에 작용하는 두 힘이 평형을 이루어 줄이 이동하지 않는다.
해설 힘이 평형을 이루기 위해서는 두 힘의 크기가 같고, 반대 방향으로 작용하며 두 힘이 일직선상에 있어야 한다.

02 여러 가지 힘 - 중력, 탄성력

041 **모범 답안** 물체의 질량이 작을수록 물체에 작용하는 중력의 크기가
~~작을수록~~(클수록) 크다.
바로 알기 | 물체에 작용하는 중력의 크기는 물체의 무게이고, 9.8×질량
으로 구할 수 있으므로 물체의 질량이 클수록 물체의 무게도 크다.

042 **모범 답안** 물체에 작용하는 중력의 크기를 ~~질량~~(무게)이라고 하고, 물체의
고유한 양을 ~~무게~~(질량)라고 한다.
바로 알기 | 무게는 물체에 작용하는 중력의 크기로 측정 장소에 따라 달
라지고, 질량은 물체의 고유한 양으로 측정 장소가 달라져도 변하지 않
는다.

044 **모범 답안** 용수철을 잡아당길 때 탄성력의 방향은 용수철을 잡아당
긴 방향과 ~~같은~~(반대) 방향이다.
바로 알기 | 용수철을 오른쪽으로 잡아당기면 용수철에 작용하는 탄성력
의 방향은 용수철을 잡아당긴 방향과 반대 방향인 왼쪽으로 작용한다.

046 **모범 답안** 용수철을 잡아당겼을 때 용수철이 늘어난 길이와 용수철
의 탄성력의 크기는 ~~반비례~~(비례)한다.
바로 알기 | 용수철을 잡아당겼을 때 용수철이 늘어난 길이가 2 배, 3 배,
…가 되면, 용수철의 탄성력의 크기도 2 배, 3 배, …가 된다.

047 용수철에 가만히 매단 물체에는 연직 아래 방향으로 중력이 작
용하고, 연직 위 방향으로 탄성력이 작용하여 두 힘이 평형을 이룬다.

난이도별 필수 기출
15 쪽~19 쪽

048 지구와 같은 천체가 물체를 당기는 힘을 중력이라고 한다. 중
력은 달이나 행성과 같은 다른 천체에서도 작용한다.

049 중력의 방향은 지구 중심 방향이다. 따라서 (가)에서 중력의 방
향은 C이고, (나)에서 중력의 방향은 F이다.

050 ①, ② 폭포의 물은 아래로 흐르고, 고드름은 아래쪽으로 얼어
붙는다.
③, ⑦ 스키 점프나 스카이다이빙은 위에서 뛰어내려 땅으로 착지하는
운동이다.

④, ⑧ 암벽 등반 선수는 중력을 이겨내며 암벽을 오르고, 말뚝 박기 기
계는 중력을 이용하여 말뚝을 박는다.
⑥ 수력 발전소는 중력이 작용하여 물이 낮은 곳으로 떨어지는 힘을 이
용해 전기를 생산한다.
바로 알기 | ⑤ 용수철저울은 탄성력을 이용하여 힘의 크기를 측정하는
도구이다.

051 ①, ② 지구와 같은 천체가 물체를 지구 중심 방향으로 당기는
힘을 중력이라고 한다.
④, ⑥ 물체에 작용하는 중력의 크기를 물체의 무게라고 하며, 물체의
질량이 클수록 물체에 작용하는 중력의 크기가 크다.
⑤ 중력은 지구뿐만 아니라 다른 천체에서도 작용하며 천체마다 물체에
작용하는 중력의 크기가 다르다.
⑧ 눈과 비가 지구 중심 방향으로 떨어지는 것이므로 중력 때문이다.
바로 알기 | ③ 중력의 단위는 힘의 단위인 N(뉴턴)이고, kg(킬로그램)
은 질량의 단위이다.
⑦ 물체의 무게는 측정 장소에 따라 달라진다. 질량이 같은 물체라도 달
에서의 무게는 지구에서의 무게의 $\frac{1}{6}$ 배이다.

052 ㄱ. 지구와 같은 천체가 물체를 잡아당기는 힘은 중력이다.
ㄷ. 중력의 크기는 9.8×질량이므로 (9.8×10) N=98 N이다.
바로 알기 | ㄴ. 중력은 지구 중심 방향으로 작용한다. 물체는 (라) 방향으
로 중력을 받으므로 (라) 방향으로 떨어진다.

053 ㄱ. 사과는 중력이 작용하는 지구 중심 방향으로 떨어진다.
ㄴ. 사과에 작용하는 중력의 크기가 사과의 무게이다. 사과의 질량이 클
수록 사과에 작용하는 중력의 크기가 크므로 사과의 무게도 커진다.
바로 알기 | ㄷ. 나무에 매달린 사과에는 아래쪽 방향으로 중력이 작용하
고, 위쪽 방향으로 나무가 사과를 잡아당기는 힘이 작용한다. 두 힘이 평
형을 이루어 사과에 작용하는 알짜힘이 0이기 때문에 사과가 떨어지지
않는다.

054 ①, ② 중력이 작아지면 중력의 크기인 무게가 작아져서 짐이
가볍게 느껴진다.
③ 중력의 크기와 상관없이 중력의 방향은 항상 중력이 작용하는 천체의
중심 방향이다.
⑤ 중력이 작아지면 아래쪽으로 잡아당기는 힘이 작아지므로 같은 힘으
로 지구에서보다 높이 뛰어오를 수 있다.
바로 알기 | ④ 공을 위로 차올리면 공은 지구에서보다 중력이 작은 행성
에서 느리게 떨어진다.

055 표를 보면 지구에서 물체의 무게는 9.8×질량이므로 지구에서
질량이 5 kg인 물체의 무게는 (9.8×5) N=49 N이다.

056 무게의 단위는 N(뉴턴)으로 측정 기구는 용수철저울, 가정용
저울이다. 그리고 물체에 작용하는 중력의 크기로 장소에 따라 측정값이
달라진다. 질량의 단위는 kg(킬로그램), g(그램)으로 측정 기구는 양팔
저울, 윗접시저울이다. 그리고 물체의 고유한 양으로 장소에 상관없이
측정값이 같다.

057 질량은 물체의 고유한 양으로 측정 장소에 상관없이 일정하므로
지구에서 측정한 물체의 질량은 60 kg이다. 달에서 측정한 무게는 지구
에서 측정한 무게의 $\frac{1}{6}$이므로 지구에서 측정한 물체의 무게는 (98×6) N
=588 N이다.

058 ①, ② 질량은 물체의 고유한 양으로 측정 장소와 관계없이 항상 일정하다.

③, ④ 물체의 무게는 물체에 작용하는 중력의 크기로, 무게를 나타내는 단위는 힘의 단위인 N(뉴턴)이다.

⑤ 지구에서 물체의 무게는 9.8×질량이므로 지구에서 1 kg인 물체의 무게는 (9.8×1) N=9.8 N이다.

바로 알기 | ⑥ 물체의 질량을 측정할 때는 양팔저울, 윗접시저울을 사용하고, 무게를 측정할 때는 용수철저울이나 가정용 저울을 사용한다.

⑦ 지구에서 물체의 무게는 달에서의 6 배이다.

059 ㉠: 지구에서 무게는 9.8×질량이므로 지구에서 우주 비행사의 무게는 (9.8×60) N=588 N이다.

㉡: 달에서의 무게는 지구에서 무게의 $\frac{1}{6}$이므로 달에서 우주 비행사의 무게는 $\frac{588}{6}$ N=98 N이다.

㉢: 질량은 달에서 측정할 때와 지구에서 측정할 때가 같으므로 달에서 측정한 우주비행사의 질량은 60 kg이다.

060 ① 물체의 질량은 $\frac{무게}{9.8}$이므로 A의 질량은 $\left(\frac{49}{9.8}\right)$ kg=5 kg이다.

② 지구에서 물체의 무게는 달에서 무게의 6 배이다. 따라서 B를 지구에 가져갔을 때 측정한 무게는 (9.8×6) N=58.8 N이다.

④ 질량은 물체의 고유한 양으로 측정 장소와 관계없이 항상 일정하므로 A를 달에 가져가도 질량은 변화가 없다.

바로 알기 | ③ A를 달에 가져갔을 때 무게는 $\left(\frac{49}{6}\right)$ N≒8.2 N이다.

⑤ A의 질량은 5 kg이고, B의 질량은 $\left(\frac{58.8}{9.8}\right)$ kg=6 kg이다. 따라서 질량은 A가 B보다 작다.

061 ㄱ. 지구에서 무게는 9.8×질량이므로 지구에서 질량이 6 kg인 물체의 무게는 (9.8×6) N=58.8 N이다.

ㄴ. 화성의 중력은 지구의 $\frac{1}{3}$이므로 지구에서 무게가 58.8 N인 물체의 무게를 화성에서 측정하면 $\left(58.8×\frac{1}{3}\right)$ N=19.6 N이다.

ㄹ. 물체의 질량은 측정 장소에 관계없이 6 kg이다.

바로 알기 | ㄷ. 달에서 물체의 무게는 지구에서의 $\frac{1}{6}$ 배이고, 화성에서 물체의 무게는 지구에서의 $\frac{1}{3}$ 배이므로 물체의 무게는 달에서가 화성에서보다 작다. 달에서 물체의 무게는 화성에서의 $\frac{1}{2}$ 배이다.

062 10 N : 5 cm=20 N : x에서 용수철이 늘어난 길이 x는 $\left(\frac{20×5}{10}\right)$ cm=10 cm이다.

063 2 cm : 5 N=6 cm : x에서 용수철을 잡아당긴 힘의 크기 x는 $\left(\frac{6×5}{2}\right)$ N=15 N이다.

064 용수철을 잡아당긴 힘의 크기가 1 N씩 증가할 때마다 용수철이 2 cm씩 늘어나므로 용수철이 10 cm만큼 늘어났을 때 용수철에 매단 물체의 무게를 x라고 하면 2 cm : 1 N=10 cm : x에서 $x=\left(\frac{10}{2}\right)$ N =5 N이다.

065 **바로 알기 |** ② 수직추는 물체에 연직 아래 방향으로 중력이 작용하는 것을 이용하여 연직 아래 방향이 어디인지 찾을 때 사용한다.

③ 사람이 미끄럼틀을 타면 중력에 의해 아래로 내려간다.

066 ①, ② 용수철, 고무줄과 같이 힘을 받으면 원래 상태로 되돌아가려는 물체를 탄성체라고 하고, 탄성체가 원래 모양으로 되돌아가려는 힘을 탄성력이라고 한다.

⑤, ⑥ 탄성력의 크기는 탄성체에 가한 힘의 크기와 같고, 변형 정도가 클수록 커진다.

⑦ 컴퓨터 자판을 누르면 탄성력에 의해 자판이 튀어나온다.

바로 알기 | ③ 탄성체의 변형 정도가 탄성 한계를 넘어서면 더 이상 원래 모양으로 되돌아가지 않는다.

④ 탄성력의 방향은 탄성체를 변형시킨 힘의 방향과 반대 방향이다.

067 탄성력의 방향은 탄성체에 작용하는 힘의 방향과 반대 방향이다. A에서 용수철을 왼쪽으로 잡아당기고 있으므로 탄성력의 방향은 오른쪽이고, B에서 용수철을 오른쪽으로 잡아당기고 있으므로 탄성력의 방향은 왼쪽이다.

068 ① 용수철은 대표적인 탄성체이다.

② 추에 작용하는 중력은 연직 아래 방향이고, 탄성력의 방향은 연직 위 방향이다.

④, ⑤ 추가 1 개씩 늘어날 때마다 용수철이 늘어난 길이는 3 cm씩 더 늘어난다. 따라서 용수철에 매달린 추가 7 개이면 용수철의 길이는 (3× 7) cm=21 cm 늘어난다.

바로 알기 | ③ 용수철에 매달린 추에 작용하는 중력의 크기와 탄성력의 크기는 같다. 용수철에 매달린 추의 개수가 늘어날수록 용수철이 늘어난 길이도 늘어나므로 용수철이 늘어난 길이와 탄성력의 크기는 비례한다.

069

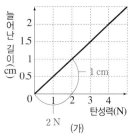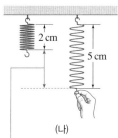

늘어난 길이=5 cm−2 cm=3 cm

(나)에서 용수철의 처음 길이가 2 cm이므로 용수철을 잡아당겼을 때 용수철이 늘어난 길이는 5 cm−2 cm=3 cm이다. (가)에서 용수철이 1 cm 늘어날 때마다 탄성력의 크기가 2 N씩 커지므로 용수철이 3 cm 늘어났을 때 탄성력의 크기는 (3×2) N=6 N이다. 따라서 (나)에서 용수철을 잡아 당긴 힘의 크기는 6 N이다.

070 ㄱ. 활이 휘어졌다가 원래 모양으로 되돌아가려는 탄성력에 의해 화살이 앞으로 날아간다.

ㄷ. (가)에서가 (나)에서보다 활시위를 더 많이 당겼으므로 활이 휘어진 정도는 (가)가 더 크다. 탄성체의 변형 정도가 클수록 탄성력의 크기가 커지므로 탄성력의 크기는 (가)에서가 (나)에서보다 크다.

바로 알기 | ㄴ. 탄성력의 방향은 탄성체를 변형시킨 힘의 방향과 반대 방향이다.

071 2 kg : (8−x) cm=3 kg : (10−x) cm이므로 2×(10−x) =3×(8−x)=20−2x=24−3x에서 x=4이다. 따라서 용수철의 처음 길이는 4 cm이다.

072

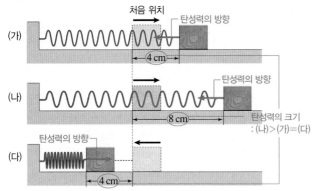

① (가)에서 용수철을 오른쪽으로 당겼으므로 물체에 작용하는 탄성력의 방향은 왼쪽이다.

② (나)에서가 (가)에서보다 용수철을 더 많이 당겼으므로 탄성력의 크기는 (나)에서가 (가)에서보다 크다.

④ (다)에서는 용수철을 왼쪽으로 밀었으므로 탄성력의 방향이 오른쪽이다. (나)는 탄성력의 방향이 왼쪽이므로 (나)와 (다)에서 탄성력의 방향은 서로 반대이다.

⑤ (가)와 (다)에서 탄성력의 방향은 다르지만, 용수철을 변형시킨 길이가 4 cm로 같으므로 탄성력의 크기는 같다.

바로 알기 | ③ (나)에서 용수철을 변형시킨 길이가 8 cm이고, (다)에서 용수철을 변형시킨 길이가 4 cm이므로 (다)보다 (나)에서 용수철에 탄성력이 더 크게 작용한다.

073
용수철저울은 추의 무게를 측정하고, 달에서 물체의 무게는 지구에서의 $\frac{1}{6}$이다. 용수철에 같은 추를 매달았을 때 달에서 용수철이 늘어난 길이는 지구에서 용수철이 늘어난 길이의 $\frac{1}{6}$이다. 이때 달에서 매단 추의 질량이 지구에서 매단 추의 질량의 3 배이므로 달에서 질량이 12 kg인 물체를 매달았을 때 늘어난 길이는 지구에서 질량이 4 kg인 추를 매달았을 때 늘어난 길이의 $3 \times \frac{1}{6} = \frac{1}{2}$ 배이다. 따라서 달에서 질량이 12 kg인 물체를 매달았을 때 용수철이 늘어난 길이는 6 cm $\times \frac{1}{2} = 3$ cm이다.

난이도별 서술형 필수 기출
20 쪽~21 쪽

074 모범 답안

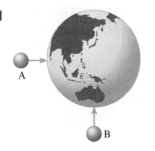

중력이 지구 중심 방향으로 작용하기 때문에 물체 A, B가 지구 중심 방향으로 움직인다.

해설 지구에서 작용하는 중력은 항상 지구 중심 방향으로 작용한다.

075 모범 답안
(1) A의 질량은 측정 장소와 상관없이 $(\frac{147}{9.8})$ kg= 15 kg이다.

(2) B의 무게를 지구에서 측정하면 달에서 측정할 때보다 6 배이다. 따라서 지구에서 측정한 B의 무게는 (147×6) N=882 N이다.

해설 질량은 물체의 고유한 양으로 측정 장소와 상관없이 일정하다. 지구에서의 무게는 달에서의 6 배이다.

076 모범 답안
중력, 위로 던진 공이 땅으로 떨어진다. 폭포의 물이 위에서 아래로 흐른다. 등

해설 고드름이 아래쪽으로 얼어붙는 것은 중력이 연직 아래 방향으로 작용하기 때문이다.

077 모범 답안
4 개, 달에서 사과의 무게는 지구에서보다 $\frac{1}{6}$ 배이지만, 달에서 추 4 개의 무게도 동일하게 지구에서보다 $\frac{1}{6}$ 배이다. 또는, 윗접시저울은 물체의 질량을 측정하고, 질량은 측정 장소와 상관없이 동일하다. 따라서 지구와 달에서 윗접시저울이 균형을 이루기 위해 필요한 추의 개수가 같다.

해설 윗접시저울은 질량을 측정하는 도구이다. 질량은 측정 장소와 상관없이 지구에서나 달에서 똑같다.

078 모범 답안
물체의 무게를 지구에서 측정하면 행성 A에서 측정할 때보다 $\frac{1}{4}$ 배이므로 지구에서 측정한 물체의 무게는 $(196 \times \frac{1}{4})$ N=49 N이다. 따라서 물체의 질량은 $(\frac{49}{9.8})$ kg=5 kg이다.

해설 행성 A에서 작용하는 중력의 크기가 지구에서보다 4 배이므로 A에서 측정한 물체의 무게는 지구에서 측정할 때의 4 배이다.

079 모범 답안
탄성력, 용수철을 누르는 힘의 방향과 반대 방향인 위쪽으로 힘이 작용한다.

해설 탄성력의 방향은 탄성체에 작용하는 힘과 반대 방향이다.

080 모범 답안
용수철이 3 cm 늘어날 때 추의 무게는 2 N씩 커지므로 3 cm : 2 N=21 cm : x에서 물체의 무게 x=14 N이다.

해설 용수철이 늘어난 길이와 용수철에 매단 추의 무게는 비례한다.

081 모범 답안
용수철을 왼쪽으로 밀면 탄성력은 오른쪽으로 작용한다. 탄성력의 크기를 x라고 하면 6 cm : 10 N=3 cm : x이므로 탄성력의 크기 $x = \frac{30}{6}$ N=5 N이다.

해설 탄성력은 변형된 탄성체가 원래 상태로 되돌아가려는 힘이므로 탄성체를 변형한 힘과 반대 방향으로 작용하고, 탄성체를 변형한 정도가 클수록 탄성력의 크기가 커진다.

082 모범 답안
(1) 7 개
(2) 용수철에 매단 추의 개수가 1 개씩 증가할 때마다 용수철이 늘어난 길이가 3 cm씩 늘어난다. 따라서 용수철에 매단 추의 개수와 용수철에 작용하는 탄성력의 크기는 비례한다.

해설 용수철이 늘어난 길이가 21 cm일 때, 용수철에 매단 추의 개수가 x 개라고 하면, 3 cm : 1 개=21 cm : x 개에서 $x = \frac{21}{3} = 7$이므로 7 개이다.

083 모범 답안
중력, 탄성력, 중력은 지구 중심 방향인 연직 아래 방향으로 작용한다. 탄성력은 탄성체인 고무줄이 늘어나는 방향과 반대 방향으로 작용하므로 연직 위 방향으로 작용한다.

해설 시간이 지나면 중력과 탄성력이 평형을 이루어 사람은 더 이상 움직이지 않는다.

03 여러 가지 힘 - 마찰력, 부력

085 모범답안 마찰력은 물체가 운동하거나 운동하려고 하는 방향과 같은 방향으로 작용한다.
                                                    반대
바로 알기 | 마찰력은 물체의 운동을 방해하는 힘이므로 물체가 운동하거나 운동하려고 하는 방향과 반대 방향으로 작용한다.

087 모범답안 물체가 미끄러지지 않아야 하는 경우에는 마찰력을 작게 한다.
                                                        크게
한다.

088 모범답안 창문이 잘 열리도록 하기 위해 창틀 사이에 작은 바퀴를 설치하여 마찰력을 크게 한다.
                                        작게
바로 알기 | 물체가 잘 미끄러져야 하는 경우는 마찰력을 작게 한다.

090 모범답안 부력의 방향은 중력의 방향과 같은 방향이다.
                                        반대
092 모범답안 (부력의 크기)=(물속에서 물체의 무게)−(물 밖에서 물
                            물 밖   물속
체의 무게)
바로 알기 | 물체에 작용하는 부력의 크기는 물체가 물에 잠긴 후 감소한 무게와 같다.

난이도별 필수 기출

25 쪽~29 쪽

094 ②   095 ②, ⑤   096 ⑤   097 ②   098 ⑤
099 ②, ⑥, ⑦   100 ④   101 ①, ④   102 ⑤
103 ②   104 ②   105 ①, ⑤   106 ②   107 ④
108 ③   109 ①   110 ③   111 ④   112 ①, ③
113 ②   114 ④   115 ⑥   116 ⑤   117 ②
118 ②, ⑤

094 마찰력은 접촉면에서 물체의 운동을 방해하는 힘으로 물체의 운동 방향과 반대 방향으로 작용한다. 물체의 운동 방향은 D이므로 마찰력의 방향은 B이다.

095 물체에 작용하는 마찰력의 크기는 접촉면이 거칠수록, 물체의 무게가 무거울수록 크다.

096

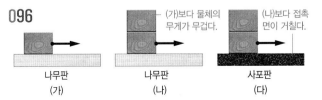

나무판 (가)   나무판 (나)   사포판 (다)
(가)보다 물체의 무게가 무겁다.   (나)보다 접촉면이 거칠다.

마찰력의 크기는 물체의 무게가 무거울수록 크고, 접촉면이 거칠수록 크다. 따라서 마찰력의 크기는 (나)에서가 (가)에서보다 크고, (다)에서가 (나)에서보다 크므로 (다)>(나)>(가) 순으로 크다.

097 ㄱ. 빙판길에 모래를 뿌리면 마찰력이 커져 미끄러지지 않고 안전하게 걸을 수 있다.
ㅁ, ㅂ. 고무장갑의 손바닥 부분과 등산화의 바닥 부분을 울퉁불퉁하게 만들면 마찰력이 커져 미끄러지지 않는다.
바로 알기 | ㄴ. 눈 위에서 스노보드를 타면 마찰력이 작아져 잘 미끄러질 수 있다.
ㄷ. 자전거 체인에 기름을 칠하면 마찰력이 작아져 체인이 부드럽게 돌아간다.
ㄹ. 컬링 경기에서 얼음을 문지르면 얼음이 녹으며 마찰력이 작아진다. 따라서 스톤이 더 잘 미끄러진다.

098 ①, ②, ③, ④는 잘 미끄러지도록 마찰력을 작게 하는 예이다.
바로 알기 | ⑤ 계단과 같은 곳에서 미끄러지지 않도록 미끄럼 방지 패드를 붙여서 마찰력을 크게 한다.

099 ① 마찰력은 물체가 다른 물체와 접촉해 있을 때 접촉면에서 물체의 운동을 방해하는 힘으로 두 물체가 접촉한 상태에서만 작용한다.
③, ④ 마찰력의 방향은 물체의 운동 방향이나 물체가 운동하려는 방향과 반대 방향으로 작용한다. 따라서 물체에 힘을 작용해도 물체가 계속 정지해 있으면 물체에 작용하는 힘과 반대 방향으로 마찰력이 작용한다.
⑤ 마찰력의 크기는 접촉면이 거칠수록, 물체의 무게가 무거울수록 크다.
바로 알기 | ② 마찰력은 접촉면에서 물체의 운동을 방해하는 힘이다.
⑥ 접촉면의 넓이는 마찰력의 크기와 관계가 없다.
⑦ 짐을 많이 실으면 수레가 무거워져 수레에 작용하는 마찰력이 커진다.

100

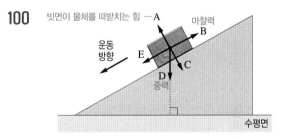

빗면이 물체를 떠받치는 힘 — A   마찰력 B   운동 방향 E   C   D 중력   수평면

중력의 방향은 항상 연직 아래 방향이므로 D이다. 마찰력의 방향은 나무 도막의 운동 방향과 반대 방향이므로 B이다.

101 ① 나무 도막이 움직이기 시작할 때 나무 도막을 당기는 힘의 크기는 나무 도막에 작용하는 마찰력의 크기를 나타낸다. 따라서 측정된 힘의 크기는 마찰력의 크기를 나타낸다.
④ (가)와 (다)는 같은 나무 도막 1 개를 나무판과 유리판 위에서 각각 잡아당기므로 접촉면의 거칠기에 따른 마찰력의 크기를 비교할 수 있다.
바로 알기 | ② 마찰력의 크기는 물체의 무게가 무거울수록, 접촉면이 거칠수록 크므로 나무 도막에 작용하는 마찰력의 크기는 (나)>(가)>(다) 순으로 크다. 따라서 마찰력의 크기가 가장 작은 것은 (다)이다.
③ (가)와 (나)에서는 나무 도막의 무게가 다르므로 마찰력의 크기가 다르다.
⑤ 나무 도막의 무게와 마찰력의 크기 사이의 관계를 알기 위해서는 동일한 나무판 위에서 나무 도막의 무게만 다르게 실험한 (가)와 (나)를 비교해야 한다.

102 (가)와 (나)는 접촉면의 넓이가 다르지만 나무 도막의 무게와 접촉면의 거칠기가 같으므로 마찰력의 크기가 같다. (다)는 (가)와 (나)보다 나무 도막의 무게가 무거우므로 마찰력의 크기가 크다. (라)는 (다)보다 접촉면이 거칠기 때문에 마찰력의 크기가 크다. 따라서 마찰력의 크기는 (라)>(다)>(가)=(나)이다.

103 ② (다)와 (라)를 비교해 보면 접촉면이 거칠수록 마찰력의 크기가 크다는 것을 알 수 있다.

바로 알기 | ① (가)와 (다)를 비교해 보면 물체의 무게가 무거울수록 마찰력의 크기가 크다는 것을 알 수 있다.

④, ⑤ (가)와 (나)를 비교해 보면 접촉면의 넓이는 마찰력의 크기와 관계없다는 것을 알 수 있다.

104 자동차 바퀴에 체인을 감아 마찰력을 크게 하면 눈길에 바퀴가 미끄러지지 않는다.

ㄱ. 장갑이나 양말에 고무를 덧대면 마찰력이 커져 미끄러지지 않는다.

ㄷ. 체조 선수는 손이 미끄러지는 것을 방지하기 위해 손에 백색 가루를 묻혀 마찰력을 크게 한다.

바로 알기 | ㄴ. 수영장 미끄럼틀에 물을 뿌리면 마찰력이 작아져 잘 미끄러진다.

ㄹ. 수직추는 중력이 연직 아래 방향으로 작용하는 것을 이용하여 수직을 확인할 수 있다.

105 ② 물체가 정지해 있으므로 물체에 작용하는 두 힘은 평형 상태이다.

③, ④ 물체에 작용하는 알짜힘이 0이므로 물체에 작용하는 마찰력은 물체를 잡아당기는 힘과 크기가 같고 방향이 반대이다. 따라서 물체에 작용하는 마찰력의 방향은 왼쪽이고, 크기는 10 N이다.

바로 알기 | ① 물체에는 물체를 잡아당기는 힘과 물체가 운동하는 것을 방해하는 마찰력이 작용한다.

⑤ 물체의 무게가 더 무거워져도 물체를 잡아당기는 힘의 크기가 10 N이면 정지해 있는 물체에 작용하는 마찰력은 10 N이다. 만약 물체를 움직일 수 있을 만큼 더 큰 힘으로 물체를 잡아당길 때, 물체의 무게가 더 무거워지면 물체에 작용하는 마찰력이 더 커져 물체가 움직이지 않을 수 있다.

106 ㄷ. 접촉면을 더 거칠게 하면 마찰력의 크기가 더 커지므로 나무 도막을 움직이기 위해서는 3 N보다 더 큰 힘으로 잡아당겨야 한다.

바로 알기 | ㄱ. 나무 도막을 2 N의 힘으로 잡아당길 때는 나무 도막을 잡아당기는 힘과 마찰력이 힘의 평형을 이루므로 나무 도막이 움직이지 않는다. 따라서 나무 도막에는 2 N의 마찰력이 작용한다.

ㄴ. 3 N의 힘으로 나무 도막을 잡아당길 때 나무 도막에 작용하는 알짜힘이 0이라면 나무 도막은 움직이지 않는다. 나무 도막에 작용하는 마찰력이 3 N보다 조금 작기 때문에 나무 도막에 작용하는 알짜힘이 0이 아니므로 나무 도막이 움직인다.

107 ㄴ. 접촉면의 거칠기는 사포판 > 나무판 > 유리판 순으로 거칠고, 나무 도막이 미끄러지는 순간의 기울기는 사포판 > 나무판 > 유리판 순으로 크다. 따라서 접촉면이 거칠수록 미끄러지는 순간의 기울기가 크다.

ㄷ. 판의 기울기가 클수록 경사면의 아래 방향으로 중력이 나무 도막을 잡아당기는 힘의 크기가 커진다. 따라서 나무 도막이 미끄러지기 시작한 기울기가 클수록 나무 도막이 쉽게 미끄러지지 않은 것이다. 즉 미끄러지는 기울기가 클수록 나무 도막에 작용하는 마찰력이 크다.

바로 알기 | ㄱ. 마찰력의 방향은 물체가 운동하려고 하는 방향의 반대 방향이다. 판을 기울이면 중력에 의해 기울어진 경사면의 아래 방향으로 나무 도막을 잡아당기는 힘이 작용한다. 따라서 마찰력의 방향은 기울어진 경사면의 위 방향이다.

108 부력은 액체나 기체에 잠긴 물체를 위로 밀어 올리는 힘이므로 튜브에 작용하는 부력의 방향은 위쪽이다.

109 물체에 작용하는 부력의 크기는 물체가 물에 잠긴 후 감소한 무게와 같다. 따라서 물체에 작용하는 부력의 크기는 20 N − 15 N = 5 N이다.

110 오리가 물에 떠서 정지해 있으므로 오리에게 작용하는 중력과 부력은 힘의 평형을 이루고 있다. 따라서 오리에게 작용하는 부력의 크기는 오리의 무게와 같은 10 N이다.

111 무거운 배가 물에 뜨고, 헬륨 풍선이 공기 중에서 높이 떠오르며, 구명환이 물에 떠 있는 것은 모두 물체에 부력이 작용하여 생기는 현상이다.

112 ② 중력은 물체를 연직 아래 방향으로 잡아당기고, 부력은 물체를 위로 밀어 올리므로 부력과 중력은 서로 반대 방향으로 작용한다.

④, ⑤ 부력의 크기는 물에 잠긴 물체의 부피가 클수록 크다. 따라서 무게가 같은 물체라도 부피가 크면 물에 잠겼을 때 부력의 크기가 크다.

⑥, ⑦ 물체에 작용하는 중력이 부력보다 크면 물체는 가라앉고, 부력이 중력보다 크면 물체는 떠오른다.

바로 알기 | ① 부력은 액체와 기체에 잠긴 물체에 작용하는 힘이다.

③ 물속에서 부력은 물체를 위로 밀어 올리는 방향으로 작용한다.

113

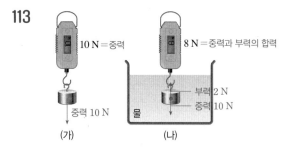

① (가)에서 힘 센서로 측정한 힘의 크기는 중력의 크기이다.

③ 부력은 중력의 방향과 반대 방향인 위쪽으로 작용한다.

④ 물체에 작용하는 부력의 크기는 물체가 물에 잠긴 후 감소한 무게이므로 10 N − 8 N = 2 N이다.

⑤ 부력은 물에 잠긴 물체의 부피가 클수록 커진다. 따라서 물체를 반만 잠기게 하면 물에 잠긴 물체의 부피가 줄어들어 부력의 크기는 작아지고 힘 센서에 측정된 힘의 크기는 커진다.

바로 알기 | ② (나)에서 힘 센서로 측정한 힘의 크기는 중력과 부력의 합력의 크기이다. 물체에 작용하는 중력의 크기는 물속에서도 똑같이 10 N이다.

114 ㄴ. 용수철저울의 눈금은 (물체의 무게) − (물체에 작용하는 부력의 크기)를 나타낸다. 따라서 용수철저울의 눈금은 (가)가 (나)보다 크다.

ㄷ. (가)에서 물에 잠긴 물체의 부피가 (나)에서의 절반이므로 부력의 크기도 절반이다. (나)에서 물체에 작용한 부력의 크기가 30 N − 20 N = 10 N이므로 (가)에서 물체에 작용한 부력의 크기는 5 N이다. 따라서 (가)에서 용수철저울의 눈금은 30 N − 5 N = 25 N이다.

바로 알기 | ㄱ. 부력의 크기는 물에 잠긴 물체의 부피가 클수록 크다. 물에 잠긴 물체의 부피가 (나) > (가)이므로 부력의 크기도 (나) > (가)이다.

115 ㄷ. B의 부피가 A의 부피보다 크므로 A, B가 물에 완전히 잠겼을 때 B에 작용하는 부력이 A에 작용하는 부력보다 크다.

바로 알기 | ㄱ. B에 작용하는 부력이 A에 작용하는 부력보다 크므로 두 왕관을 물속에 완전히 잠기게 하면 B를 밀어 올리는 힘이 더 크다. 따라서 양팔저울은 A 쪽으로 기울어진다.

ㄴ. A와 B의 질량이 같으므로 물속에서 A와 B에 작용하는 중력의 크기도 같다.

116

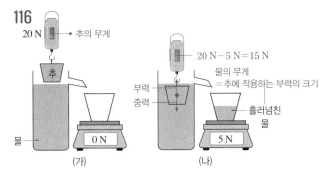

ㄱ. 물에 잠긴 추에 작용하는 부력의 크기는 추가 물에 잠기면서 흘러넘친 물의 무게와 같다. 따라서 (나)에서 추에 작용하는 부력의 크기는 5 N이다.

ㄴ. (나)에서 힘 센서에 측정된 값은 (추에 작용하는 중력의 크기)−(추에 작용하는 부력의 크기)와 같다. 무게가 20 N인 추에 5 N의 부력이 작용하므로 힘 센서에 측정된 값은 20 N−5 N=15 N이다.

ㄷ. 추를 넣기 전에 물이 가득 차 있었으므로 추를 넣으면 추의 부피만큼 물이 흘러넘친다.

117

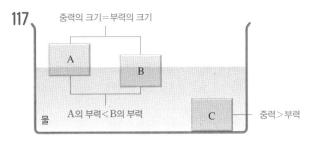

② B는 물에 뜬 상태로 정지해 있으므로 알짜힘이 0이다. 따라서 B에 작용하는 중력과 부력은 크기는 같고 방향이 반대이다.

바로 알기 | ① A와 B는 물에 잠긴 부피가 다르므로 물체에 작용하는 부력의 크기도 다르다.

③ B는 C보다 물에 잠긴 부피가 작다. 따라서 B에 작용하는 부력의 크기는 C보다 작다.

④ C는 물에 뜨지 않고 바닥에 가라앉아 있으므로 C에 작용하는 중력의 크기는 부력보다 크다. 따라서 C에 작용하는 중력과 부력은 힘의 평형을 이루지 않는다.

⑤ A와 B에 작용하는 중력과 부력은 각각 크기가 같고, C에 작용하는 중력은 부력보다 크기가 크다. 이때 A는 B와 C보다 물에 잠긴 부피가 작으므로 A에 작용하는 부력은 B와 C보다 작다. 따라서 A에 작용하는 중력의 크기는 B와 C에 작용하는 중력의 크기보다 작다.

118 ① 달과 지구 사이에는 중력이 작용하여 서로 잡아당기므로 달이 지구 주위를 벗어나지 못하고 돌고 있다.

③ 번지 점프를 할 때는 안전을 위해 매다는 고무줄의 탄성력으로 다시 튀어 오른다.

④ 겨울철 도로가 얼면 마찰력이 작아지므로 길이 미끄럽다.

⑥ 헬륨을 채운 비행선은 기체 속에서 부력을 받아 위로 떠오른다.

⑦ 부표에는 부력이 작용하여 부표가 물에 뜬다.

바로 알기 | ② 수영장 미끄럼틀에 물을 뿌리는 것은 마찰력을 작게 하는 예이다.

⑤ 고무공을 깔고 앉으면 튕겨져 나오는 것은 고무공의 탄성력과 관련된 현상이다.

119 모범 답안 마찰력의 크기는 접촉면이 거칠수록, 물체의 무게가 무거울수록 커진다.

해설 마찰력의 크기는 접촉면의 넓이와는 관계가 없다.

120 모범 답안 (나), 나무 도막이 움직이는 순간 용수철저울의 눈금은 나무 도막에 작용하는 마찰력의 크기를 나타낸다. 마찰력은 접촉면이 거칠수록, 물체의 무게가 무거울수록 크므로 (나)가 가장 크다.

해설 마찰력은 접촉면이 거칠수록, 물체의 무게가 무거울수록 크다. (나)는 (가)보다 물체의 무게가 무겁고, (다)보다 접촉면이 거칠다. 따라서 (나)는 (가)와 (다)보다 마찰력의 크기가 크다.

121 모범 답안 (1) 창문을 열기 쉽도록 창틀에 바퀴를 설치한다. 자전거 체인에 윤활유를 칠한다. 등

(2) 계단에 미끄럼 방지 패드를 붙인다. 고무장갑의 손바닥 부분을 울퉁불퉁하게 만든다. 등

해설 잘 미끄러져야 하는 경우에는 마찰력을 작게 하고, 미끄러지지 않아야 하는 경우에는 마찰력을 크게 한다.

122 모범 답안 탄성력과 마찰력, 탄성력은 왼쪽 방향으로 작용하고, 마찰력도 왼쪽 방향으로 작용한다.

해설 용수철을 오른쪽으로 잡아당겼으므로 탄성력은 왼쪽으로 작용한다. 나무 도막이 오른쪽 방향으로 이동하므로 마찰력은 왼쪽 방향으로 작용한다.

123 모범 답안 (1) 사포>나무>플라스틱

(2) 접촉면이 거칠수록 마찰력의 크기가 커진다.

해설 빗면을 들어올리면 빗면 아래 방향으로 작용하는 힘이 점점 커진다. 따라서 빗면을 천천히 들어올릴 때 나무 도막이 미끄러지기 시작하는 평균 각도가 클수록 나무 도막에 작용하는 마찰력의 크기가 큰 것이다. 접촉면이 거칠수록 나무 도막이 미끄러지기 시작하는 평균 각도가 크므로 접촉면이 거칠수록 마찰력의 크기가 커진다는 것을 알 수 있다.

124 모범 답안 • 방향: 위쪽

• 크기: 부력의 크기는 물체가 물에 잠긴 후 감소한 무게와 같으므로 5 N−3 N=2 N이다.

해설 부력의 방향은 중력의 방향과 반대 방향인 위쪽이고, 부력의 크기는 물체가 물에 잠긴 후 감소한 무게와 같다.

125 모범 답안 왼쪽, 오른쪽 쇠구슬이 물에 잠기면 오른쪽 쇠구슬에 부력이 위쪽으로 작용하므로 막대가 왼쪽으로 기울어진다.

해설 부력은 물에 잠긴 물체를 위로 밀어 올리는 힘이다.

126 모범 답안 (나), 물에 잠긴 물체의 부피가 클수록 부력의 크기가 크므로 페트병 전체가 물속에 잠긴 (나)에 작용하는 부력의 크기가 (가)보다 크다.

해설 부력의 크기는 물에 잠긴 물체의 부피가 클수록 크다.

127 모범 답안 (1) B, 화물선이 물에 잠긴 부피가 클수록 부력의 크기가 크므로 B에 작용하는 부력의 크기가 A보다 크다.

(2) B, A와 B는 모두 물에 떠 있으므로 화물선에 작용하는 중력과 부력이 힘의 평형을 이루고 있다. 화물선에 작용하는 부력의 크기는 B가 A보다 크므로 화물선에 작용하는 중력의 크기도 B가 A보다 크다.

해설 힘의 평형을 이루고 있는 두 힘은 크기가 같다.

128 모범 답안 (1) 잠수함의 공기 조절 탱크에 물을 가득 채우면 잠수함이 무거워져 잠수함에 작용하는 중력의 크기가 커진다. 그리고 잠수함이 잠수하면 물에 잠긴 부피가 커지며 잠수함에 작용하는 부력도 커진다.
(2) 잠수함이 잠수한 수심을 유지하기 위해서는 잠수함에 작용하는 중력과 부력의 크기가 같아지는 정도로만 공기 조절 탱크에 물을 채워야 한다.
해설 잠수함에 작용하는 중력의 크기가 부력보다 커지면 잠수함은 가라앉고, 잠수함에 작용하는 부력의 크기가 중력보다 커지면 잠수함은 떠오른다.

04 힘의 작용과 운동 상태 변화

O X로 개념 확인
34 쪽

| 129 ○ | 130 ○ | 131 × | 132 × | 133 ○ |
| 134 ○ | 135 × | 136 ○ | 137 × | 138 ○ |

130 가만히 놓여 정지해 있는 물체에 작용하는 알짜힘은 0이다. 탁자 위에 가만히 놓여 있는 화분에 작용하는 중력의 크기가 10 N이므로 탁자가 화분을 떠받치는 힘의 크기도 10 N이다.

131 모범 답안 운동하고 있는 물체에 작용하는 알짜힘이 0이면 물체는 ~~점점 느려지다가 운동을 멈춘다.~~ 일정한 속력으로 계속 운동한다.
바로 알기 | 물체에 작용하는 알짜힘이 0이면 물체의 운동 상태가 변하지 않으므로 일정한 속력으로 계속 운동한다.

132 모범 답안 물체의 운동 방향과 수직 방향으로 알짜힘이 작용하면 나란한
물체는 운동 방향은 변하지 않고, 속력만 변하는 운동을 한다.

135 모범 답안 물체의 운동 방향과 나란한 방향으로 알짜힘이 계속 작 수직
용하면 물체는 일정한 속력으로 원을 그리며 운동한다.
바로 알기 | 물체의 운동 방향과 수직 방향으로 알짜힘이 계속 작용하면 물체의 운동 방향만 변하므로 물체는 속력이 일정한 원운동을 한다.

137 모범 답안 줄에 매달려 같은 경로를 왕복하는 운동을 하는 물체는 속력이 변하지 않고 일정하다. 느려지고, 빨라지기를 반복한다.
바로 알기 | 줄에 매달려 같은 경로를 왕복하는 운동을 하는 물체는 알짜힘이 운동 방향과 비스듬한 방향으로 작용하므로 물체의 속력과 운동 방향이 모두 변한다.

난이도별 필수 기출
35 쪽~40 쪽

139 ③	140 ①	141 ③	142 ①	143 ⑤
144 ③	145 ②	146 ⑤	147 ⑤	148 ②
149 ⑤	150 ④	151 ③	152 ②	153 ③, ⑤
154 ①	155 ②	156 ⑤	157 ④	158 ③
159 ③	160 ③	161 ②	162 ③	163 ④
164 ④	165 ③	166 ⑤		

139 속력은 단위 시간 동안 물체가 이동한 거리를 나타낸다.

140 운동 상태는 물체의 속력과 운동 방향을 나타낸다. 따라서 일정한 운동 상태를 유지하는 물체는 속력과 운동 방향이 모두 일정한 운동을 하는 물체이다. 운동장 위를 구르는 공은 마찰력이 작용하여 시간에 따라 속력이 점점 느려진다.

141

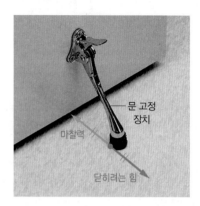

문 고정 장치는 고정 장치와 바닥 사이에 마찰력이 작용하여 문이 닫히지 않고 정지한 상태를 유지하게 한다. 이때 마찰력은 문을 닫으려고 하는 힘과 평형을 이룬다.

142 ㄱ. 정지해 있는 물체에 작용하는 알짜힘이 0이면 물체는 정지한 상태를 유지한다.
바로 알기 | ㄴ, ㄷ. 운동하는 물체에 작용하는 알짜힘이 0이면 물체는 속력과 운동 방향이 변하지 않고 일정한 운동을 한다.

143 책상 위에 놓인 시계에는 지구 중심 방향으로 잡아당기는 중력이 작용하고, 중력과 크기는 같고 방향은 반대 방향으로 책상이 물체를 떠받치는 힘이 작용한다. 두 힘이 평형을 이루므로 시계에 작용하는 알짜힘은 0이다. 따라서 정지해 있는 시계는 계속 정지한 상태를 유지한다.

144 가방이 움직이지 않는 것은 가방에 작용하는 힘들이 평형을 이루어 가방에 작용하는 알짜힘이 0이기 때문이다. 따라서 가방을 가만히 들고 있는 힘은 가방에 작용하는 중력과 방향이 반대이고, 크기가 같으므로 가방의 무게는 50 N이다.

145 ㄷ. 직선상에서 물체의 속력이 일정하므로 물체에 작용하는 알짜힘은 0이다.
바로 알기 | ㄱ. 시간에 따라 물체의 위치가 계속 변하므로 물체는 정지해 있지 않고, 계속 움직이고 있다.
ㄴ. 위치 – 시간 그래프에서 기울기는 속력을 나타낸다. 그래프가 직선 그래프이므로 그래프의 기울기는 일정하다. 따라서 물체의 속력은 일정하다.

146 ㄱ. 추가 정지해 있으므로 추에 작용하는 알짜힘은 0이다. 따라서 용수철의 탄성력은 추에 작용하는 중력과 크기가 같으므로 5 N 이다.
ㄴ. 추에 작용하는 알짜힘이 0이므로 추에 작용하는 탄성력과 중력은 평형을 이루고 있다.
ㄷ. 용수철의 탄성력은 용수철에 매달린 추에 작용하는 중력과 크기가 같으므로 용수철이 늘어난 길이로 용수철에 매달린 물체의 무게를 알 수 있다. 이와 같은 방식으로 물체의 무게를 측정하는 것이 용수철저울의 원리이다.

147 ⑤ 공의 운동 방향이 일정하고, 속력이 빨라지기 위해서는 공의 운동 방향과 같은 방향으로 알짜힘이 작용해야 한다.

바로 알기 | ①, ③ 공이 운동하면서 간격이 점점 넓어지므로 공의 속력이 점점 빨라지고 있다.

②, ④ 공이 일직선상에서 운동하므로 운동 방향은 변하지 않았다.

148 물체의 운동 방향과 나란한 방향으로 알짜힘이 작용하면 물체의 운동 방향은 변하지 않고 속력만 변한다.

바로 알기 | ② 에스컬레이터는 물체의 운동 방향과 속력이 모두 변하지 않으므로 운동하는 물체에 작용하는 알짜힘이 0인 예이다.

149 물체의 속력이 일정하고, 물체의 운동 방향이 계속 변하는 것은 물체가 속력이 일정한 원운동을 하는 예이다. 이러한 물체에는 운동 방향과 수직 방향으로 알짜힘이 계속 작용한다.

⑤ 일정한 속력으로 움직이는 회전목마는 속력이 일정한 원운동을 한다.

바로 알기 | ①, ③, ④ 위로 올라가는 승강기와 낙하하는 자이로 드롭, 빗면을 내려오는 스키 점프 선수는 운동 방향과 나란한 방향으로 알짜힘이 작용하여 물체의 속력만 변하는 운동을 한다.

② 비스듬히 던져 올린 공은 운동 방향과 비스듬한 방향으로 중력이 작용하여 물체의 속력과 운동 방향이 모두 변하는 운동을 한다.

150 속력이 일정한 원운동을 하는 물체는 원의 접선 방향으로 운동을 한다. 이러한 물체에는 운동 방향과 수직 방향인 원의 중심 방향으로 알짜힘이 작용한다. 따라서 (가) 물체의 운동 방향은 B이고, (나) 알짜힘의 방향은 D이다.

151 빗면을 굴러가는 공에는 운동 방향과 같은 방향으로 알짜힘이 작용하므로 운동 방향이 일정하고, 속력은 일정하게 빨라지는 운동을 한다. 따라서 물체의 속력은 시간에 따라 일정하게 증가하는 그래프로 나타난다.

152 공이 수평면에서 직선으로 굴러가다 마찰력이 작용하여 서서히 멈추므로 공에는 운동 방향과 반대 방향으로 알짜힘이 작용한다. 따라서 공은 운동 방향은 변하지 않고, 속력이 점점 느려지는 운동을 한다. 이와 비슷한 운동은 ②이다. 공을 연직 위로 던져 올리면 공에 중력이 운동 방향과 반대 방향으로 작용하여 속력만 점점 느려지는 운동을 한다.

바로 알기 | ① 자유 낙하 하는 돌은 물체에 중력이 운동 방향과 같은 방향으로 작용하여 운동 방향은 변하지 않고, 속력이 점점 빨라지는 운동을 한다.

③ 선풍기에서 돌고 있는 날개는 일정한 속력으로 원운동을 한다. 선풍기의 날개에는 알짜힘이 운동 방향과 수직 방향으로 작용한다.

④ 그네는 물체의 운동 방향과 비스듬한 방향으로 알짜힘이 작용하여 운동 방향과 속력이 모두 변하는 운동을 한다.

⑤ 무빙워크를 타고 이동하는 사람에게 작용하는 알짜힘은 0으로, 운동 방향과 속력이 일정한 운동을 한다.

153 ①, ② 공이 원운동을 하므로 공의 운동 방향은 원 궤도의 접선 방향(B)으로 계속 변한다.

④, ⑥ 속력이 일정한 원운동을 하는 물체에는 운동 방향과 수직 방향인 원의 중심 방향으로 알짜힘이 작용한다. 따라서 알짜힘의 방향은 A이다.

바로 알기 | ③ 운동하는 물체에 작용하는 알짜힘이 0이면 물체는 속력과 운동 방향이 일정한 운동을 한다.

⑤ 공에 작용하는 힘이 사라지면 공은 운동 방향인 B 방향으로 날아간다.

154 ㄱ. 계속 정지해 있는 물체에 작용하는 알짜힘은 0이다.

ㄴ. 속력이 빨라지는 물체에는 운동 방향과 같은 방향으로 알짜힘이 작용한다.

바로 알기 | ㄷ. 운동하고 있는 물체에 작용하는 알짜힘이 0이면 물체는 일정한 운동 상태를 유지한다. 따라서 승강기의 속력이 일정할 때는 승강기에 작용하는 알짜힘이 0이다.

ㄹ. 속력이 느려지는 물체에는 운동 방향과 반대 방향으로 알짜힘이 작용한다.

155

(가) 공기 중   (나) 진공 상태

구슬과 깃털이 같은 속력으로 빨라진다.

ㄴ. (나)의 진공 상태에서 같은 시간 간격 동안 구슬과 깃털이 이동한 거리가 각 구간마다 같으므로 속력이 똑같이 증가한다. 따라서 구슬과 깃털은 지면에 동시에 도달한다. 이는 공기의 저항을 받지 않고, 중력만 작용하여 운동을 하기 때문이다.

바로 알기 | ㄱ. (가)에서 구슬은 공기 저항을 받지만 중력이 더 크게 작용하여 운동 방향과 같은 방향으로 알짜힘이 작용한다. 따라서 구슬은 속력이 점점 빨라지는 운동을 한다.

ㄷ. (가)와 (나)에서 사용한 깃털은 동일하므로 질량이 같다. 따라서 (가)와 (나)에서 깃털에 작용하는 중력의 크기도 같다.

156 비스듬히 던져 올린 공에 작용하는 힘은 중력이다. 중력은 물체의 운동 상태와 상관없이 항상 연직 아래 방향으로 작용한다. 따라서 A 지점과 B 지점에서 공에 작용하는 알짜힘의 방향은 모두 연직 아래 방향(↓)이다.

157 ①, ②, ③, ⑤ 모두 연직 아래 방향으로 중력이 작용하여 운동 방향과 비스듬한 방향으로 알짜힘이 작용한다. 따라서 물체의 속력과 운동 방향이 모두 변한다.

바로 알기 | ④ 완강기는 연직 아래 방향으로 운동하면서 운동 방향과 나란한 방향으로 중력과 마찰력이 작용한다. 따라서 속력은 변하고 운동 방향은 변하지 않는다.

158 ①, ② 빗면에서 내려온 탁구공에 선풍기의 바람이 작용하여 탁구공의 속력이 느려지고, 운동 방향이 위쪽으로 휘어졌다. 따라서 탁구공의 속력과 운동 방향이 모두 변한다.

④ 탁구공의 속력과 운동 방향이 모두 변하였으므로 탁구공에는 운동 방향과 비스듬한 방향으로 알짜힘이 작용한다.

⑤ 탁구공이 선풍기 바람의 영향을 받지 않는다면 탁구공에 작용하는 알짜힘이 0이므로 탁구공의 운동 상태가 변하지 않는다.

바로 알기 | ③ 탁구공에 선풍기 바람을 보내 탁구공의 운동 상태가 변했으므로 탁구공에 작용한 알짜힘은 0이 아니다.

159 ㄷ, ㄹ. 탁구공에 작용하는 알짜힘의 크기와 방향은 탁구공의 속력과 운동 방향에 영향을 미친다. 따라서 선풍기 바람의 세기와 방향은 탁구공의 속력과 운동 방향에 영향을 미친다.

바로 알기 | ㄱ, ㄴ. 선풍기의 색깔과 질량은 탁구공의 운동에 아무런 영향을 미치지 못한다.

160 ㄴ, ㄷ. 농구공이 날아가는 동안 연직 아래 방향으로 중력이 작용하므로 농구공의 운동 방향과 비스듬한 방향으로 알짜힘이 작용한다. 따라서 농구공의 속력과 운동 방향이 모두 변한다.

바로 알기 | ㄱ. 공의 질량은 공의 고유한 양으로 농구공의 운동 상태에 상관없이 일정한 값을 가진다.

ㄹ, ㅁ. 농구공에는 연직 아래 방향으로 크기가 일정한 중력이 알짜힘으로 작용한다. 따라서 농구공에 작용하는 알짜힘의 크기와 방향은 일정하다.

161

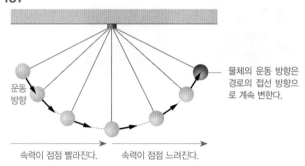

ㄴ. 실에 매달려 같은 경로를 왕복하는 운동을 하는 물체의 운동 방향은 운동 경로의 접선 방향으로 계속 변한다.

바로 알기 | ㄱ. 물체의 속력은 빨라지고, 느려지기를 계속 반복한다.

ㄷ. 물체에 작용하는 알짜힘의 방향은 운동 방향과 비스듬한 방향으로 계속 변한다.

162 (가) 물체의 운동 방향이 변하지 않는 운동의 예는 속력이 일정한 에스컬레이터와 속력이 변하는 직선 미끄럼틀 등이 있다.

(다) 운동 방향이 변하면서 속력이 변하지 않는 운동의 예는 속력이 일정하고 원 궤도의 접선 방향으로 운동 방향이 계속 변하는 인공위성 등이 있다.

163 ①, ②, ⑤ (나)는 물체의 속력이 변하고, 운동 방향이 변하는 운동이다. 이러한 운동을 하는 물체에는 운동 방향과 비스듬한 방향으로 알짜힘이 작용한다.

③ 활시위를 떠난 화살에는 연직 아래 방향으로 중력이 작용하여 운동 방향과 비스듬하게 알짜힘이 작용한다.

바로 알기 | ④ 알짜힘이 물체의 운동 방향과 비스듬하게 작용하면 물체의 속력과 운동 방향이 모두 변한다.

164 ④ 비스듬히 차올린 공은 연직 아래 방향으로 중력이 작용하여 운동 방향과 비스듬한 방향으로 알짜힘이 작용한다. 따라서 속력과 운동 방향이 모두 변하는 운동을 한다.

바로 알기 | ① 회전목마는 속력은 일정하지만 운동 방향은 변하는 운동을 한다.

② 그네는 속력과 운동 방향이 모두 변하는 운동을 한다.

③ 회전 초밥은 속력이 일정하고, 운동 방향이 변하는 운동을 한다.

⑤ 수직으로 낙하하는 번지 점프는 운동 방향은 일정하지만 속력이 빨라지는 운동을 한다.

165 (가) 대관람차는 속력이 일정한 원운동을 하므로 운동 방향만 변하는 경우-(B)이다.

(나) 자이로 드롭은 일직선상에서 오르락내리락하며 속력이 변하므로 속력만 변하는 경우(A)이다.

(다) 롤러코스터와 (라) 바이킹은 속력과 운동 방향이 모두 변하는 경우 (C)이다.

166 ⑤ 자를 치면 A는 잠시 정지했다가 중력이 작용하여 낙하하므로 자유 낙하 운동을 한다. 따라서 A는 운동 방향은 변하지 않고 속력만 변한다. B는 수평 방향으로 던져진 운동을 하므로 운동 방향과 비스듬한 방향으로 중력이 작용한다. 따라서 B는 속력과 운동 방향이 모두 변한다.

■ 난이도별 서술형 필수 기출   41쪽

167 **모범 답안** 물체에 작용하는 알짜힘이 0이므로 물체의 속력과 운동 방향이 변하지 않는다.

해설 힘은 물체의 운동 상태를 변화시키는 요인으로 물체에 작용하는 알짜힘이 0이면 물체의 속력과 운동 방향이 변하지 않는다.

168 **모범 답안** 중력과 부력. 중력은 연직 아래 방향으로 작용하고, 부력은 중력과 반대인 위 방향으로 작용한다. 중력과 부력의 크기는 같다.

해설 물체가 가만히 정지해 있으므로 물체에 작용하는 알짜힘은 0이다.

169 **모범 답안** 무중력, 진공 상태인 우주 공간에서 우주선의 엔진을 끄면 우주선에 작용하는 알짜힘이 0이 된다. 따라서 우주선은 날아가던 속력과 운동 방향을 유지한 상태로 계속 날아간다.

해설 물체에 작용하는 알짜힘이 0이면 물체는 원래의 운동 상태를 유지한다.

170 **모범 답안** 골프공이 굴러갈 때 공과 잔디 사이에 운동 방향과 반대 방향으로 마찰력이 작용한다. 따라서 골프공의 운동 방향과 반대 방향으로 알짜힘이 작용하여 속력이 점점 느려지다가 어느 순간 멈춘다.

해설 물체의 운동 방향과 반대 방향으로 알짜힘이 작용하면 물체의 운동 방향은 변하지 않고, 속력은 점점 느려진다.

171 **모범 답안** 회전 그네가 일정한 속력으로 돌아가고 있으므로 회전 그네에 탄 사람에게 작용하는 알짜힘은 운동 방향과 수직 방향으로 작용한다.

해설 운동하고 있는 물체에 운동 방향과 수직 방향으로 알짜힘이 계속 작용하면 물체는 속력이 일정한 원운동을 한다.

172

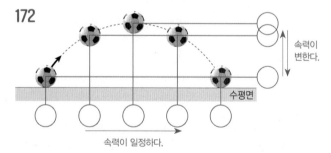

모범 답안 수직 방향으로는 공에 중력이 작용하여 공이 올라갈 때는 속력이 일정하게 느려지고, 공이 내려올 때는 속력이 일정하게 빨라지는 운동을 한다. 수평 방향으로는 공에 작용하는 알짜힘이 0이므로 공의 속력이 변하지 않고 일정한 운동을 한다.

해설 물체에 작용하는 알짜힘이 0이면 물체는 원래의 운동 상태를 유지하고, 알짜힘이 작용하면 물체의 운동 상태 변한다.

173 ③	174 ①	175 ②	176 ①	177 ①
178 ⑤	179 ③	180 ③		

173 ①, ② 두 힘의 크기가 같고, 방향이 반대이므로 알짜힘이 0이다. 따라서 두 힘은 힘의 평형을 이루고 있다.

④ 세 힘이 이루는 각도가 서로 같고, 세 힘의 크기가 같으므로 알짜힘이 0이고, 힘의 평형을 이루고 있다.

⑤ 위, 아래 방향으로 작용하는 두 힘과 오른쪽, 왼쪽 방향으로 작용하는 두 힘이 각각 크기가 같고 방향이 반대이므로 알짜힘이 0이다. 따라서 힘의 평형을 이루고 있다.

바로 알기 | ③ 한 물체에 작용하는 두 힘의 방향이 반대가 아니므로 알짜힘이 0이 아니다. 따라서 두 힘은 평형을 이루지 않는다.

174 ㄱ. 양팔저울은 양쪽에 매달린 물체의 질량을 비교한다. 따라서 (장난감의 질량)+(용수철저울의 질량)=(추의 질량)이므로 장난감의 질량은 4 kg−1 kg=3 kg이다.

바로 알기 | ㄴ. 양팔저울은 물체의 질량을 측정하므로 측정 장소와 관련이 없다. 따라서 달에서 측정해도 양팔저울은 똑같이 균형을 이룬다.

ㄷ. 용수철저울은 물체의 무게를 측정한다. 달에서는 장난감에 작용하는 중력이 지구에서의 $\frac{1}{6}$ 배가 되므로 용수철저울의 용수철이 늘어난 길이도 $\frac{1}{6}$ 배가 된다. 따라서 달에서 용수철이 늘어난 길이는 1 cm이다.

175 물체가 정지해 있으므로 물체에 작용하는 알짜힘은 0이고, 물체에 작용하는 힘은 중력, 용수철의 탄성력, 책상이 물체를 떠받치는 힘, 총 세 가지이다. 물체에 작용하는 중력은 60 N이고, (나)에서 용수철이 늘어난 길이는 12 cm로 용수철의 탄성력은 $\frac{12\,cm}{3\,cm} \times 10\,N = 40\,N$이다. 중력은 연직 아래 방향으로 작용하고, 용수철의 탄성력과 책상이 물체를 떠받치는 힘은 위쪽으로 작용하므로 책상이 물체를 떠받치는 힘의 크기는 60 N−40 N=20 N이다.

176 ㄱ. 책이 한 권일 때와 책이 두 권일 때 달라지는 것은 물체의 무게이다. 물체의 무게가 무거울수록 물체에 작용하는 마찰력의 크기가 크다.

바로 알기 | ㄴ. 물체의 재질에 따라 마찰력의 크기가 달라지는지를 확인하기 위해서는 다른 재질의 물체를 사용하여 실험해야 한다. 동일한 책을 사용하였으므로 물체의 재질은 똑같다.

ㄷ. 접촉면의 거칠기에 따라 마찰력의 크기가 달라지는지를 확인하기 위해서는 유리판이나 사포판과 같이 다른 바닥에 책을 놓고 실험해야 한다. 같은 바닥에서 실험하였으므로 접촉면의 거칠기도 똑같다.

177 ②, ③ B는 물에 떠서 정지해 있으므로 B에 작용하는 알짜힘은 0이다. 따라서 B에 작용하는 중력과 부력은 크기가 같고, 방향이 서로 반대이다.

④ 부력의 크기는 물에 잠긴 부피가 클수록 크다. A는 전체가 물에 잠겨 있고, B는 반쯤 잠긴 상태로 있으므로 A에 작용하는 부력의 크기가 B에 작용하는 부력의 크기보다 크다.

⑤ A에 작용하는 중력은 A에 작용하는 부력보다 크고, B에 작용하는 중력은 B에 작용하는 부력과 크기가 같다. A에 작용하는 부력이 B에 작용하는 부력보다 크므로 A에 작용하는 중력은 B에 작용하는 중력보다 크다.

바로 알기 | ① A에는 중력과 부력이 모두 작용한다. A에 작용하는 중력이 부력보다 크므로 A는 물에 가라앉아 있다.

178 ⑤는 일정한 속력으로 원을 그리며 운동하므로 알짜힘이 운동 방향과 수직 방향으로 작용하는 운동이다.

바로 알기 | ①은 물체의 속력이 점점 빨라지므로 알짜힘이 운동 방향과 같은 방향으로 작용한다.

②, ④는 알짜힘이 운동 방향과 비스듬한 방향으로 작용한다.

③은 물체의 속력이 점점 느려지므로 알짜힘이 운동 방향과 반대 방향으로 작용한다.

179

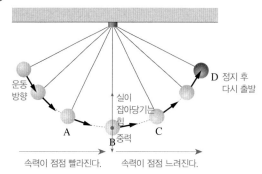

① 실에 매달려 같은 경로를 왕복하는 물체에는 실이 물체를 잡아당기는 힘과 중력이 작용한다. 중력은 힘의 크기와 방향이 일정하지만, 실이 물체를 잡아당기는 힘은 크기와 방향이 계속 변한다. 따라서 두 힘의 합력인 알짜힘도 크기와 방향이 계속 변한다.

② A 지점에서 물체는 운동 경로에서 아래쪽으로 내려가는 중이므로 속력이 빨라진다.

④ 실에 매달려 같은 경로를 왕복하는 물체는 운동 경로의 접선 방향으로 운동 방향이 계속 변한다. 따라서 C 지점에서도 물체의 운동 방향이 변한다.

⑤ D 지점에서 물체는 잠시 정지했다가 다시 내려간다.

바로 알기 | ③ B 지점에서 물체의 운동 방향이 위쪽으로 바뀌므로 실이 물체를 잡아당기는 힘이 중력보다 크다. 따라서 물체에 작용하는 알짜힘의 방향은 연직 위 방향이다.

180

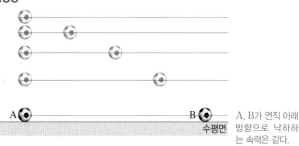

A, B가 연직 아래 방향으로 낙하하는 속력은 같다.

ㄱ. A, B는 질량이 같으므로 A, B에 작용하는 중력은 크기가 같다. A, B에는 중력만 작용하므로 A, B에 작용하는 알짜힘의 크기도 같다.

ㄷ. B는 처음에 수평 방향으로 운동을 하고, 점점 기울어진 대각선 방향으로 운동을 한다. B에는 중력이 연직 아래 방향으로 작용하므로 운동 방향과 비스듬한 방향으로 알짜힘이 작용한다.

바로 알기 | ㄴ. A, B가 낙하할 때, 같은 높이에서 연직 아래 방향으로 낙하하는 속력이 같다. 따라서 A, B는 지표면에 동시에 도달한다. 단, B는 처음에 수평 방향으로 속력을 가지고 있으므로 더 긴 거리를 빠르게 운동하여 지표면에 도달한다.

05 기체의 압력

181 압력은 일정한 면적에 작용하는 힘이다.

182 압력은 힘이 작용하는 면적이 같을 때 작용하는 힘의 크기가 클수록, 작용하는 힘의 크기가 같을 때 힘이 작용하는 면적이 좁을수록 커진다.

183 모범답안 작용하는 힘의 크기가 같을 때 힘이 작용하는 면적이 좁을수록 압력이 ~~작아진다.~~
                                        커
바로 알기 | 작용하는 힘의 크기가 클수록, 힘이 작용하는 면적이 좁을수록 압력이 커진다.

184 모범답안 못, 바늘, 압정, 칼날 등은 힘이 작용하는 면적을 좁혀 압력을 ~~작게~~ 하여 일상생활에서 사용하는 도구이다.
                         크게
바로 알기 | 못, 바늘, 압정, 칼날 등은 한쪽 끝이 뾰족하여 힘이 작용하는 면적을 좁혀 압력을 크게 한다.

185 모범답안 설피를 덧신고 눈 위를 걸으면 눈에 닿는 면적이 ~~좁아져~~서 압력이 작아지므로 눈에 발이 잘 빠지지 않는다.
                                              넓어
바로 알기 | 설피는 힘이 작용하는 면적을 넓혀 압력을 작게 하므로 눈에 잘 빠지지 않는다.

186 기체의 압력은 일정한 면적에 기체 입자가 충돌해서 가하는 힘이다.

187 모범답안 기체의 압력은 ~~중력 방향으로만~~ 작용한다.
                            모든 방향으로
바로 알기 | 기체 입자는 끊임없이 모든 방향으로 움직이므로 기체의 압력은 모든 방향으로 작용한다.

188 모범답안 일정한 면적에 기체 입자가 충돌하는 횟수가 증가해도 기체의 압력은 ~~변하지 않는다.~~
                            커진다.
바로 알기 | 일정한 면적에 기체 입자가 충돌하여 가하는 힘이 기체의 압력이므로, 일정한 면적에 기체 입자가 충돌하는 횟수가 증가하면 기체의 압력이 커진다.

189 용기 안에 들어 있는 기체 입자의 개수가 많으면 기체 입자의 충돌 횟수가 증가하여 기체의 압력이 커진다.

190 모범답안 구조용 공기 안전 매트에 기체를 넣으면 안전 매트 속 기체 입자의 개수가 많아지므로 충돌 횟수가 ~~감소하여~~ 안전 매트가 부풀어 오른
                                        증가
다. 이는 기체의 압력을 이용하는 일상생활의 예이다.
바로 알기 | 구조용 공기 안전 매트에 기체를 넣으면 안전 매트 속 기체 입자의 개수가 많아지므로 기체 입자가 안전 매트 안쪽 벽에 충돌하는 횟수가 증가한다.

191 ㄱ. 일정한 면적에 작용하는 힘을 압력이라고 한다.
ㄴ. 힘을 받는 면적이 같을 때 작용하는 힘의 크기가 클수록 압력이 커진다.
바로 알기 | ㄷ. 작용하는 힘의 크기가 같을 때 힘을 받는 면적이 좁을수록 압력이 커진다.

192 ④ 작용하는 힘의 크기가 클수록, 힘이 작용하는 면적이 좁을수록 압력이 커진다. 따라서 스펀지에 작용하는 압력은 (가)<(나)<(다)이다.

193 바늘로 풍선을 누르면 쉽게 터지는 것은 힘이 작용하는 면적을 좁혀 압력을 크게 하는 예이다.
①, ②, ③, ⑤ 못, 칼날, 송곳, 아이젠은 힘이 작용하는 면적을 좁혀 압력을 크게 하는 예이다.
바로 알기 | ④ 눈썰매는 힘이 작용하는 면적을 넓혀 압력을 작게 하는 예이다.

194 ④ 압정의 뾰족한 부분은 힘이 작용하는 면적을 좁혀 압력을 크게 하므로 물체에 대고 누르면 쉽게 박힌다.
⑤ 설피를 덧신으면 눈에 닿는 면적을 넓혀 압력을 작게 하므로 눈에 잘 빠지지 않는다.
바로 알기 | ③ 압력은 작용하는 힘의 크기가 클수록, 힘이 작용하는 면적이 좁을수록 커진다. 따라서 작용하는 힘의 크기가 커져도 힘이 작용하는 면적에 따라 압력이 달라질 수 있다.

195

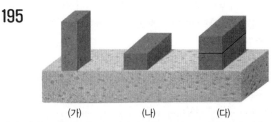

(가)   (나)   (다)

• (가)와 (나)는 작용하는 힘의 크기가 같고, 힘이 작용하는 면적은 (가)<(나)이다.
• (나)와 (다)는 힘이 작용하는 면적이 같고, 작용하는 힘의 크기는 (나)<(다)이다.

①, ②, ⑤ (가)와 (나)는 작용하는 힘의 크기가 같고, 힘이 작용하는 면적은 (가)<(나)이므로 (가)는 (나)보다 스펀지가 깊게 눌린다. 이를 통해 힘이 작용하는 면적이 압력에 미치는 영향을 알 수 있다.
④, ⑥ (나)와 (다)는 힘이 작용하는 면적이 같고 작용하는 힘의 크기가 다르다. 이를 통해 작용하는 힘의 크기가 압력에 미치는 영향을 알 수 있다.
바로 알기 | ③ 작용하는 힘의 크기는 (나)<(다)이므로 (나)보다 (다)의 스펀지가 깊게 눌린다.
⑦ (가)와 (다)는 힘이 작용하는 면적과 작용하는 힘의 크기가 다르므로 힘이 작용하는 면적, 작용하는 힘의 크기가 압력에 미치는 영향을 비교할 수 없다.

196 ㄱ, ㄴ. (가)와 (나)는 작용하는 힘의 크기와 압력의 관계를, (나)와 (다)는 힘이 작용하는 면적과 압력의 관계를 비교할 수 있다.
ㄷ. 작용하는 힘의 크기가 클수록, 힘이 작용하는 면적이 좁을수록 압력이 커지므로 (다)에 작용하는 압력이 가장 크다.
바로 알기 | ㄹ. (가)와 (나)에서 작용하는 힘의 크기가 클수록 압력이 커진다는 것을 알 수 있고, (나)와 (다)에서 힘이 작용하는 면적이 좁을수록 압력이 커진다는 것을 알 수 있다.

197 ④ A와 B에 작용하는 힘의 크기는 같고, 힘이 작용하는 면적은 A보다 B가 좁으므로 A보다 B의 손가락에 작용하는 압력이 크다.

198 ①, ②, ④, ⑤ 힘이 작용하는 면적을 넓혀 압력을 작게 하는 현상이다.
바로 알기 | ③ 힘이 작용하는 면적을 좁혀 압력을 크게 하는 현상이다.

199 ③ 아이젠에 박힌 금속의 뾰족한 끝부분은 힘이 작용하는 면적을 좁혀 압력을 크게 하므로 단단한 얼음에 쉽게 박힌다.

200 ③ 작용하는 힘의 크기가 클수록, 힘이 작용하는 면적이 좁을수록 압력이 커지므로 스펀지가 깊게 눌린다. 반대로 작용하는 힘의 크기가 작을수록, 힘이 작용하는 면적이 넓을수록 압력이 작아지므로 스펀지가 덜 눌린다. 따라서 스펀지가 가장 깊게 눌리는 경우는 D이고, 가장 덜 눌리는 경우는 A이다.

201 ㄴ. 기체의 압력은 일정한 면적에 기체 입자들이 충돌하는 힘 때문에 생긴다.
ㄷ. 일정한 온도에서 용기 안에 들어 있는 기체 입자의 개수가 많아지면 기체 입자의 충돌 횟수가 증가하므로 기체의 압력이 커진다.
바로 알기 | ㄱ. 기체의 압력은 모든 방향으로 작용한다.

202 ⑤ 고무풍선에 공기를 불어넣으면 고무풍선 속 기체 입자가 모든 방향으로 운동하면서 고무풍선 안쪽 벽에 충돌하기 때문에 고무풍선이 사방으로 부풀어 오른다.

203 ①, ③, ④, ⑤ 에어백, 혈압 측정기, 풍선 놀이 틀, 자동차 구조용 에어 잭은 기체의 압력을 이용하는 예이다.
바로 알기 | ② 눈썰매는 힘이 작용하는 면적을 넓혀 압력을 작게 하여 이용하는 예이다.

204 ①, ② 기체의 압력은 기체 입자가 일정한 면적에 충돌하여 힘을 가하기 때문에 나타나며, 기체 입자는 끊임없이 모든 방향으로 운동하면서 충돌하기 때문에 기체의 압력은 모든 방향으로 작용한다.
③ 용기 안에 들어 있는 기체 입자가 용기 안쪽 벽에 충돌하는 횟수가 많으면 기체의 압력이 커진다.
④ 온도와 부피가 일정할 때 기체 입자의 개수가 많으면 기체의 압력이 커진다.
⑥ 부피와 기체 입자의 개수가 같을 때 온도가 높아지면 기체 입자의 운동이 활발해져 기체 입자의 충돌 횟수가 증가하므로 기체의 압력이 커진다.
바로 알기 | ⑤ 일정한 온도에서 기체 입자의 개수가 같을 때 용기의 부피가 작을수록 기체의 압력이 커진다.

205 ㄱ, ㄴ. 기체 입자는 끊임없이 모든 방향으로 움직인다.
ㄷ. 기체 입자는 고무풍선 안쪽 벽에 충돌하여 바깥쪽으로 밀어내는 힘을 가하므로 고무풍선의 모양이 유지된다.

206 ①, ②, ③, ⑤ 찌그러진 축구공에 기체를 넣으면 축구공 속 기체 입자의 개수와 기체 입자가 충돌하는 횟수가 증가하여 축구공 속 기체의 압력이 증가하므로 축구공이 사방으로 부풀어 오른다. 축구공이 사방으로 부풀어 오르는 것으로 보아 축구공 속 기체의 압력이 모든 방향으로 작용함을 확인할 수 있다.
바로 알기 | ④ 축구공에 기체를 넣으면 축구공 속 기체 입자의 개수가 많아지므로 기체 입자가 축구공 안쪽 벽에 충돌하는 횟수가 증가한다.

207

• 쇠구슬은 기체 입자, 쇠구슬이 충돌하면서 느껴지는 힘은 기체의 압력에 비유할 수 있다.
• 쇠구슬의 개수가 (가)<(나)이므로 (가)보다 (나)의 페트병에서 기체 입자의 충돌 횟수가 더 많다. 따라서 손바닥에 느껴지는 힘의 크기는 (가)<(나)이다.

② (가)에서 쇠구슬은 페트병 안쪽 벽의 모든 방향으로 충돌함을 알 수 있다.
④, ⑤ (다)에서는 쇠구슬이 15 개 들어 있는 (가)의 페트병보다 쇠구슬이 30 개 들어 있는 (나)의 페트병에서 손바닥에 느껴지는 힘의 크기가 더 크다. 이를 통해 기체 입자의 개수가 많을수록 충돌 횟수가 증가한다는 것을 알 수 있다.
바로 알기 | ③ (가)에서 쇠구슬은 페트병 안쪽 벽의 모든 방향으로 충돌하므로 쇠구슬이 충돌하는 힘은 손바닥 전체에서 느낄 수 있다.

208 ㄴ. 페트병 속 쇠구슬의 개수가 많을수록 손바닥에 느껴지는 힘이 큰 것으로 보아 일정한 부피에서 기체 입자의 개수가 많을수록 기체의 압력이 커진다는 것을 알 수 있다.
바로 알기 | ㄱ. 기체의 압력은 모든 방향으로 작용한다.
ㄷ. 이 실험에서는 용기의 부피 변화에 따른 기체의 압력 변화를 확인할 수 없다.

209 ②, ⑤ 흡착판, 에어백은 기체의 압력을 이용하는 예이다.
바로 알기 | ① 증발, ③ 확산, ④ 확산의 예이다.

210 ⑤ 자동차 구조용 에어 잭에 기체를 넣으면 기체의 압력이 커져 부풀어 오른다.

211 ㄱ, ㄴ, ㄷ. (나)는 뚜껑을 열었다 닫았으므로 페트병 속 기체 입자의 일부가 빠져나갔다. 따라서 (가)는 (나)보다 페트병 속 기체 입자의 개수와 충돌 횟수가 많으므로 기체의 압력이 더 크다.

난이도별 **서술형** 필수 기출   51쪽

212 **모범 답안** 압력은 일정한 **면적**에 작용하는 **힘**이다.

213 **모범 답안** (1) (나), 작용하는 힘의 크기가 더 크기 때문이다.
(2) (라), 힘이 작용하는 면적이 더 좁기 때문이다.
해설 압력은 작용하는 힘의 크기가 클수록, 힘이 작용하는 면적이 좁을수록 커진다.

214 **모범 답안** (가)는 힘이 작용하는 면적을 넓혀 압력을 작게 하는 경우이고, (나)는 힘이 작용하는 면적을 좁혀 압력을 크게 하는 경우이다.

215 모범답안 널빤지를 타고 갯벌 위를 이동한다. 힘이 작용하는 면적을 넓혀 압력을 작게 하므로 갯벌에 잘 빠지지 않기 때문이다.

해설 널빤지를 타고 갯벌 위를 이동하면 힘이 작용하는 면적이 넓어져 갯벌에 작용하는 압력이 작아지므로 갯벌에 잘 빠지지 않는다.

216 모범답안 일정한 면적에 기체 입자가 충돌하여 힘을 가하기 때문에 기체의 압력이 나타난다.

217 모범답안 축구공 속 기체 입자의 개수가 증가하고 더 많은 기체 입자가 축구공 안쪽 벽에 충돌하여 모든 방향으로 압력을 가하기 때문이다.

218 모범답안 기체 입자의 개수가 많을수록 기체의 압력이 커진다.

해설 이 실험에서 쇠구슬은 기체 입자, 쇠구슬이 충돌하면서 느껴지는 힘은 기체의 압력에 비유할 수 있다. 쇠구슬의 개수가 많을수록 기체 입자의 충돌 횟수가 증가하므로 손바닥에 느껴지는 힘의 크기가 커진다.

219 모범답안 종이 팩 속 기체 입자의 개수가 줄어들고 기체 입자가 종이 팩 안쪽 벽에 충돌하는 횟수가 감소하여 종이 팩 속 기체의 압력이 감소하기 때문이다.

---

06 기체의 압력과 부피 관계

○ X로 개념 확인
54 쪽

| 220 × | 221 × | 222 ○ | 223 ○ | 224 × |
| 225 ○ | 226 × | 227 × | 228 × | 229 ○ |

220 모범답안 온도가 일정할 때 압력이 증가하면 기체의 부피가 ~~증가~~(감소)하고, 압력이 감소하면 기체의 부피가 ~~감소~~(증가)한다.

221 모범답안 온도가 일정할 때 일정량의 기체의 압력과 부피는 ~~비례~~(반비례)하는데, 이를 보일 법칙이라고 한다.

바로 알기 | 보일 법칙은 온도가 일정할 때 일정량의 기체의 압력과 부피는 반비례한다는 것이다.

222 일정한 온도에서 일정량의 기체에 압력을 가하면 주사기 속 기체의 부피가 감소한다.

223 일정한 온도에서 일정량의 기체에 압력을 가하면 기체의 부피가 감소하므로 기체 입자가 실린더 안쪽 벽에 충돌하는 횟수가 증가한다.

224 모범답안 일정한 온도에서 일정량의 기체가 들어 있는 실린더 위의 추를 제거하여 압력을 낮추면 실린더 속 기체 입자 운동의 빠르기가 ~~감소한다~~(변하지 않는다).

바로 알기 | 기체 입자 운동의 빠르기는 온도에 따라 달라지므로 온도가 일정할 때 기체 입자 운동의 빠르기는 변하지 않는다.

225 실린더에 추를 올리거나 제거하여 압력을 변화시켜도 실린더 속 기체 입자의 개수는 변하지 않는다.

226 모범답안 일정한 온도에서 감압 용기에 과자 봉지를 넣고 뚜껑을 덮은 다음 기체를 빼내면 과자 봉지가 ~~쭈그러든다~~(부풀어 오른다).

바로 알기 | 감압 용기에 과자 봉지를 넣고 뚜껑을 덮은 다음 기체를 빼내면 감압 용기 속 기체의 압력이 감소하므로 과자 봉지의 외부 압력이 감소하여 과자 봉지 속 기체의 부피가 증가한다.

227 모범답안 일정한 온도에서 주사기에 작게 분 고무풍선을 넣고 입구를 막은 다음 피스톤을 누르면 고무풍선의 크기가 감소하여 고무풍선 속 기체의 압력이 ~~감소~~(증가)한다.

바로 알기 | 주사기에 작게 분 고무풍선을 넣고 입구를 막은 다음 피스톤을 누르면 주사기 속 기체의 압력이 증가하므로 고무풍선의 크기가 감소한다. 따라서 고무풍선 속 기체 입자의 충돌 횟수가 증가하므로 고무풍선 속 기체의 압력이 증가한다.

228 모범답안 헬륨 풍선이 하늘 높이 올라가면 대기압이 ~~높아지므로~~(낮아지므로) 풍선의 크기가 점점 커진다.

바로 알기 | 지구를 둘러싸고 있는 대기의 압력을 대기압이라고 한다. 대기압은 지표에서 1 기압이며 하늘 높이 올라갈수록 점점 낮아진다. 따라서 헬륨 풍선은 하늘 높이 올라갈수록 점점 커진다.

229 천연가스 버스의 가스통에 천연가스를 압축하여 넣는 것은 기체의 압력과 부피 관계를 이용한 예이다.

난이도별 필수 기출
55 쪽~59 쪽

230 ③	231 ⑤	232 ②	233 ④	234 ③
235 ⑤	236 ①	237 ⑤	238 ④	239 ④
240 ②, ⑥	241 ④	242 ②, ⑤	243 ⑥, ⑦	244 ④, ⑤
245 ③	246 ③	247 ④	248 ①	249 ③
250 ②, ⑤	251 ⑤	252 ⑥	253 ④	254 ⑤

230 ㄱ. 온도가 일정할 때 압력이 증가하면 기체의 부피가 감소한다.

ㄴ. 온도가 일정할 때 일정한 양의 기체의 압력과 부피는 반비례하며, 이를 보일 법칙이라고 한다.

바로 알기 | ㄷ. 보일 법칙은 온도가 일정할 때 기체의 압력과 부피 관계를 나타낸 것이다.

231 ⑤ 온도가 일정할 때 일정량의 기체의 부피는 압력에 반비례한다. 기체의 부피가 절반으로 감소했으므로 압력은 2 배 증가한다.

232 ② 일정한 온도에서 일정량의 기체의 압력과 부피는 반비례한다.

233 ④ 온도가 일정할 때 일정량의 기체의 압력과 부피의 곱은 일정하다. 따라서 (가)는 3 기압, (나)는 30 mL이다.

234 ㄱ. 피스톤을 누르면 외부 압력이 증가하므로 주사기 속 기체의 압력도 증가한다.

ㄷ. 기체의 압력과 부피의 곱은 일정하므로 기체의 압력이 4 기압일 때 주사기 속 기체의 부피는 15 mL가 된다.

바로 알기 | ㄴ. 피스톤을 누르면 외부 압력이 증가하므로 주사기 속 기체의 부피가 감소한다.

235 ㄱ, ㄴ. (가)~(다)에서 기체의 부피는 (가)>(나)>(다)이고 기체의 압력은 (가)<(나)<(다)이다.
ㄷ. (가)~(다)에서 압력과 부피의 곱은 모두 같은 값을 나타낸다.

236 ① 주사기의 피스톤을 누르면 주사기 속 기체의 부피가 감소하고, 기체의 압력이 증가한다. 하지만 기체 입자의 개수는 변하지 않는다.

237 ⑤ 주사기의 피스톤을 누르면 주사기 속 기체의 부피가 감소하여 기체 입자의 충돌 횟수가 증가하므로 주사기 속 기체의 압력이 증가한다.

238 ④ 주사기의 피스톤을 눌러도 주사기 속 기체 입자의 개수는 변하지 않는다.
바로 알기 | ①, ③, ⑤ 주사기의 피스톤을 누르면 주사기 속 기체의 부피, 고무풍선의 크기, 기체 입자 사이의 거리는 감소한다.
② 주사기의 피스톤을 누르면 주사기 속 기체의 압력이 증가한다.

239 ④ 실린더 속 기체의 압력이 감소하므로 기체의 부피가 증가하여 기체 입자 사이의 거리가 멀어지며, 온도가 일정하므로 기체 입자 운동의 빠르기는 (가)와 (나)가 서로 같다.

240

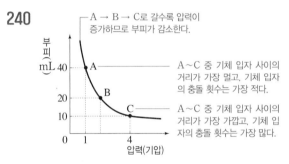

A → B → C로 갈수록 압력이 증가하므로 부피가 감소한다.

A~C 중 기체 입자 사이의 거리가 가장 멀고, 기체 입자의 충돌 횟수는 가장 적다.

A~C 중 기체 입자 사이의 거리가 가장 가깝고, 기체 입자의 충돌 횟수는 가장 많다.

③ A~C 지점에서 압력과 부피의 곱이 일정하므로 B에서 기체의 압력은 2 기압이다.
⑦ '압력×부피'의 값은 A~C에서 모두 40으로 같다.
바로 알기 | ② 기체 입자 운동의 빠르기는 온도의 영향을 받는다. 온도가 일정한 조건이므로 A~C에서 기체 입자 운동의 빠르기는 모두 같다.
⑥ 일정한 온도에서 압력에 따른 일정량의 기체의 부피 변화를 나타낸 것이므로 A~C에서 기체 입자의 개수는 모두 같다.

241 ① 주사기 속 기체의 압력은 (가)보다 (나)가 크다.
② 주사기 속 기체의 부피는 (가)가 (나)보다 크다.
③ 주사기 속 기체 입자의 개수는 (가)와 (나)가 같다.
⑤ 주사기 속 기체 입자의 충돌 횟수는 (가)보다 (나)가 많다.
바로 알기 | ④ 주사기 속 기체 입자 사이의 거리는 (가)가 (나)보다 멀다. 따라서 기체 입자 사이의 거리는 (가)>(나)이다.

242

(가)　　(나)　　(다)

외부 압력 증가 ➡ 기체 부피 감소 ➡ 기체 입자 사이의 거리 감소 ➡ 기체 입자의 충돌 횟수 증가 ➡ 기체 압력 증가

②, ⑤ 일정량의 기체에 가하는 압력이 증가하므로 실린더 속 기체의 압력과 기체 입자의 충돌 횟수가 증가한다.

바로 알기 | ① 실린더 속 기체의 부피는 감소한다.
③ 실린더 속 기체 입자의 개수는 일정하다.
④ 실린더 속 기체 입자 사이의 거리는 감소한다.
⑥ 온도가 일정하므로 실린더 속 기체 입자 운동의 빠르기는 일정하다.

243

감압 용기 속 기체 뺴냄 ➡ 감압 용기 속 기체 입자의 개수 감소 ➡ 감압 용기 속 기체 입자의 충돌 횟수 감소 ➡ 감압 용기 속 기체 입자의 압력 감소(과자 봉지의 외부 압력 감소) ➡ 과자 봉지 속 기체의 부피 증가(과자 봉지의 크기 증가) ➡ 과자 봉지 속 기체 입자의 충돌 횟수 감소 ➡ 과자 봉지 속 기체의 압력 감소

⑥ 과자 봉지에 적용하는 압력이 감소하므로 과자 봉지의 크기가 커지고 과자 봉지 속 기체 입자의 충돌 횟수가 감소하여 기체의 압력이 감소한다.
⑦ 과자 봉지의 크기가 커져 과자 봉지 속 기체의 부피가 증가하므로 기체 입자 사이의 거리가 멀어진다.
바로 알기 | ① 기체를 빼내었으므로 감압 용기 속 기체의 압력은 감소한다.
② 감압 용기 속 기체 입자의 개수가 감소한다.
③ 온도가 일정하므로 감압 용기 속 기체 입자 운동의 빠르기는 일정하다.
④ 감압 용기 속 기체 입자가 과자 봉지에 충돌하는 횟수가 감소한다.
⑤ 과자 봉지에 작용하는 압력이 감소하므로 과자 봉지의 크기가 커진다.

244

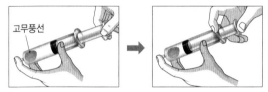

고무풍선

주사기의 피스톤을 누름 ➡ 주사기 속 기체의 부피 감소 ➡ 주사기 속 기체 입자의 충돌 횟수 증가 ➡ 주사기 속 기체의 압력 증가(고무풍선의 외부 압력 증가) ➡ 고무풍선 속 기체의 부피 감소(고무풍선의 크기 감소) ➡ 고무풍선 속 기체 입자의 충돌 횟수 증가 ➡ 고무풍선 속 기체의 압력 증가

바로 알기 | ①, ②, ③ 주사기의 피스톤을 누르면 주사기 속 기체의 부피가 감소하므로 기체 입자 사이의 거리가 감소하고 충돌 횟수가 증가한다.

245 ㄱ. (가)의 부피는 40 mL, (나)의 부피는 30 mL이므로 부피는 (가)>(나)이다.
ㄷ. (나)의 부피가 (가)보다 작으므로 부피가 (나)일 때가 (가)일 때보다 기체 입자 사이의 거리가 가깝다.
바로 알기 | ㄴ. (가)의 부피가 (나)보다 크므로 부피가 (가)일 때가 (나)일 때보다 기체 입자의 충돌 횟수가 적다.

246 ③ 기체 입자의 개수, 기체 입자 운동의 빠르기(화살표 길이)는 피스톤을 당기기 전과 같고, 입자 사이의 거리가 멀어지며 주사기 안쪽 벽에 충돌하는 횟수가 줄어든 모형을 찾는다.

247 ㄱ. A의 압력을 높이면 B로 만들 수 있다.
ㄷ. B에서 기체 입자의 운동을 모형으로 나타낼 때에는 입자의 개수와 크기가 같고, 입자 사이의 거리가 가까워지며, 기체 입자가 용기 안쪽 벽에 충돌하는 횟수가 A보다 많게 표현한다.
ㄹ. 고층 엘리베이터를 타고 올라갈 때 귀가 먹먹해지는 것은 보일 법칙의 예이다.
바로 알기 | ㄴ. A와 B에서 기체 입자의 크기와 질량은 같다.

248 ㄱ. 일정한 온도에서 일정량의 기체에 작용하는 압력과 부피의 곱은 (가)와 (나)가 같다. (나)의 부피가 100 mL이므로 압력은 3 기압이 된다. (나)에도 대기압이 작용하므로 1 기압+추의 압력=3 기압이고, 추 1 개의 압력은 2 기압이다.

바로 알기 | ㄴ. (나)에 추를 1 개 더 올리면 5 기압이 된다. 따라서 실린더 속 기체의 부피는 60 mL로 줄어든다.

ㄷ. 온도가 일정하므로 기체 입자 운동의 활발한 정도는 변하지 않는다.

249 ㄷ. (가)는 피스톤을 누른 상태이고, (다)는 피스톤을 당긴 상태이므로 기체의 압력이 가장 큰 것은 (가)이다.

ㄹ. 일정한 온도에서 주사기 속 기체의 부피는 (가)<(나)<(다)이므로 기체 입자가 주사기 속 일정한 면적에 충돌하는 횟수가 가장 적은 것은 (다)이다.

바로 알기 | ㄱ. (가)와 (나)에서 기체 입자의 개수는 같다.

ㄴ. 온도가 일정하므로 (나)와 (다)에서 기체 입자 운동의 활발한 정도는 같다.

250 ② 주사기기의 피스톤을 누르거나 당겨도 주사기 속 기체 입자의 개수는 변하지 않는다.

⑤ (가)에서는 주사기 속 기체의 압력이 증가하므로 고무풍선의 크기가 감소하여 고무풍선 속 기체 입자의 충돌 횟수가 증가하고, (나)에서는 주사기 속 기체의 압력이 감소하므로 고무풍선의 크기가 증가하여 고무풍선 속 기체 입자의 충돌 횟수가 감소한다.

바로 알기 | ① 주사기 속 기체의 압력은 (가)가 (나)보다 크다.

③ 온도가 일정하므로 주사기 속 기체 입자 운동의 빠르기는 (가)와 (나)가 같다.

④ 고무풍선 속 기체의 압력은 (가)가 (나)보다 크다.

251 ⑤ 스프레이는 보일 법칙을 이용한 예이다.

252 ①, ②, ③, ④, ⑤ 기체의 압력과 부피 관계를 이용한 현상이다.

바로 알기 | ⑥ 힘이 작용하는 면적이 좁아지면 압력이 커지는 현상이다.

253 점핑 볼에 올라타면 부피가 감소하여 볼 안에 들어 있는 기체의 압력이 증가하는데 이는 보일 법칙과 관련된 현상이다.

ㄱ, ㄴ, ㄹ. 보일 법칙과 관련된 예이다.

바로 알기 | ㄷ. 힘이 작용하는 면적을 좁히면 압력이 커지는 것을 보여주는 예이다.

254 ㄴ, ㄷ. 하늘 높이 올라갈수록 대기압이 낮아져 고막 안쪽 기체의 부피가 증가하기 때문에 귀가 먹먹해진다.

바로 알기 | ㄱ. 비행기가 이륙하여 하늘로 올라가면 몸 안의 압력보다 몸 밖의 압력이 낮아진다.

난이도별 서술형 **필수 기출**   60 쪽~61 쪽

255 모범 답안 1 L

해설 일정한 온도에서 일정량의 기체의 압력과 부피는 반비례하므로 압력이 4 배가 되면 부피는 $\frac{1}{4}$이 된다.

256 모범 답안 기체의 압력이 감소하고, 부피는 증가한다.

해설 일정한 온도에서 일정량의 기체의 부피는 압력에 반비례한다.

257 모범 답안 (1)

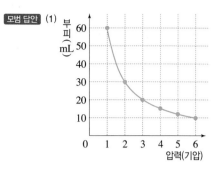

(2) 온도가 일정할 때 **일정량**의 기체의 압력과 부피는 **반비례**한다.

258 모범 답안 감소

259 모범 답안 (1) 감소한다.

(2) 기체 입자 사이의 거리가 감소하고, 기체 입자의 충돌 횟수가 증가한다.

해설 외부 압력이 증가하면 주사기 속 기체의 부피가 감소하여 기체 입자 사이이 거리가 감소하고, 기체 입자의 충돌 횟수가 증가한다.

260 모범 답안 기체의 부피가 감소하여 기체 입자 사이의 거리가 감소하므로 기체 입자가 실린더 안쪽 벽에 충돌하는 횟수가 증가하여 실린더 속 기체의 압력이 증가한다.

261 모범 답안 기준. 기체를 빼내면 감압 용기 속 기체의 압력이 작아지므로 과자 봉지 속 기체에 작용하는 압력도 작아지기 때문이다.

해설 감압 용기 속 기체의 압력이 작아지면 과자 봉지에 작용하는 외부 압력이 감소한다.

262 모범 답안 (1) • 기체의 부피: 감소

• 기체 입자 사이의 거리: 감소

• 기체 입자의 충돌 횟수: 증가

• 기체의 압력: 증가

(2) 감소한다. 주사기 속 기체의 압력이 증가하므로 고무풍선에 작용하는 외부 압력이 증가하기 때문이다.

263 모범 답안

피스톤을 누를 때	피스톤을 당길 때

해설 주사기의 피스톤을 누르면 주사기 속 기체의 압력이 증가하므로 고무풍선의 크기가 작아지고, 고무풍선 속 기체 입자의 충돌 횟수가 증가한다. 주사기의 피스톤을 당기면 주사기 속 기체의 압력이 감소하므로 고무풍선의 크기가 커지고, 고무풍선 속 기체 입자의 충돌 횟수가 감소한다. 이때 고무풍선 속 기체 입자의 개수는 변하지 않고, 기체 입자 운동의 빠르기(화살표 길이)도 변하지 않는다.

264 모범 답안 보일 법칙

265 모범 답안 수면으로 올라갈수록 수압이 낮아져 공기 방울 속 기체의 부피가 증가하므로 공기 방울이 점점 커진다.

266 모범 답안 비행기가 이륙할 때 귀가 먹먹해진다.

천연가스 버스의 가스통에는 높은 압력을 가해 저장한 천연가스가 들어 있다.

07 기체의 온도와 부피 관계

OX로 개념 확인
64쪽

267 ×   268 ○   269 ○   270 ×   271 ×

272 ○   273 ×   274 ×   275 ○   276 ×

267 **모범 답안** 압력이 일정할 때 온도가 높아지면 기체의 부피가 감소
하고, 온도가 낮아지면 기체의 부피가 증가한다. _{증가}
_{감소}

바로 알기 | 압력이 일정할 때 온도가 높아지면 기체 입자의 운동이 활발
해지므로 기체의 부피가 증가하고, 온도가 낮아지면 기체 입자의 운동이
둔해지므로 기체의 부피가 감소한다.

269 일정한 압력에서 실린더에 일정량의 기체를 넣고 가열하면 실
린더 속 기체 입자 운동의 빠르기가 증가하므로 기체 입자가 실린더 안
쪽 벽에 충돌하는 세기가 증가한다.

270 **모범 답안** 일정한 압력에서 일정량의 기체가 들어 있는 실린더의
온도를 낮추면 실린더 속 기체 입자 사이의 거리가 증가한다. _{감소}

바로 알기 | 일정한 압력에서 일정량의 기체가 들어 있는 실린더의 온도
를 낮추면 실린더 속 기체의 부피가 감소하므로 기체 입자 사이의 거리
도 감소한다.

271 **모범 답안** 일정한 압력에서 일정량의 기체가 들어 있는 실린더의
온도를 높이거나 낮추면 실린더 속 기체 입자의 개수가 달라진다. _{달라지지 않는다.}

바로 알기 | 온도가 변해도 기체 입자의 개수, 기체 입자의 크기와 질량은
변하지 않는다.

272 찌그러진 탁구공을 뜨거운 물에 넣으면 탁구공 속 기체 입자 운
동의 빠르기가 증가하여 기체 입자가 탁구공 안쪽 벽에 충돌하는 세기와
횟수가 증가하므로 탁구공이 펴진다.

273 **모범 답안** 오줌싸개 인형을 뜨거운 물과 찬물에 차례대로 넣었다가
꺼낸 다음, 인형의 머리에 뜨거운 물을 부으면 인형 안으로 물이 들어간다. _{인형에서 물이 나온다.}

바로 알기 | 오줌싸개 인형을 뜨거운 물과 찬물에 차례대로 넣었다가 꺼
내면 인형 안에 물이 채워진다. 이때 인형의 머리에 뜨거운 물을 부으면
인형 속 공기의 부피가 증가하여 물이 나온다.

274 **모범 답안** 일정한 압력에서 주사기에 일정량의 기체를 넣고 입구를
막은 다음, 주사기를 뜨거운 물에 넣으면 주사기 속 기체 입자의 운동이 둔해
진다. _{활발해진다.}

바로 알기 | 온도가 높아지면 주사기 속 기체 입자의 운동이 활발해지므
로 기체 입자의 충돌 세기가 증가하여 기체의 부피가 증가한다. 반대로
온도가 낮아지면 주사기 속 기체 입자의 운동이 둔해지므로 기체 입자의
충돌 세기가 감소하여 기체의 부피가 감소한다.

276 **모범 답안** 햇빛이 비치는 곳에 과자 봉지를 두면 과자 봉지가 부풀
어 오르는데, 이는 보일 법칙과 관련된 현상이다. _{샤를}

바로 알기 | 햇빛이 비치는 곳에 과자 봉지를 두면 과자 봉지가 부풀어 오
르는 것은 온도가 높아져 과자 봉지 속 기체의 부피가 증가하기 때문이
다. 이는 기체의 온도와 부피 관계로 설명할 수 있으므로 샤를 법칙과 관
련된 현상이다.

난이도별 **필수 기출**
65쪽~70쪽

277 ③	278 ⑤	279 ③, ⑤	280 ⑤	281 ①
282 ②	283 ③	284 ⑤	285 ②, ③	286 ⑤
287 ②, ③	288 ⑤	289 ①	290 ⑤	291 ⑤
292 ④	293 ④	294 ④	295 ②	296 ⑤
297 ③	298 ③	299 ⑤	300 ②	301 ①
302 ②	303 ③			

277 ㄱ, ㄷ. 압력이 일정할 때 온도가 높아지면 일정량의 기체의 부
피는 일정한 비율로 증가하는데, 이를 샤를 법칙이라고 한다.

바로 알기 | ㄴ. 압력이 일정할 때 기체의 온도가 높아지면 기체의 부피가
증가하고, 온도가 낮아지면 기체의 부피가 감소한다.

278 ⑤ 압력이 일정할 때 일정량의 기체의 부피는 온도가 높아지면
일정한 비율로 증가하며, 0 ℃에서 기체의 부피는 0이 아니다.

279 ③, ⑤ 주사기 속 기체의 부피를 증가시키려면 뜨거운 물에 넣
어 기체의 온도를 높이거나 주사기의 피스톤을 잡아당겨 기체의 압력을
낮춘다.

280 ⑤ 물의 온도가 높을수록 스포이트 속 기체의 부피가 증가하므
로 물방울의 위치가 높아진다.

281 ㄱ. 온도가 높아지면 스포이트 속 기체의 부피가 증가하므로
온도가 가장 높은 물에 담근 스포이트 속 기체의 부피가 가장 크다.

바로 알기 | ㄴ. 스포이트 속 물방울의 위치는 스포이트 속 기체의 부피에
비례한다. 따라서 온도가 가장 낮은 물에 담근 스포이트에서 물방울의
위치가 가장 낮다.

ㄷ. 이 실험을 통해 온도에 따른 기체의 부피 변화를 확인할 수 있다.

282 ㄴ. 온도가 높을수록 기체의 부피가 증가하므로 온도는 A보다
B에서 높다.

바로 알기 | ㄱ. A의 부피가 B보다 작다.

ㄷ. 기체의 온도가 높아지면 기체의 부피가 증가하므로 온도와 부피의
곱은 A<B이다.

283 ㄷ. 온도가 높아지면 기체 입자 운동의 빠르기가 증가하므로
기체 입자의 충돌 세기와 충돌 횟수가 증가하여 부피가 증가한다.

바로 알기 | ㄱ. 온도가 높아져도 기체 입자의 크기는 변하지 않는다.

ㄴ. 온도가 낮아지면 기체 입자 운동의 빠르기가 감소하므로 기체 입자
의 충돌 세기와 충돌 횟수가 감소하여 부피가 감소한다. 하지만 기체 입
자의 질량은 변하지 않는다.

[284~285]

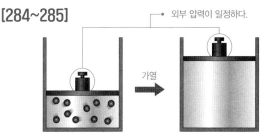

• 변하는 것: 온도, 기체의 부피, 기체 입자 운동의 빠르기, 기체 입자의 충돌 세기와 충
돌 횟수, 기체 입자 사이의 거리
• 변하지 않는 것: 외부 압력, 기체 입자의 개수, 기체 입자의 크기와 질량

284 ⑤ 압력이 일정한 조건에서 기체의 부피가 증가하였으므로 기체의 온도가 높아진 경우이다. 기체의 온도가 높아지면 기체 입자의 운동이 활발해지고 기체 입자가 실린더 안쪽 벽에 충돌하는 세기와 횟수가 증가하여 부피가 증가한다.

바로 알기 | ② 추의 개수가 같으므로 외부 압력은 일정하다.

285 ②, ③ 기체의 부피가 증가해도 기체의 압력과 기체 입자의 크기는 변하지 않는다.

바로 알기 | ① 기체의 온도가 증가하므로 기체의 부피가 증가한다.
④ 기체의 부피가 증가하면 기체 입자 사이의 거리가 멀어진다.
⑤ 기체의 부피가 증가하면 기체 입자 운동의 빠르기가 증가한다.

286 ⑤ 온도가 높을수록 기체 입자가 용기 벽에 충돌하는 세기가 증가하므로 기체 입자의 충돌 세기는 (다)에서 가장 강하다.

바로 알기 | ① 온도가 높아지면 기체의 부피가 증가한다.
② 0 ℃일 때 기체의 부피는 0이 아니다.
③ (가)~(다)에서 기체 입자의 개수는 모두 같다.
④ (가)~(다) 중 기체 입자의 운동은 (다)에서 가장 활발하고, (가)에서 가장 둔하다.
⑥ 기체 입자 사이의 거리는 (가)<(나)<(다)이다.
⑦ 압력이 일정할 때 기체의 온도와 부피 관계를 설명할 수 있다.

287

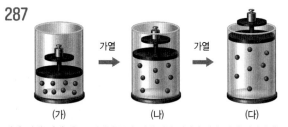

• (가)<(나)<(다): 온도, 기체의 부피, 기체 입자 사이의 거리, 기체 입자의 충돌 세기, 기체 입자의 충돌 횟수, 기체 입자 운동의 빠르기
• (가)=(나)=(다): 기체 입자의 질량

바로 알기 | ①, ④, ⑤, ⑥, ⑦ 압력이 일정할 때 온도가 높을수록 기체의 부피, 기체 입자 사이의 거리, 기체 입자의 충돌 세기, 기체 입자의 충돌 횟수, 기체 입자 운동의 빠르기는 증가한다.

288 ⑤ 용기 내부의 온도를 낮추면 기체의 부피, 기체 입자 사이의 거리, 기체 입자 운동의 빠르기는 감소하고, 기체 입자의 개수와 기체 입자의 크기는 변하지 않는다.

289 ① 온도가 낮아지면 기체 입자의 충돌 세기와 기체 입자 사이의 거리가 감소하여 기체의 부피가 감소한다.

290 ㄱ, ㄴ, ㄷ. 탁구공을 뜨거운 물에 넣으면 탁구공 속 기체 입자 운동의 빠르기, 기체 입자 사이의 거리, 기체 입자의 충돌 세기와 충돌 횟수가 증가한다.

291 ⑤ 기체 입자의 개수와 크기가 같고, 화살표의 길이가 길며, 기체 입자가 탁구공 안쪽 벽에 충돌하는 횟수가 많아야 한다.

292 ④ 고무풍선을 액체 질소에 넣으면 고무풍선 속 기체의 온도가 낮아지므로 고무풍선 속 기체 입자의 운동이 둔해지고 기체 입자의 충돌 세기와 충돌 횟수가 감소하여 고무풍선의 크기가 작아진다.

바로 알기 | ① 온도가 낮아져도 고무풍선 주위의 압력은 변화가 없다.
②, ③ 온도가 낮아져도 고무풍선 속 기체 입자의 크기와 개수는 일정하다.
⑤ 온도가 낮아지면 고무풍선 속 기체 입자 사이의 거리가 감소한다.

293 ㄱ. 뜨거운 물에서는 주사기 속 기체의 부피가 증가하므로 주사기의 피스톤이 바깥쪽으로 밀려난다.
ㄷ, ㄹ. 얼음물에서는 주사기 속 기체의 온도가 감소하여 기체 입자가 용기 안쪽 벽에 충돌하는 세기와 충돌 횟수가 감소하므로 기체의 부피가 감소하면서 피스톤이 주사기 안쪽으로 밀려 들어간다.

바로 알기 | ㄴ. 뜨거운 물에서는 기체의 온도가 높아지므로 기체 입자의 운동이 활발해진다.

294

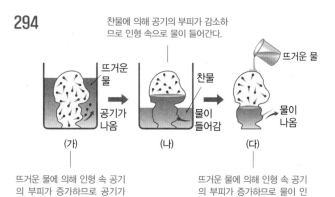

찬물에 의해 공기의 부피가 감소하므로 인형 속으로 물이 들어간다.

(가) 공기가 나옴   (나) 찬물 / 물이 들어감   (다) 뜨거운 물 / 물이 나옴

뜨거운 물에 의해 인형 속 공기의 부피가 증가하므로 공기가 인형 밖으로 나온다.

뜨거운 물에 의해 인형 속 공기의 부피가 증가하므로 물이 인형 밖으로 밀려 나온다.

① (가)에서 인형 속 공기의 온도가 높아지므로 공기 입자의 운동이 활발해진다.
② (나)에서 인형 속 공기의 온도가 낮아져 공기의 부피가 감소하므로 인형 속으로 물이 들어간다.
③ (다)에서 인형 머리에 뜨거운 물을 부으면 인형 속 공기의 온도가 높아져 부피가 증가하므로 물이 밀려 나온다.
⑤ 이 원리는 기체의 온도와 부피 관계를 이용한 것이므로 샤를 법칙으로 설명할 수 있다.

바로 알기 | ④ (다)에서 인형의 머리에 부어 주는 물의 온도가 높을수록 인형 속 공기 입자의 운동이 활발해지고 공기 입자의 충돌 세기와 충돌 횟수가 증가하여 인형 속 공기의 부피가 더 증가하므로 물이 세게 나온다.

295 ㄷ. (가)에서는 일정한 온도에서 기체의 압력과 부피 관계를 확인할 수 있으므로 보일 법칙으로 설명할 수 있고, (나)에서는 일정한 압력에서 기체의 온도와 부피 관계를 확인할 수 있으므로 샤를 법칙으로 설명할 수 있다.

바로 알기 | ㄱ. 온도가 일정한 조건에서 부피가 증가하였으므로 기체의 압력이 감소한 경우이다. 따라서 기체 입자의 충돌 횟수가 감소한다.
ㄴ. 압력이 일정한 조건에서 부피가 증가하였으므로 기체의 온도가 높아진 경우이다. 따라서 기체 입자 운동의 빠르기가 증가한다.

296

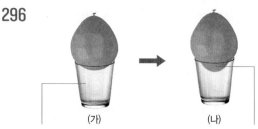

(가)   (나)

뜨거운 물에 의해 유리컵에 고무풍선을 막 대었을 때에는 유리컵 속 기체의 온도가 높기 때문에 기체 입자가 활발하게 운동한다.

시간이 지나면 유리컵 속 기체의 온도가 낮아지면서 기체 입자의 운동이 둔해지고, 입자가 컵 안쪽 벽에 충돌하는 세기가 감소하여 기체의 부피가 감소하기 때문에 고무풍선이 유리컵 안으로 빨려 들어간다.

⑤ 시간이 지나면 유리컵 속 기체의 온도가 낮아져 기체 입자의 운동이 둔해지면서 부피가 감소하므로 유리컵 속 기체 입자 사이의 거리는 (나)가 (가)보다 가깝다.

바로 알기 | ① 유리컵 속 기체 입자의 개수는 (가)와 (나)가 같다.

② 유리컵 속 기체의 온도는 (가)가 (나)보다 높다.

③ 유리컵 속 기체의 부피는 (나)가 (가)보다 작다.

④ 유리컵 속 기체 입자의 운동은 (나)가 (가)보다 둔하다.

297

풍선	(가)	(나)	(다)
온도	증가	일정	감소
① 입자의 충돌 세기	증가	일정	감소
② 입자의 크기	일정	일정	일정
③ 입자 사이의 거리	멀어짐	일정	가까워짐
④ 입자의 운동	활발해짐	일정	둔해짐
⑤ 입자의 충돌 횟수	증가	일정	감소

바로 알기 | ① (가)는 온도가 높아지므로 실험 후 기체 입자의 충돌 세기가 증가한다.

② (가)~(다) 모두 실험 후 기체 입자의 크기는 변하지 않는다.

④ (가)는 온도가 높아지므로 실험 후 기체 입자 운동이 활발해지고, (다)는 온도가 낮아지므로 실험 후 기체 입자 운동이 둔해진다.

⑤ 실험 후 기체 입자의 충돌 횟수가 가장 많아지는 것은 온도가 높아져 기체의 부피가 커진 (가)이다.

298 일정한 압력에서 온도가 높아지면 기체 입자의 운동이 활발해져 기체 입자들이 피펫 안쪽 벽에 충돌하는 횟수와 충돌 세기가 증가하므로 피펫 속 기체의 부피가 증가한다.

ㄷ. 뜨거운 물에 의해 온도가 높아지므로 피펫 속 기체 입자 사이의 거리가 점점 멀어진다.

ㄹ. 이 실험으로 기체의 온도와 부피 관계를 확인할 수 있다.

바로 알기 | ㄱ, ㄴ. 온도가 높아지므로 피펫 속 기체의 부피는 점점 증가하고, 글리세롤은 점점 위로 올라간다.

299 ⑤ 열기구를 가열하였을 때 하늘로 떠오르는 것은 샤를 법칙을 이용한 현상이다.

300 ①, ③, ④, ⑤ 기체의 온도와 부피 관계로 설명할 수 있는 현상이다.

바로 알기 | ② 기체의 압력과 부피 관계로 설명할 수 있는 현상이다.

301 그림은 압력이 일정할 때 일정량의 기체의 부피는 온도가 높아지면 일정한 비율로 증가한다는 샤를 법칙을 나타낸 것이다.

②, ③, ④, ⑤, ⑥ 온도에 따른 기체의 부피 변화에 대한 현상으로 샤를 법칙으로 설명할 수 있다.

바로 알기 | ① 압력에 따른 기체의 부피 변화에 대한 현상으로 보일 법칙으로 설명할 수 있다.

302 ② (가), (다), (마)는 보일 법칙, (나), (라), (바)는 샤를 법칙으로 설명할 수 있는 현상이다.

303 유리병 속 기체의 온도가 점점 낮아지면서 부피가 감소하여 유리병 입구에 올려놓은 달걀이 유리병 속으로 빨려 들어간다. 이 현상은 기체의 온도와 부피 관계(샤를 법칙)로 설명할 수 있다.

③ 샤를 법칙으로 설명할 수 있는 현상이다.

바로 알기 | ① 물이 응고할 때 부피가 증가하는 현상이다.

② 기체의 압력을 이용하는 현상이다.

④ 힘이 작용하는 면적을 좁혀 압력을 크게 하는 경우이다.

⑤ 보일 법칙으로 설명할 수 있는 현상이다.

VI

304 모범 답안 증가한다.

305 모범 답안 삼각 플라스크 속 기체의 온도가 높아져 고무풍선이 부풀어 오른다.

306 모범 답안 • 온도가 일정할 때: 기체의 압력을 높인다.

• 압력이 일정할 때: 기체의 온도를 낮춘다.

307 모범 답안 (1)

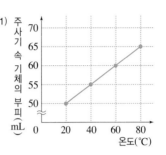

(2) **압력이 일정할 때 온도**가 높아지면 **일정량**의 기체의 **부피**는 일정한 **비율**로 증가한다.

308 모범 답안 기체 입자 운동이 활발해진다. (기체 입자 운동이 빨라진다. 기체 입자 운동의 빠르기가 증가한다.)

309 모범 답안 기체의 **온도**가 높아져 **기체 입자 운동**의 빠르기가 증가하고, 기체 입자가 실린더 안쪽 벽에 **충돌**하는 세기와 **충돌 횟수**가 증가하므로 기체의 **부피**가 증가한다.

310 모범 답안 (1) (가)>(나)

(2) 압력이 일정할 때 온도가 높아지면 기체의 부피가 증가하고, 온도가 낮아지면 기체의 부피가 감소한다.

311 모범 답안 (1) • 기체의 온도: 증가

• 기체 입자 사이의 거리: 증가

• 기체 입자의 충돌 세기: 증가

• 기체 입자 운동의 빠르기: 증가

(2) 주사기 속 기체의 부피가 증가하여 주사기의 피스톤이 바깥쪽으로 밀려 올라간다.

312 모범 답안

해설 일정한 압력에서 주사기 속 기체의 부피가 증가하였으므로 주사기 속 기체 입자의 개수와 크기는 온도를 높이기 전과 동일하게 그리고, 화살표의 길이는 길게 그리며, 충돌 횟수가 증가하고 입자 사이의 거리는 멀어진 모습으로 표현한다.

313 모범 답안 체온에 의해 빈 유리병 속 기체의 온도가 높아지면 기체 입자의 운동이 활발해지므로 기체의 부피가 증가하면서 동전을 밀어내기 때문이다.

314 　[모범 답안] 인형 머리에 뜨거운 물을 부으면 인형 속 공기의 온도가 높아지고 공기 입자의 운동이 활발해져 공기의 부피가 증가하므로 물이 인형 밖으로 밀려 나온다.

[해설] (가)와 같이 뜨거운 물에 인형을 넣으면 인형 속 공기 입자의 운동이 활발해져 공기의 부피가 증가하므로 작은 구멍으로 공기가 나온다. 이때 (나)와 같이 찬물에 인형을 넣으면 인형 속 공기 입자의 운동이 둔해져 공기의 부피가 감소하기 때문에 물이 인형 속으로 들어간다. 이렇게 인형 안에 물이 채워진 상태에서 인형 머리에 (다)와 같이 뜨거운 물을 부으면 인형 속 공기의 부피가 증가하여 물이 나온다.

315 　[모범 답안] 줄어든다. (쭈그러든다.)

[해설] 추운 겨울 밖으로 풍선을 가지고 나가면 풍선 속 기체의 온도가 낮아져 기체 입자의 운동이 둔해지므로 기체 입자들이 풍선 안쪽 벽에 충돌하는 세기와 충돌 횟수가 줄어들어 풍선 속 기체의 부피가 감소한다.

316 　[모범 답안] (1) 샤를 법칙

(2) 체온에 의해 피펫 속 기체의 온도가 높아지면 기체의 부피가 증가하면서 피펫 끝에 있던 용액을 밀어내기 때문이다.

317 　[모범 답안] 추운 겨울철 자동차 타이어가 수축한다. 찌그러진 탁구공을 뜨거운 물에 넣으면 펴진다.

[해설] 제시한 현상은 온도에 따른 기체의 부피 변화로 설명할 수 있는 현상이므로 샤를 법칙과 관련 있다.

318 　[모범 답안] 냉장고에 넣어 둔 달걀은 온도가 낮아져 달걀 껍데기 안쪽에 있는 공기의 부피가 줄어든다. 그런데 냉장고에 넣어 둔 달걀을 끓는 물에 바로 넣으면 공기의 부피가 갑자기 늘어나면서 달걀 껍데기가 깨진다.

최고 수준 도전 기출 |05~07|　　74쪽~75쪽

319 ⑤	320 ③	321 ④	322 ④	323 ①
324 ③	325 ④	326 ①		

319 　① 고무풍선에 기체를 넣으면 기체 입자는 고무풍선 안쪽 벽에 모든 방향으로 충돌하므로 사방으로 부풀어 오른다.

②, ③ 고무풍선에 기체를 넣으면 풍선 속 기체 입자의 개수가 많아지므로 기체 입자가 풍선 안쪽 벽에 충돌하는 횟수가 증가하여 풍선 속 기체의 압력이 커진다.

④ 고무풍선을 뜨거운 물에 넣으면 기체 입자의 운동이 활발해져 기체 입자들이 풍선 안쪽 벽에 충돌하는 세기와 충돌 횟수가 증가하여 풍선 속 기체의 부피가 증가하므로 풍선의 크기가 커진다.

바로 알기 | ⑤ 고무풍선 속 공기를 조금 빼내면 풍선 속 기체 입자의 개수가 줄어들어 풍선 안쪽 벽에 충돌하는 횟수가 감소하므로 고무풍선의 크기가 작아진다.

320 　ㄷ. 피스톤이 올라간 높이가 (가)<(나)이므로 실험 장치 안에 들어 있는 쇠구슬의 개수도 (가)<(나)이고 쇠구슬이 용기 안쪽 벽에 충돌하는 횟수도 (가)<(나)이다.

바로 알기 | ㄱ. 쇠구슬의 개수는 (나)가 (가)보다 많다.

ㄴ. 피스톤을 밀어 올리는 힘은 (나)가 (가)보다 크다.

321 　④ A와 B에서 압력과 부피를 곱한 값은 같으므로 B에서 압력과 부피를 곱한 값은 30이다.

바로 알기 | ① A → B로 변해도 기체 입자의 크기는 변하지 않는다.

② 온도가 일정하므로 B → A로 변해도 기체 입자 운동의 빠르기는 일정하다.

③ 압력은 B가 A보다 크므로 일정한 면적에 충돌하는 기체 입자의 개수는 A<B이다.

⑤ 높은 산에 올라가면 과자 봉지가 부풀어 오르는 현상은 압력이 낮아질 때의 부피 변화이므로 B → A로 변할 때로 설명할 수 있다.

322 　①, ②, ③ (가)에서는 고무풍선에 가하는 압력이 커지므로 고무풍선 속 기체의 압력이 커져 고무풍선의 부피가 작아지고, (나)에서는 고무풍선에 가하는 압력이 작아지므로 고무풍선 속 기체의 압력이 작아져 고무풍선의 부피가 커진다.

⑤ 온도가 일정하므로 고무풍선 속 기체 입자 운동의 빠르기는 일정하다.

바로 알기 | ④ (가)에서는 고무풍선 속 기체 입자의 충돌 횟수가 많아지고, (나)에서는 고무풍선 속 기체 입자의 충돌 횟수가 적어진다.

323 　제시한 응급 처치 방법을 하임리히법이라고 한다. 이는 보일 법칙과 관련된 현상이다.

ㄱ, ㄴ. 보일 법칙과 관련된 현상이다.

바로 알기 | ㄷ. 비스킷 반죽을 가열하면 반죽 속 기체의 부피가 늘어나는데, 구멍을 뚫어 놓으면 반죽이 많이 부풀어 오르지 않고 터지지 않는다. 이는 샤를 법칙과 관련된 현상이다.

ㄹ. 여름철에 온도가 높으면 타이어 속 기체의 부피가 증가하므로 공기압을 최대치보다 약간 작게 해야 한다. 이는 샤를 법칙과 관련된 현상이다.

324 　압력이 일정할 때 일정량의 기체의 온도가 높아질수록 입자 운동이 활발해져 용기 안쪽 벽에 강하게 충돌하고, 충돌 횟수도 늘어나므로 기체의 부피가 증가한다. 따라서 물의 온도, 기체 입자 운동의 빠르기, 기체 입자 사이의 거리, 기체 입자의 충돌 세기, 기체의 부피는 A<B<C<D이다.

바로 알기 | ③ 온도가 높아질수록 스포이트 속 기체 입자 사이의 거리가 멀어지므로 A가 D보다 기체 입자 사이의 거리가 가깝다.

325 　• 물에 잉크가 퍼지는 것은 확산 현상이고, 확산은 온도가 높을수록 빨리 일어나므로 찬물보다 뜨거운 물에서 잉크가 빨리 퍼진다.

• 햇빛이 비치는 곳에 과자 봉지를 두면 과자 봉지 속 기체 입자 운동의 빠르기가 증가하고 기체 입자의 충돌 세기와 횟수가 증가하므로 부피가 증가한다. 따라서 과자 봉지가 부풀어 오른다.

④ 두 현상은 모두 온도가 높을수록 입자의 운동이 활발해진다는 공통점이 있다.

326 　② (다)의 압력은 대기압(1 기압)+추 2 개의 압력(2 기압)=2 기압이므로 ㉠은 2이다.

③ (나)와 (다)는 압력이 같은데 부피가 2배 차이가 나므로 (다)가 (나)보다 온도가 높다.

④ (가)와 (나)는 온도가 같을 때 압력과 부피의 관계를 설명할 수 있으므로 보일 법칙과 관련 있다.

⑤ (나)와 (다)는 압력이 같을 때 온도와 부피의 관계를 설명할 수 있으므로 샤를 법칙과 관련 있다.

바로 알기 | ① (가)의 압력은 대기압(1 기압)+추 1 개의 압력=1.5 기압이므로 추 1 개는 0.5 기압이다.

08 태양계의 구성

OX로 개념 확인

78쪽

327 ○	328 ×	329 ×	330 ○	331 ○
332 ×	333 ×	334 ×	335 ○	336 ○

328 모범 답안 행성과 위성은 태양을 중심으로 공전하는 둥근 모양의 ~~천체~~이다.
　　　　　왜소 행성

바로 알기 | 태양을 중심으로 공전하는 둥근 모양의 천체는 행성과 왜소 행성이 있다. 위성은 행성을 중심으로 공전하는 천체이다. 태양을 중심으로 공전하는 천체에는 소행성도 있지만, 소행성은 모양이 불규칙하다.

329 모범 답안 태양계 행성 중 크기가 가장 크고 표면에 대적점이 있는 행성은 ~~금성~~이다.
　　　　　목성

바로 알기 | 목성은 태양계 행성 중 크기가 가장 크고 표면에 대기의 소용돌이인 대적점이 있다. 금성은 이산화 탄소로 이루어진 두꺼운 대기가 있어 표면 온도가 매우 높고, 지구와 크기와 질량이 가장 비슷한 행성이다.

330 지구형 행성은 목성형 행성에 비해 질량과 반지름이 작고 위성이 없거나 수가 적다. 수성, 금성, 지구, 화성은 지구형 행성에 해당한다.

332 모범 답안 천체 망원경에서 빛을 모으는 역할을 하는 것은 ~~보조 망원경~~이다.
　　　　　대물렌즈

바로 알기 | 천체 망원경에서 대물렌즈는 빛을 모으는 역할을 한다. 보조 망원경은 배율이 낮아 시야가 넓어 관측하려는 천체를 찾을 때 사용한다.

333 모범 답안 태양의 흑점이 주변보다 어둡게 보이는 까닭은 주변보다 온도가 ~~높기~~ 때문이다.
　　　　　　　　낮기

바로 알기 | 흑점은 광구에서 나타나는 불규칙한 모양의 어두운 부분으로, 주변보다 온도가 낮아 어둡게 보인다.

334 모범 답안 광구 바로 위 붉은색의 얇은 대기층을 ~~코로나~~라고 한다.
　　　　　　　　　　　　　채층

바로 알기 | 태양의 대기는 채층과 코로나로 구분된다. 채층은 광구 바로 위 붉은색의 얇은 대기층이고, 코로나는 채층 위로 멀리 뻗어 있는 진주색의 대기층이다.

난이도별 필수 기출

79쪽~86쪽

337 ③	338 ⑤	339 ③, ⑦	340 ①	341 ②
342 ③	343 ⑤	344 ②	345 ③, ⑤	346 ④
347 ③	348 ④	349 ④	350 ④	351 ④
352 ①	353 ④, ⑥	354 ③	355 ②	356 ②, ④
357 ③	358 ③	359 ④	360 ①, ②	361 ④
362 ⑤	363 ③	364 ②	365 ④	366 ①
367 ③	368 ⑤	369 ②	370 ③	371 ③, ⑦
372 ③	373 ②	374 ④	375 ①, ②	376 ⑤
377 ②	378 ③, ⑥	379 ③		

337 혜성은 주로 얼음과 먼지로 이루어져 있으며 태양에 가까워지면 태양 반대편으로 꼬리가 생긴다.

338 행성, 소행성, 왜소 행성은 태양을 중심으로 공전한다. 위성은 행성을 중심으로 공전한다.

339 **바로 알기** | ③ 행성의 표면은 단단한 암석으로 되어 있는 것도 있고, 기체로 이루어진 것도 있다.
⑦ 주로 화성과 목성 궤도 사이에서 태양을 중심으로 공전하는 천체는 소행성이다. 혜성은 주로 얼음과 먼지로 이루어져 있고, 태양에 가까워지면 꼬리가 생기며 대부분 태양을 중심으로 타원 궤도로 공전한다.

340 ① 행성과 왜소 행성은 태양을 중심으로 공전하며, 둥근 모양이다.
바로 알기 | ② 목성은 행성이다. 왜소 행성은 다른 행성의 위성이 아니다.
③ 태양계에서 스스로 빛을 내는 천체는 태양뿐이다.
④ 행성은 자신의 궤도 주변에서 다른 천체들에게 지배적인 지위를 갖지만, 왜소 행성은 자신의 궤도 주변에서 지배적인 역할을 하지 못한다.
⑤ 태양과 가까워지면 태양 반대쪽으로 꼬리가 생기는 태양계 구성 천체는 혜성이다.

341

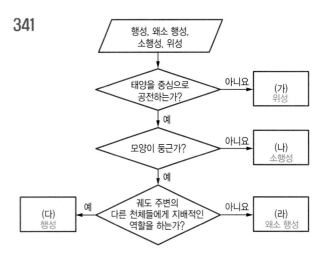

(가) 위성은 행성을 중심으로 공전한다. (나) 소행성은 태양을 중심으로 공전하지만 불규칙한 모양을 갖는다. (라) 왜소 행성은 태양을 중심으로 공전하고 모양이 둥글지만, 궤도 주변의 다른 천체들에게 지배적인 역할을 하지 못한다.

342 행성인 목성을 중심으로 공전하고 있는 천체인 가니메데는 위성이다.

343 태양계 행성에는 수성, 금성, 지구, 화성, 목성, 토성, 천왕성, 해왕성의 8개가 있다. 명왕성은 태양계를 구성하는 천체이지만, 행성이 아닌 왜소 행성으로 분류된다.

344 지구에서 가장 밝게 보이고 표면 온도가 매우 높은 행성은 금성이다.

345 **바로 알기** | ① 이산화 탄소로 이루어진 두꺼운 대기가 있어 표면 온도가 매우 높은 행성은 금성이다.
②, ④ 태양과 가장 가까운 거리에 있고, 대기가 거의 없으며 표면에 운석 구덩이가 많은 행성은 수성이다.
⑥ 태양계 행성 중 가장 바깥쪽에 위치해 있는 행성은 해왕성이다.
⑦ 표면이 붉게 보이고 2개의 위성이 있는 행성은 화성이다.

346 그림은 목성의 모습이다. 목성 표면에는 대기의 소용돌이인 대적점이 있다.

바로 알기 | ① 목성은 태양계 행성 중 크기가 가장 크다.

② 목성은 위성이 많다.

③ 목성은 주로 수소, 헬륨 등의 기체로 이루어져 있어 단단한 표면이 없다. 표면에 단단한 암석이 있고 액체 상태의 물이 존재하는 행성은 지구이다.

⑤ 목성은 주로 수소와 헬륨으로 이루어진 행성이다. 대기의 대부분이 질소와 산소로 이루어진 행성은 지구이다.

347

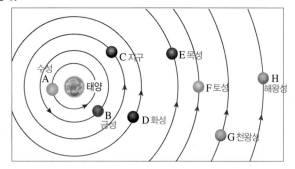

바로 알기 | ③ D는 화성이다. 화성은 표면이 붉게 보이고 과거에 물이 흘렀던 흔적이 있다. 또한, 극지방에는 얼음과 드라이아이스로 이루어진 흰색의 극관이 있다. 태양계 행성 중 적도와 나란한 줄무늬가 나타나고 희미한 고리가 있는 행성은 목성이다.

348

> (가) 태양계 행성 중 크기가 가장 크다. ➡ 목성
> (나) 대기가 거의 없어 낮과 밤의 온도 차가 매우 크다. ➡ 수성
> (다) 표면이 붉게 보이고, 표면에 물이 흘렀던 흔적이 있다. ➡ 화성
> (라) 주로 수소, 헬륨, 메테인으로 구성되어 있고, 표면에 대흑점이 나타난다. ➡ 해왕성

태양계 행성을 태양에 가까운 순서대로 나열하면 수성(나) → 금성 → 지구 → 화성(다) → 목성(가) → 토성 → 천왕성 → 해왕성(라) 순이다.

349 ④ (가)는 화성이고, (나)는 토성이다. 토성은 주로 수소와 헬륨의 기체로 이루어져 있어 단단한 표면이 없다.

바로 알기 | ① 표면에 적도와 나란한 줄무늬가 나타나는 행성은 (나) 토성이다.

② (나) 토성은 태양계 행성 중 크기가 두 번째로 큰 행성이므로, 지구보다 반지름이 크다.

③ (가) 화성은 고리가 없고, 2개의 위성(포보스와 데이모스)이 있다.

⑤ (나) 토성은 표면이 주로 수소와 헬륨의 기체로 이루어져 있어 탐사선이 표면에 착륙할 수 없다. (가) 화성은 표면이 단단한 암석으로 되어 있어 탐사선이 표면에 착륙할 수 있다.

350 (가) 집단은 지구형 행성, (나) 집단은 목성형 행성이다. 지구형 행성과 목성형 행성은 질량, 반지름, 위성 수, 고리의 유무 등으로 구분할 수 있다.

351 ④ 지구형 행성은 위성이 없거나 수가 적다. 수성과 금성은 위성이 없고 지구는 1개의 위성(달), 화성은 2개의 위성(포보스와 데이모스)이 있다.

바로 알기 | ① 지구형 행성은 고리가 없고, 목성형 행성은 고리가 있다.

② 지구형 행성은 목성형 행성에 비해 질량이 작다.

③ 지구형 행성은 목성형 행성에 비해 반지름이 작다.

⑤ 지구형 행성은 암석으로 이루어져 있어 단단한 표면이 있고, 목성형 행성은 기체로 이루어져 있어 단단한 표면이 없다.

352 목성, 토성, 천왕성, 해왕성은 목성형 행성이다. 목성형 행성은 고리가 있고, 위성 수가 많다.

바로 알기 | ④ 목성형 행성은 질량과 반지름이 지구형 행성보다 크므로 지구형 행성인 지구보다 질량과 반지름이 크다.

⑤ 극지방에 흰색의 극관이 나타나는 행성은 화성이다.

353 ①, ⑦ (가)는 지구형 행성이고, (나)는 목성형 행성이다. 행성을 태양에 가까운 순으로 나열하면 수성, 금성, 지구, 화성, 목성, 토성, 천왕성, 해왕성으로 지구형 행성이 목성형 행성보다 태양에 더 가까이 있다.

바로 알기 | ④ 목성형 행성은 모두 지구형 행성보다 질량이 크다.

⑥ 지구형 행성은 고리가 없고, 목성형 행성은 고리가 있다.

354

	구분	지구형 행성	목성형 행성
①	질량	크다. ←	→ 작다.
②	고리	있다. ←	→ 없다.
③	반지름	작다.	크다.
④	위성 수	많다. ←	→ 없거나 적다.
⑤	표면 상태	기체 ←	→ 고체

355 A는 반지름이 작고 위성 수가 없거나 적은 지구형 행성이고, B는 반지름이 크고 위성 수가 많은 목성형 행성이다.

바로 알기 | ② 지구형 행성(A)은 고리가 없고, 목성형 행성(B)은 고리가 있다.

356

행성	반지름 (지구=1)	질량 (지구=1)	위성 수 (개)	
A	11.21	317.92	92	➡ 목성
B	9.45	95.14	83	➡ 토성
C	0.95	0.82	0	➡ 금성
D	0.38	0.06	0	➡ 수성

② 토성(B)은 고리가 뚜렷하며 표면에 적도와 나란한 줄무늬가 나타난다.

④ 수성(D)은 대기가 거의 없고 표면에 운석 구덩이가 많다.

바로 알기 | ① 이산화 탄소로 이루어진 두꺼운 대기가 있는 행성은 금성(C)이다.

③ 얼음과 드라이아이스로 이루어진 극관이 있는 행성은 화성이다.

⑤ 태양으로부터 가장 가까이 있는 행성은 수성(D)이다.

⑥ 질량과 반지름이 크고 위성 수가 많은 목성형 행성에는 목성(A)과 토성(B)이 속하고, 질량과 반지름이 작고 위성이 없거나 수가 적은 지구형 행성에는 금성(C)과 수성(D)이 속한다.

357 ㄱ. 천체 망원경은 거울이나 렌즈 등으로 빛을 모아 관측하는 대상을 밝게 보여 준다.

ㄴ. 천체 망원경은 대물렌즈로 빛을 모아 멀리 있는 천체의 모습을 자세히 관측하는 도구이다.

바로 알기 | ㄷ. 태양의 경우 태양 빛이 매우 강하기 때문에 천체 망원경에 태양 필터나 태양 투영판을 장착해 관측해야 한다.

[358~359]

경통
대물렌즈 A
B 보조 망원경
가대 D
C 접안렌즈
균형추 E
삼각대

358   A는 대물렌즈, B는 보조 망원경, C는 접안렌즈, D는 가대, E는 균형추이다.

359   경통과 삼각대를 연결하는 부분으로, 경통을 움직일 수 있게 하는 것은 가대(D)이다.
바로 알기 | ① 대물렌즈(A)는 천체에서 오는 빛을 모은다.
② 보조 망원경(B)은 관측하려는 천체를 찾을 때 사용한다.
③ 접안렌즈(C)는 상을 확대하여 눈으로 볼 수 있게 한다.
⑤ 균형추(E)는 망원경의 균형을 잡아주는 추이다.

360   ①, ② A는 대물렌즈, B는 경통, C는 보조 망원경, D는 접안렌즈, E는 초점 조절 나사, F는 균형추, G는 삼각대이다. 대물렌즈(A)는 빛을 모으는 역할을 하고, 경통(B)은 대물렌즈와 접안렌즈를 연결하는 역할을 한다.
바로 알기 | ③ C는 보조 망원경으로, 관측하려는 천체를 찾을 때 사용한다.
④ D는 접안렌즈로, 상을 확대하여 눈으로 볼 수 있게 한다.
⑤ E는 초점 조절 나사로, 접안렌즈를 움직여 초점을 맞출 수 있게 한다. 경통을 지지하며 잘 움직이게 하는 것은 가대이다.
⑥ F는 균형추로, 망원경의 균형을 잡는 역할을 한다.
⑦ G는 삼각대로, 망원경을 고정하는 역할을 한다.

361   (다) 천체 망원경을 조립하고 (가) 균형을 맞춘 다음, (나) 주 망원경과 보조 망원경의 시야를 맞춘 후 천체를 관측한다.

362   천체 망원경은 시야가 트인 장소에 설치한다. 경통이 관측하려는 천체를 향하게 한 다음, 천체가 보조 망원경의 십자선 중앙에 오도록 천체 망원경을 조절한다. 보조 망원경으로 찾은 천체를 접안렌즈로 보면서 초점 조절 나사를 돌려 초점을 맞춘다.
바로 알기 | ⑤ 접안렌즈로 볼 때, 저배율에서 고배율 순서로 관측한다.

363   ①, ② 천체 망원경으로 달을 관측하면 달의 높고 낮은 달 표면의 지형과 운석 구덩이를 볼 수 있다.
④, ⑤ 천체 망원경으로 태양을 관측하면 둥근 태양의 광구가 보이고, 태양의 표면에서 검은 점인 흑점도 볼 수 있다.
바로 알기 | ③ 행성을 맨눈으로 보았을 때는 별과 구분할 수 없지만, 천체 망원경으로 관측하면 행성의 표면에서 나타나는 특징 정도를 관측할 수 있다. 천체 망원경으로 행성을 관측하면 화성은 붉은색으로 보이고 극에서는 흰색의 극관이 보인다. 목성은 줄무늬와 대적점이 보이고, 많은 위성을 볼 수 있다. 토성은 고리가 뚜렷하게 보인다.

364   A는 대물렌즈, B는 경통, C는 보조 망원경, D는 접안렌즈이다.
② 보조 망원경(C)으로 관측할 천체를 찾아 시야의 중앙에 오도록 조절한 뒤에, 접안렌즈(D)로 보며 초점 조절 나사를 돌려 초점을 맞추고 태양을 관측한다.

바로 알기 | ① 경통(B)은 관측하려는 천체인 태양을 향하게 설치해야 한다.
③ 태양은 매우 밝으므로 맨눈으로 태양을 직접 보지 않아야 하며, 태양 필터나 태양 투영판을 장착하지 않은 천체 망원경으로 태양을 관측하지 않도록 한다. 천체 망원경으로 태양을 관측할 때는 대물렌즈와 보조 망원경에 태양 필터를 장착하거나 태양 투영판을 설치해야 한다. 태양 필터가 없는 보조 망원경의 경우 뚜껑을 덮거나 분리해 두어야 한다.
④ 어느 정도 관측한 후에는 경통의 뚜껑을 닫고 식힌다.
⑤ 태양 투영판을 사용해도 태양의 흑점을 관측할 수 있다.

흑점

▲ 태양 투영판에 비친 태양의 상

365   태양의 표면인 광구에서는 흑점과 쌀알 무늬가 나타난다. 채층과 코로나는 태양의 대기이다.

366   태양의 대기는 채층과 코로나로 구분된다. 채층은 광구 바로 위 붉은색의 얇은 대기층이다. 코로나는 채층 위로 넓게 뻗어 있는 부분이며 진주색을 띤다.
바로 알기 | 흑점은 광구에서 나타나는 현상이고, 홍염과 플레어는 태양의 대기에서 일어나는 현상이다.

367

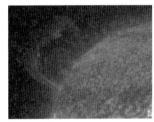

(가) 홍염
➡ 광구에서 코로나까지 물질이 불꽃이나 고리 모양으로 솟아오르는 현상

(나) 코로나
➡ 채층 위로 멀리 뻗어 있는 진주색의 대기층

368   **바로 알기 |** ⑤ 평소에는 광구가 밝아서 태양의 대기를 보기 어렵지만, 달이 태양의 광구를 완전히 가리면 태양의 대기를 관측할 수 있다.

369   **바로 알기 |** ② 코로나는 채층 위로 멀리 뻗어 있는 진주색의 대기층이다.

370

B 광구에 쌀알을 뿌려 놓은 것처럼 보이는 무늬 ➡ 쌀알 무늬

A 광구에서 나타나는 불규칙한 모양의 어두운 부분 ➡ 흑점

③ 쌀알 무늬는 광구 아래에서 일어나는 대류 현상으로 생긴다.
바로 알기 | ① 광구의 평균 온도는 약 6000 °C이고, 흑점의 평균 온도는 약 4000 °C로 흑점은 주변보다 온도가 낮아 어둡게 보인다.
② 태양의 대기는 달이 태양의 광구를 완전히 가리면 관측할 수 있다.
④ 고온의 물질이 올라오는 곳은 밝고, 표면에서 냉각된 물질이 내려가는 곳은 어둡다.

VII

⑤ 망원경으로 태양의 표면을 관측하면 흑점의 위치가 달라지는데, 이는 태양이 자전하기 때문이다.

371 (가)는 흑점, (나)는 홍염, (다)는 코로나, (라)는 플레어이다.
③ 태양 활동이 활발해지면 코로나의 크기가 커지고 홍염과 플레어가 자주 나타난다.
⑦ 플레어는 흑점 부근의 강력한 폭발이 일어나는 현상으로, 플레어가 발생하면 많은 양의 물질과 에너지가 우주 공간으로 방출된다.
바로 알기 | ① (가) 흑점의 수는 주기적으로 변한다.
② (나) 홍염은 태양의 대기에서 나타나는 현상으로 태양의 표면에서 관측할 수 없다. 태양의 표면에서 관측할 수 있는 것은 (가) 흑점이다.
④, ⑥ (다)는 채층 위로 멀리 뻗어 있는 진주색의 대기층인 코로나이다. 광구 바로 위 얇은 대기층은 채층이다.
⑤ (다) 코로나의 온도는 100만 ℃ 이상으로 매우 높다. 광구의 평균 온도는 약 6000 ℃이다.

372 ㄱ. 태양의 대기는 광구 바로 위의 얇은 대기층인 채층과 채층 위로 멀리 뻗어 있는 코로나로 구분된다.
ㄷ. 홍염은 물질이 불꽃이나 고리 모양으로 광구에서 코로나까지 솟아오를 수 있다.
ㅁ. 태양의 표면인 광구에서는 쌀알 무늬를 볼 수 있다.
옳게 서술한 문장은 ㄱ, ㄷ, ㅁ으로 3 개이다.
바로 알기 | ㄴ. 플레어는 흑점 부근에서 강력한 폭발이 일어나는 현상으로, 플레어가 발생하면 채층의 일부가 매우 밝아진다.
ㄹ. 광구의 평균 온도는 약 6000 ℃이고, 흑점의 온도는 약 4000 ℃이다. 흑점은 주변에 비해 온도가 약 2000 ℃ 낮아 어둡게 보인다.

373 ② 태양 활동이 활발할 때에는 인공위성 센서가 고장 나 인공위성이 기능을 못할 수 있다.
바로 알기 | ① 태양 활동이 활발할 때 오로라가 자주 발생하고, 관측되는 지역도 더 넓어진다.
③ 태양 활동과 지진의 발생은 관련이 없다.
④ 태양 활동이 활발할 때는 흑점 수가 증가한다.
⑤ 태양 활동이 활발할 때는 플레어가 자주 발생한다.

374 흑점 수가 많을수록 태양 활동이 활발한 시기이다.
ㄱ. 태양 활동이 활발해지면 북극 지방 하늘 주위로 비행하기 어려워진다.
ㄴ. 위성 위치 확인 시스템(GPS) 오류로 정확한 위치 정보를 확인하기 어려울 수도 있다.
ㄷ. 비행기, 선박 등에서는 장거리 무선 통신을 사용할 수 없게 된다.
바로 알기 | ㄹ. 태양 활동이 활발해지면 우주 비행사는 더 많은 태양 방사선에 노출된다.

375 **바로 알기 |** ① A 시기는 태양 흑점 수가 많은 시기로 태양 활동이 활발해진다.
② 태양 활동이 활발해지면 코로나의 크기가 커지고 홍염과 플레어가 자주 나타난다.

376 **바로 알기 |** ⑤ 기사는 태양 활동이 활발할 때에 대한 설명이다. 태양 활동이 활발할 때 오로라가 더 자주 발생하고, 다른 때보다 선명하고 넓게 관측된다.

377

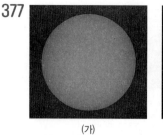

(가)
흑점 수가 적다.

(나)
흑점 수가 많다.
➡ 태양 활동이 활발한 시기

② 태양 활동이 활발해지면 인공위성 센서가 고장 나 인공위성이 기능을 못할 수도 있다.
바로 알기 | ① 태양 활동이 활발해지면 태양풍이 강해진다.
③ 태양 활동이 활발해지면 홍염과 플레어가 자주 나타난다.
④ 태양 활동이 활발해지면 전파 신호 방해를 받아 무선 전파 통신 장애가 발생할 수도 있다.
⑤ 태양 활동이 활발해지면 북극 지방 하늘 주위로 비행하기 어려워진다.

378 ③ 태양 활동이 활발한 시기에는 지구 자기장이 급격하게 변하는 현상인 자기 폭풍이 발생한다.
⑥ 1960 년경에는 흑점 수가 많으므로 태양 활동이 활발한 시기이다.
바로 알기 | ① 흑점 수가 많을수록 태양 활동이 활발하므로, 태양 활동은 B 시기보다 A 시기에 더 활발하다.
② 태양 활동이 활발하면 태양에서 전기를 띤 입자가 많이 방출되므로 B 시기보다 A 시기에 태양에서 전기를 띤 입자가 더 많이 방출된다.
④ 태양 활동이 활발하면 위성 위치 확인 시스템(GPS) 오류로 정확한 위치 정보 확인이 어려울 수 있다.
⑤ 흑점 수는 주기적으로 변하며, 과거에 비해 인공위성, 위성 위치 확인 시스템(GPS), 무선 전파 통신 등 태양 활동의 영향을 많이 받으므로 흑점 수의 변화를 관측하여 우주 기상을 예보하는 일이 더 중요해졌다.
⑦ 태양 활동이 활발할수록 코로나의 크기가 커지고, 플레어가 자주 발생한다. 2010 년은 흑점 수가 적은 시기로, 태양 활동이 덜 활발한 시기이다.

379

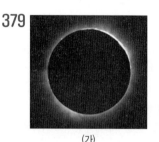

(가)
코로나의 크기가 작다.

(나)
코로나의 크기가 크다.
➡ 태양 활동이 활발한 시기

(나)가 (가)보다 코로나의 크기가 크므로 태양 활동이 활발한 시기이다. 따라서 (나) 시기는 (가) 시기보다 흑점 수가 많고, 플레어가 자주 발생한다. 또한, (나) 시기는 (가) 시기보다 태양풍의 세기가 강하여 지구에서 오로라가 자주 발생한다.

난이도별 서술형 필수 기출 87 쪽~89 쪽

380 **모범 답안** 주로 화성과 목성 궤도 사이에서 띠를 이루어 분포한다.
해설 소행성은 태양을 중심을 공전하는 모양이 불규칙한 천체로, 주로 화성과 목성 궤도 사이에서 띠를 이루어 분포한다.

381 모범 답안 이산화 탄소로 이루어진 두꺼운 대기가 있어 표면 온도가 매우 높다. 태양계 행성 중 크기와 질량이 지구와 가장 비슷하다. 태양계 행성 중 지구에서 가장 밝게 보인다.

해설 금성은 태양계 행성 중 크기와 질량이 지구와 가장 비슷하고, 지구에서 가장 밝게 보이는 행성이다. 또한, 이산화 탄소로 이루어진 두꺼운 대기가 있어 표면 온도가 약 470 °C로 매우 높다.

382 모범 답안 행성과 왜소 행성은 모두 태양을 중심으로 **공전**하고 **모양**이 둥글다. 그러나 행성은 **궤도 주변의 다른 천체들**에게 지배적인 역할을 하고, 왜소 행성은 **궤도 주변의 다른 천체들**에게 지배적인 역할을 하지 못한다.

383 모범 답안 지구형 행성은 표면이 단단한 암석으로 이루어져 있고, 목성형 행성은 표면이 기체로 이루어져 있어 단단한 표면이 없다.

해설 지구형 행성은 표면이 단단한 암석인 고체로 되어 있고, 목성형 행성은 표면이 기체로 되어 있다.

384 모범 답안 질량과 반지름이 작은 수성, 금성, 지구, 화성을 하나의 집단으로, 질량과 반지름이 큰 목성, 토성, 천왕성, 해왕성을 또 다른 집단으로 구분할 수 있다.

해설 수성, 금성, 지구, 화성은 질량과 반지름이 작고, 목성, 토성, 천왕성, 해왕성은 질량과 반지름이 크다.

385 모범 답안 (1) A: 지구형 행성, B: 목성형 행성
(2) 수성, 금성, 화성은 A 집단에 속하고, 토성, 해왕성은 B 집단에 속한다.

해설 지구형 행성은 목성형 행성에 비해 반지름과 질량이 작다. 수성, 금성, 지구, 화성은 지구형 행성에 속하고, 목성, 토성, 천왕성, 해왕성은 목성형 행성에 속한다.

386 모범 답안 (1) (가) 위성, (나) 행성, (다) 왜소 행성
(2) 모양이 둥근가?

해설 (1) 태양을 중심으로 공전하지 않는 천체는 위성이다. 위성은 행성을 중심으로 공전한다. 궤도 주변의 다른 천체들에게 지배적인 역할을 하는 천체는 행성이고, 궤도 주변의 다른 천체들에게 지배적인 역할을 하지 못하는 천체는 왜소 행성이다.
(2) 행성과 왜소 행성은 모양이 둥글고, 소행성은 모양이 불규칙하다.

387 모범 답안 (1) (가)
(2) (나)는 표면이 기체로 이루어져 있기 때문이다.

해설 (1) (가)는 수성, (나)는 목성이다. 수성은 지구형 행성에 속하고, 목성은 목성형 행성에 속한다.
(2) 목성은 표면이 기체로 이루어져 있어 단단한 표면이 없기 때문에 탐사선이 착륙할 수 없다.

388 모범 답안 행성은 달보다 멀리 있어서 작게 보이므로 맨눈으로 관찰하기 어렵다.

해설 맨눈으로 보았을 때 달은 둥근 모양과 표면에 어둡고 밝은 부분이 있음을 관찰할 수 있지만 행성은 달보다 멀리 있어 작게 보이므로 별과 구분할 수 없다.

389 모범 답안 (1) C, 관측하려는 천체를 찾을 때 사용한다.
(2) 배율이 낮아 시야가 넓기 때문이다.

해설 A는 대물렌즈, B는 경통, C는 보조 망원경, D는 접안렌즈, E는 균형추, F는 가대이다. 보조 망원경은 배율이 낮아 시야가 넓기 때문에 관측하려는 천체를 찾을 때 사용한다.

390 모범 답안 대물렌즈와 보조 망원경에 태양 필터를 장착하거나 태양 투영판을 설치하여 태양을 관측한다.

해설 천체 망원경으로 태양을 관측할 때에는 대물렌즈와 보조 망원경에 태양 필터를 장착해야 한다. 태양 필터가 없는 보조 망원경은 뚜껑을 덮거나 분리해 두어야 한다.

391 모범 답안 흑점, 주변보다 온도가 낮기 때문이다.

해설 광구의 평균 온도는 약 6000 °C이고, 흑점의 온도는 약 4000 °C로 흑점은 주변보다 약 2000 °C 낮아 어둡게 보인다.

392 모범 답안 광구 아래에서 일어나는 대류 현상으로 생긴다.

해설 쌀알 무늬는 광구에 쌀알을 뿌려 놓은 것처럼 보이는 무늬로, 광구 아래에서 일어나는 대류 현상으로 생긴다. 고온의 물질이 올라오는 곳은 밝고, 표면에서 냉각된 물질이 내려가는 곳은 어둡다.

393 모범 답안 (1) (가) 홍염, (나) 코로나, (다) 플레어
(2) (가)와 (다)가 자주 발생하고, (나)의 크기가 커진다.

해설 (가)는 홍염, (나)는 코로나, (다)는 플레어이다. 태양의 흑점 수가 많은 시기는 태양 활동이 활발한 시기이다. 태양 활동이 활발한 시기에는 (가) 홍염과 (다) 플레어가 자주 나타나고 (나) 코로나의 크기가 커진다.

394 모범 답안 (1) B
(2) 전력 시스템 오류로 전기가 끊기거나 화재가 발생할 수 있다. 전파 신호 방해를 받아 무선 전파 통신 장애가 발생할 수 있다.

해설 위성 위치 확인 시스템(GPS) 오류로 정확한 위치 정보를 확인하기 어려울 수 있다. 인공위성 센서가 고장 나 인공위성이 기능을 못할 수 있다. 오로라가 자주 발생하고, 더 넓은 지역에서 발생한다. 자기 폭풍이 일어난다. 북극 지방 하늘 주위로 비행하기 어려워진다. 등

395 모범 답안 (가), 오로라는 태양 활동이 활발한 시기에 더 자주 나타나고, 더 넓은 지역에서 나타나므로 태양 활동이 더 활발한 시기인 (가) 시기가 오로라를 관측하기에 적합하다.

해설 (가)는 태양 표면에 흑점이 많이 나타난 것으로 보아 태양 활동이 (나)보다 활발한 시기이다. 오로라는 태양 활동이 활발한 시기에 더 자주 나타나고, 더 넓은 지역에서 나타나기 때문에 (나) 시기보다 (가) 시기에 오로라를 관측하기 더 적합하다.

09 지구의 운동

○X로 개념 확인

92쪽

396 ×	397 ○	398 ○	399 ×	400 ×
401 ○	402 ○	403 ×	404 ○	405 ×

396 모범 답안 지구가 자전축을 중심으로 ~~1 년~~에 한 바퀴씩 도는 운동
하루
을 지구의 자전이라고 한다.

바로 알기 | 지구의 자전은 지구가 자전축을 중심으로 하루에 한 바퀴씩
서쪽에서 동쪽으로 도는 운동이다.

398 지구는 하루(24 시간) 동안 360° 자전하므로 북쪽 하늘의 별들은
북극성을 중심으로 1 시간에 15°씩 시계 반대 방향으로 회전한다.

399 모범 답안 우리나라에서 북쪽 하늘의 별들은 하루 동안 북극성을
중심으로 시계 방향으로 회전하는 것처럼 보인다.
시계 반대 방향
바로 알기 | 우리나라에서는 북쪽 하늘을 보면 별들이 북극성을 중심으로
시계 반대 방향으로 도는 것처럼 보이고, 남쪽 하늘을 보면 별들이 동쪽
에서 서쪽으로 이동하는 것처럼 보인다.

400 모범 답안 태양이 별자리 사이를 이동하여 1 년 후 처음 위치로 되
돌아오는 것처럼 보이는 현상을 태양의 ~~일주~~ 운동이라고 한다.
연주
바로 알기 | 태양은 지구가 공전함에 따라 별자리를 배경으로 서쪽에서
동쪽으로 이동하여 1 년 뒤에는 처음 위치로 되돌아오는 것처럼 보인다.
이와 같이 지구의 공전으로 1 년 동안 나타나는 태양의 겉보기 운동을
태양의 연주 운동이라고 한다.

401 지구가 1 년을 주기로 공전하기 때문에 태양도 1 년을 주기로
연주 운동을 한다.

403 모범 답안 지구에서 볼 때 태양은 별자리 사이를 ~~동쪽에서 서쪽~~
으로 이동하는 것처럼 보인다.
서쪽에서 동쪽
바로 알기 | 태양이나 별자리는 고정되어 있지만, 지구가 공전함에 따라
지구에 있는 관측자가 볼 때 태양이 별자리 사이를 서쪽에서 동쪽으로
이동하는 것처럼 보인다.

405 모범 답안 태양이 황도를 따라 연주 운동할 때 지구에서는 ~~태양 쪽~~에
있는 별자리가 관측된다.
태양 반대쪽
바로 알기 | 지구가 태양을 중심으로 공전하여 태양이 보이는 위치가 달라
지므로 한밤중 남쪽 하늘에서 볼 수 있는 별자리는 계절에 따라 달라
진다. 이때 태양 쪽에 있는 별자리는 태양 빛 때문에 관측하기 어렵고,
태양 반대쪽의 별자리가 한밤중 남쪽 하늘에서 보인다.

난이도별 필수 기출
93 쪽~99 쪽

406 ③	407 ②, ⑤	408 ①	409 ②	410 ②
411 ②	412 ③, ⑤	413 ②	414 ①	415 ⑤
416 ②	417 ③	418 ③	419 ②	420 ④
421 ③	422 ③	423 ⑤	424 ⑤	425 ④
426 ①	427 ②	428 ②	429 ③, ⑥	430 ①, ⑤
431 ④	432 ④	433 ①	434 ⑤	435 ①
436 ②	437 ②	438 ③, ⑦	439 ⑤	440 ②
441 ④				

406 지구의 자전은 지구가 자전축을 중심으로 하루에 한 바퀴씩
서쪽에서 동쪽으로 도는 운동이다.

407 ① 낮과 밤이 반복되는 것은 지구가 자전하기 때문이다. 지구
에서 태양을 향하는 쪽은 낮이 되고 반대쪽은 밤이 된다.
③, ④ 지구가 자전하기 때문에 태양, 달, 별과 같은 천체가 동쪽에서
서쪽으로 지는 현상이 나타난다.
⑥ 별들이 북극성을 중심으로 회전하는 것처럼 보이는 현상은 천체의
일주 운동으로, 이는 지구의 자전에 의한 겉보기 운동이다.
바로 알기 | ② 달의 위상 변화는 달이 지구를 중심으로 공전하면서
태양, 달, 지구의 상대적인 위치가 달라져 나타나는 현상이다.
⑤ 계절별로 관측되는 별자리가 달라지는 것은 지구가 태양을 중심으로
공전하여 별자리를 배경으로 태양이 보이는 위치가 달라져 나타나는 현
상이다.

408 ②, ③, ④ 지구가 자전축을 중심으로 하루에 한 바퀴씩 서쪽
에서 동쪽으로 자전함에 따라 지구에 있는 관측자에게는 천구에 있는
천체들이 지구 자전 방향과 반대 방향(동 → 서)으로 일주 운동을 한다.
⑤ 지구는 하루에 한 바퀴씩 서쪽에서 동쪽으로 회전하므로 북쪽 하늘의
별들은 북극성을 중심으로 동쪽에서 서쪽으로 시계 반대 방향으로 원을
그리며 도는 것처럼 보인다.
바로 알기 | ① 지구의 자전은 지구가 자전축을 중심으로 하루에 한 바퀴
씩 서쪽에서 동쪽으로 도는 실제 운동이다.

409 지구는 자전축을 중심으로 서쪽에서 동쪽으로 자전하고, 지구
에 있는 관측자가 볼 때 천구에 있는 천체들은 지구 자전 방향과 반대 방
향인 동쪽에서 서쪽으로 일주 운동을 한다.

410 북두칠성은 북극성을 중심으로 시계 반대 방향으로 일주 운동
하므로 먼저 관측된 순서대로 나열하면 (나) → (가) → (다)이다.

411 동쪽 하늘에서는 별이 오른쪽 위로 비스듬히 떠오른다.

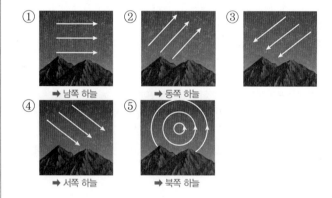

412 ①, ② 지구의 자전으로 하루 동안 나타나는 천체의 겉보기
운동을 천체의 일주 운동이라고 한다.
④ 지구가 서쪽에서 동쪽으로 자전함에 따라 지구에 있는 관측자에게는
천체들이 동쪽에서 서쪽으로 이동하는 것처럼 보인다.
⑥ 천체가 하루에 한 바퀴씩 원을 그리며 일주 운동을 하므로 천체는 1 시
간에 15°(=360°÷24 시간)씩 시계 반대 방향으로 회전한다.
⑦ 지구가 서쪽에서 동쪽으로 자전하기 때문에 북쪽 하늘의 별들은 북극
성을 중심으로 시계 반대 방향으로 회전 운동을 한다.
바로 알기 | ③, ⑤ 지구가 자전축을 중심으로 하루에 한 바퀴씩 자전하
기 때문에 천체도 하루를 주기로 일주 운동을 한다.

413 ①, ③ 그림은 북쪽 하늘을 관찰한 것으로, 별들은 1 시간에 15°씩 회전하므로 관측한 시간은 60°÷15°/시간=4 시간이다.

바로 알기 | ② 지구가 자전함에 따라 북쪽 하늘의 별들은 북극성을 중심으로 시계 반대 방향으로 회전한다(B → A).

414 카시오페이아자리는 시계 반대 방향(A → B)으로 1 시간에 15°씩 일주 운동하므로, 카시오페이아자리는 45°÷15°/시간=3 시간 동안 이동하였다. 따라서 카시오페이아자리가 A 위치에 있을 때는 밤 11 시경보다 3 시간 전인 저녁 8 시경이다.

415 ㄷ. 일주 운동하는 별들은 1 시간에 15°씩 회전하므로 관측 시간은 30°÷15°/시간=2 시간이다.

ㄹ. 별 P는 일주 운동의 중심인 북극성이다. 북극성은 지구의 자전축 방향에 있어 거의 움직이지 않는 것처럼 보인다.

바로 알기 | ㄱ. 북쪽 하늘에서 별들은 북극성을 중심으로 시계 반대 방향으로 회전한다. 따라서 별들의 회전 방향은 B이다.

ㄴ. 지구는 하루(24 시간) 동안 360° 회전하므로 북쪽 하늘의 별들은 북극성을 중심으로 1 시간에 15°씩 시계 반대 방향으로 회전한다.

416 ② 북극성은 지구의 자전축 방향에 있기 때문에 지구가 자전해도 거의 움직이지 않는 것처럼 보이므로 북쪽 하늘의 별들은 북극성을 중심으로 시계 반대 방향으로 회전한다.

바로 알기 | ① 별들은 1 시간에 15°씩 회전하므로 3 시간 동안 회전한 각도(θ)는 15°/시간×3 시간=45°이다.

③ 모든 별들은 일주 운동 속도가 같으므로 모든 호의 중심각은 크기가 같다.

④, ⑤ 지구의 자전으로 나타나는 현상으로, 북쪽 하늘의 별들은 북극성인 별 P를 중심으로 시계 반대 방향으로 하루에 한 바퀴씩 회전한다.

417

(가) 동쪽 하늘   (나) 남쪽 하늘   (다) 서쪽 하늘

③ (다)는 서쪽 하늘의 모습으로, 천체가 왼쪽 위에서 오른쪽 아래로 비스듬히 지는 것처럼 보인다.

바로 알기 | ① (가)는 동쪽 하늘, (나)는 남쪽 하늘, (다)는 서쪽 하늘을 관측한 모습이다.

② (가)는 동쪽 하늘의 모습으로, 천체가 왼쪽 아래에서 오른쪽 위로 비스듬히 떠오르는 것처럼 보인다.

④ 별의 일주 운동은 지구가 1 시간에 15°씩 자전하기 때문에 나타나는 현상이므로, 별들도 1 시간에 15°씩 움직인다.

⑤ 별들은 실제로는 움직이지 않으며, 일주 운동은 지구의 자전에 의한 겉보기 운동이다.

418 ㄱ. 지구의 자전에 의해 태양, 달, 별과 같은 천체들은 하루에 한 바퀴씩 동쪽에서 서쪽으로 원을 그리며 도는 겉보기 운동을 한다.

ㄷ. 우리나라에서 천체의 일주 운동을 관측하면 관측 방향에 따라 일주 운동 모습이 다르게 나타난다.

바로 알기 | ㄴ. 지구가 자전축을 중심으로 서쪽에서 동쪽으로 자전하면, 지구에서 볼 때 천체들은 지구 자전 방향과 반대 방향인 동쪽에서 서쪽으로 움직이는 것처럼 보인다.

419 ① 지구가 1 시간에 15°씩 자전하여 천체의 일주 운동이 나타나므로 북두칠성도 1 시간에 15°씩 회전한다.

③ 지구가 자전하기 때문에 북두칠성은 하루(24 시간) 동안 북극성을 중심으로 한 바퀴씩 회전하므로, ㉠에서 ㉡까지 반 바퀴 회전하는 동안 걸리는 시간은 12 시간이다. 따라서 북두칠성이 ㉠에 위치할 때의 시각이 저녁 8 시였다면 ㉡에 위치할 때의 시각은 오전 8 시이다.

④ 천체의 일주 운동은 지구의 자전으로 하루 동안 나타나는 천체의 겉보기 운동이다.

⑤ 북극성은 지구의 자전축 방향에 있기 때문에 지구가 자전해도 거의 움직이지 않는 것처럼 보인다.

바로 알기 | ② 지구는 하루(24 시간) 동안 360° 자전하므로, 북쪽 하늘의 별들은 북극성을 중심으로 하루(24 시간) 동안 360°씩 시계 반대 방향으로 회전하는 것처럼 보인다.

420 ④ 지구가 자전축을 중심으로 서쪽에서 동쪽으로 자전하기 때문에 우리나라의 북쪽 하늘에서 별의 일주 운동 방향은 시계 반대 방향이다.

바로 알기 | ① 그림은 별이 북극성을 중심으로 동심원을 그리면서 회전하므로 북쪽 하늘을 관측한 모습이다.

② 그림은 북쪽을 향하여 관측한 모습이므로, 그림의 왼쪽은 서쪽, 오른쪽은 동쪽이다.

③ 북쪽 하늘의 별들은 북극성을 중심으로 1 시간에 15°씩 시계 반대 방향으로 회전하므로, 1 시간 후에는 시계 반대 방향으로 15° 이동하여 별 B는 지표면에서 멀어진다.

⑤ 모든 별들은 일주 운동 속도가 같으므로 모든 호의 중심각은 크기가 같다. 별 A와 B는 북극성을 중심으로 1 시간 동안 회전하는 각도는 15°로 같다.

421 지구가 태양을 중심으로 1 년에 한 바퀴씩 서쪽에서 동쪽으로 도는 운동을 지구의 공전이라고 한다.

422 태양이 별자리 사이를 이동하는 것처럼 보이는 것과 계절에 따라 지구에서 볼 수 있는 별자리가 달라지는 것은 지구가 태양을 중심으로 공전하기 때문이다.

423 ⑤ 태양이나 별자리는 고정되어 있지만, 지구가 공전하면 태양과 지구의 상대적인 위치가 변하여 지구에 있는 관측자가 볼 때는 태양이 별자리 사이를 이동하는 것처럼 보인다.

바로 알기 | ①, ③ 지구는 1 년에 360°를 공전하므로 하루에 약 1°(=360°÷365 일)씩 이동한다.

② 지구가 태양을 중심으로 서쪽에서 동쪽으로 공전함에 따라 지구에 있는 관측자가 볼 때 태양은 별자리 사이를 서쪽에서 동쪽으로 이동하는 것처럼 보인다.

④ 지구가 공전함에 따라 태양이 별자리를 배경으로 1 년에 한 바퀴씩 서쪽에서 동쪽으로 도는 겉보기 운동인 태양의 연주 운동이 나타난다. 천체의 일주 운동은 지구의 자전으로 나타나는 겉보기 운동이다.

424 ㄷ, ㄹ. 태양이 별자리를 배경으로 이동하는 것처럼 보이는 현상인 태양의 연주 운동과 계절별로 관측되는 별자리가 달라지는 것은 지구가 태양을 중심으로 공전하여 나타나는 현상이다.

바로 알기 | ㄱ, ㄴ. 낮과 밤이 반복되는 것과 별의 일주 운동은 지구의 자전으로 나타나는 현상이다.

425 ④ 지구가 서쪽에서 동쪽으로 공전함에 따라 태양이 천구상에서 서쪽에서 동쪽으로 움직이는 것처럼 보인다. 따라서 태양이 별자리 사이를 이동하는 방향과 지구가 공전하는 방향은 같다.

바로 알기 | ① 태양의 일주 운동은 지구의 자전으로 나타나는 겉보기 운동으로 천체가 1시간에 15°씩 회전하고, 지구의 공전은 지구가 태양을 중심으로 하루에 약 1°씩 이동한다. 지구의 공전과 같은 속도로 나타나는 것은 지구의 공전으로 나타나는 겉보기 운동인 태양의 연주 운동이다.
② 북극성은 지구의 자전축 방향에 있기 때문에 지구가 자전해도 거의 움직이지 않는 것처럼 보인다.
③ 지구가 공전함에 따라 별자리가 태양을 기준으로 매일 조금씩 동쪽에서 서쪽으로 이동하는 것처럼 보인다.
⑤ 지구가 태양을 중심으로 공전하여 태양이 보이는 위치가 달라지므로 한밤중 남쪽 하늘에서 볼 수 있는 별자리는 계절에 따라 달라진다.

426 태양이 별자리 사이를 이동하여 1년 후 처음 위치로 되돌아오는 것처럼 보이는 현상을 태양의 연주 운동이라고 하며, 태양은 서쪽에서 동쪽으로 하루에 약 1°씩 연주 운동을 한다.

427 별자리는 태양을 기준으로 동쪽에서 서쪽으로 이동하므로 관측한 순서는 (나) → (가) → (다)이다.

428 태양, 달, 별과 같은 천체의 일주 운동 방향은 지구의 자전 방향(서쪽에서 동쪽)과 반대인 동쪽에서 서쪽이고, 태양의 연주 운동 방향은 지구의 공전 방향(서쪽에서 동쪽)과 같은 서쪽에서 동쪽이다.

429 ①, ② 지구가 공전함에 따라 태양이 별자리를 배경으로 서쪽에서 동쪽으로 이동하여 1년 후 처음 위치로 되돌아오는 운동을 태양의 연주 운동이라고 한다.
④, ⑦ 태양이 연주 운동을 하며 지나가는 길을 황도라고 하며, 태양은 황도 12궁에 있는 12개의 별자리를 한 달에 1개씩 지나간다.
⑤ 지구가 태양을 중심으로 공전하여 태양이 보이는 위치가 달라지므로 한밤중에 남쪽 하늘에서 볼 수 있는 별자리는 계절에 따라 달라진다.

바로 알기 | ③ 지구가 1년을 주기로 공전하기 때문에 태양은 1년을 주기로 연주 운동을 한다. 따라서 지구의 공전으로 태양은 별자리를 기준으로 하루에 약 1°씩 서쪽에서 동쪽으로 이동하는 것처럼 보인다.
⑥ 태양이 황도를 따라 연주 운동할 때 지구에서 태양 쪽에 있는 별자리는 태양 빛 때문에 관측하기 어렵고, 태양의 반대쪽에 있는 별자리가 한밤중에 남쪽 하늘에서 관측된다.

430 ①, ④ 태양을 기준으로 별자리는 동쪽에서 서쪽으로 이동하므로 관측한 순서는 (다) → (가) → (나)이다.
⑤ 지구에 있는 관측자가 볼 때는 태양이나 별자리가 이동하는 것처럼 보인다. 이러한 별자리와 태양의 움직임은 지구가 공전하기 때문에 나타나는 겉보기 운동이다.

바로 알기 | ② 별자리와 태양의 움직임은 지구가 공전하기 때문에 나타나는 현상이다.
③ 별자리를 기준으로 할 때 태양은 서쪽에서 동쪽으로 이동한다.
⑥ 지구가 태양을 중심으로 서쪽에서 동쪽으로 공전하면, 태양이 천구상에서 서쪽에서 동쪽으로 이동하는 것처럼 보인다. 즉, 지구의 공전 방향과 태양의 연주 운동 방향은 같다.
⑦ 지구가 1년을 주기로 공전하기 때문에 별자리도 1년을 주기로 연주 운동을 한다.

431 ㄱ. 태양이 하루에 약 1°씩 연주 운동하므로 밤하늘에 같은 시각에 보이는 별자리도 하루에 약 1°씩 이동한다.
ㄷ. 6월 15일경 해가 진 직후 쌍둥이자리가 더 서쪽으로 이동하여 지평선 부근에 위치할 것이므로 쌍둥이자리는 태양 부근에 위치할 것이다.
ㄹ. 11월은 5월과 6개월 차이가 나므로 같은 시각 11월에는 5월에 보이는 별자리의 반대편에 위치한 별자리들이 보인다.

바로 알기 | ㄴ. 5월 16일에 오리온자리는 태양 부근에 위치하여 한밤중에 관측되지 않는다.

432

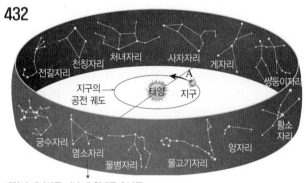

태양이 게자리를 지날 때 한밤중에 남쪽 하늘에서 보이는 별자리 ➡ 염소자리

태양이 게자리를 지날 때 한밤중에 남쪽 하늘에서는 태양의 반대 방향에 있는 염소자리가 보인다.

433

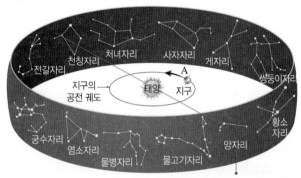

한밤중에 남쪽 하늘에서 천칭자리가 보일 때 태양이 지나는 별자리 ➡ 양자리

한밤중에 남쪽 하늘에서 보이는 별자리가 천칭자리일 때 태양은 반대 방향에 있는 양자리를 지난다.

434

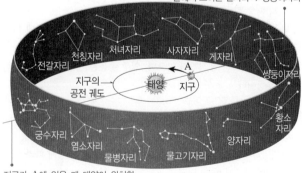

지구가 A에 있을 때 한밤중에 남쪽 하늘에서 보이는 별자리 ➡ 쌍둥이자리

지구가 A에 있을 때 태양이 위치한 별자리 ➡ 궁수자리

지구가 A에 있을 때 태양은 궁수자리를 지나고, 한밤중에 남쪽 하늘에서는 쌍둥이자리가 보인다.

435

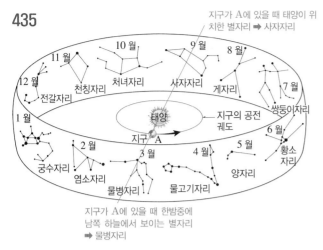

지구가 A에 있을 때 태양이 위치한 별자리 ➡ 사자자리

지구가 A에 있을 때 한밤중에 남쪽 하늘에서 보이는 별자리 ➡ 물병자리

④ 지구의 공전으로 태양은 서쪽에서 동쪽으로 연주 운동하며 황도 12궁의 별자리를 한 달에 1개씩 지나므로 한 달 후에 태양은 처녀자리를 지난다.

⑤ 지구가 태양을 중심으로 공전함에 따라 지구에 있는 관측자에게는 태양이 보이는 위치가 달라진다.

바로 알기 | ① 지구가 A에 있을 때 태양은 사자자리를 지나므로 이때는 9월이다.

436

12월에 태양이 지나는 별자리 ➡ 전갈자리

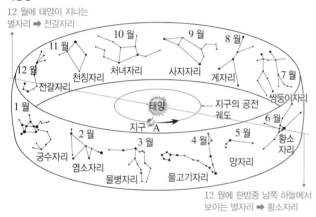

12월에 한밤중 남쪽 하늘에서 보이는 별자리 ➡ 황소자리

12월에 태양은 전갈자리를 지나므로 한밤중 남쪽 하늘에서는 태양의 반대 방향에 있는 황소자리(=6개월 후 별자리)가 보인다.

437 3월에 태양은 물병자리를 지나고, 한밤중에 남쪽 하늘에서는 사자자리가 보인다. 따라서 두 달 후는 5월이므로 이때 태양은 물고기자리를 지나고 한밤중에 남쪽 하늘에서는 천칭자리를 볼 수 있다.

438 ① 지구는 태양을 중심으로 서쪽에서 동쪽으로 공전하므로 지구는 D → C → B → A 방향으로 이동한다.

② 한밤중 남쪽 하늘에서 천칭자리가 보일 때 태양은 그 반대 방향인 양자리를 지난다. 따라서 지구는 A의 위치에 있다.

바로 알기 | ③ 10월에 태양은 처녀자리를 지나고, 지구에서는 태양의 반대편에 있는 물고기자리를 한밤중 남쪽 하늘에서 볼 수 있다.

⑦ 지구가 태양을 중심으로 공전함에 따라 지구에서 관측하면 태양은 별자리 사이를 서쪽에서 동쪽으로 이동하는 것처럼 보인다.

439 **바로 알기** | ① 원형 돌림판을 돌리면 전등을 중심으로 스타이로폼 공이 회전하므로 전등은 태양을, 스타이로폼 공은 지구를 나타낸다.

② 원형 돌림판을 시계 반대 방향으로 돌리는 것은 지구의 공전을 나타낸다.

③ 궁수자리가 가장 잘 보이는 위치는 (라)이다. (나) 위치에서는 전등 쪽에 있는 궁수자리는 보이지 않는다.

④ 원형 돌림판이 돌면서 스타이로폼 공의 소형 카메라에 보이는 별자리는 전등 반대쪽에 있는 별자리이다.

440
지구가 B에 있을 때 태양이 지나는 별자리 ➡ 천칭자리

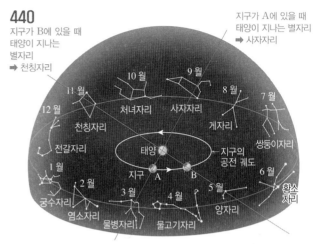

지구가 A에 있을 때 태양이 지나는 별자리 ➡ 사자자리

지구가 A에 있을 때 한밤중에 남쪽 하늘에서 보이는 별자리 ➡ 물병자리

지구가 B에 있을 때 한밤중에 남쪽 하늘에서 보이는 별자리 ➡ 양자리

② 지구가 B에 있을 때 태양은 천칭자리를 지나고, 한밤중 남쪽 하늘에서는 양자리가 보인다.

바로 알기 | ① 지구가 A에 있을 때 태양은 사자자리를 지나고, 한밤중 남쪽 하늘에서는 물병자리가 보인다.

③ 태양의 연주 운동은 지구가 공전하여 나타나는 겉보기 운동이다.

④ 태양과 같은 방향에 있는 별자리는 태양 빛 때문에 볼 수 없고, 태양과 반대 방향에 있는 별자리가 한밤중에 남쪽 하늘에서 보인다.

⑤ 지구가 태양을 중심으로 서쪽에서 동쪽으로 공전함에 따라 태양은 별자리를 기준으로 서쪽에서 동쪽으로 움직이는 것처럼 보인다.

⑥ 지구가 A의 위치에 있을 때 태양은 사자자리에 위치하는 것처럼 보이고, 지구가 B의 위치에 있을 때 태양은 천칭자리에 위치하는 것처럼 보인다. 지구가 A에서 B로 공전할 때 태양은 사자자리에서 천칭자리로 이동하는 것처럼 보인다.

441 지구의 공전으로 별자리는 동쪽에서 서쪽으로 하루에 약 1°씩 이동하므로 3개월 후에는 90° 정도 동쪽에 위치한 처녀자리가 남쪽 하늘에서 관측된다.

난이도별 서술형 필수 기출
100쪽~103쪽

442 **모범 답안** 낮과 밤이 반복된다. 천체의 일주 운동이 나타난다.

해설 낮과 밤이 반복되는 것은 지구가 자전하기 때문이다. 지구에서 태양을 향하는 쪽은 낮이 되고 반대쪽은 밤이 된다. 천체가 하루에 한 바퀴씩 원을 그리며 도는 천체의 일주 운동은 지구의 자전에 의한 겉보기 운동이다.

443 **모범 답안** 지구는 서쪽에서 동쪽으로 자전하며, 별은 동쪽에서 서쪽으로 일주 운동을 한다.

해설 지구는 자전축을 중심으로 서쪽에서 동쪽으로 자전하고, 지구가 자전함에 따라 천구에 있는 천체들은 지구의 자전 방향과 반대 방향인 동쪽에서 서쪽으로 일주 운동을 한다.

444 모범답안 (가), 천체가 왼쪽 위에서 오른쪽 아래로 비스듬히 지는 것처럼 보인다.

해설 (가)는 서쪽 하늘, (나)는 남쪽 하늘, (다)는 동쪽 하늘의 일주 운동 모습이다.

445 모범답안 B → A, 천체의 일주 운동은 지구의 자전으로 나타나는 겉보기 운동이므로 지구의 자전 방향과 반대로 나타난다.

해설 지구가 서쪽에서 동쪽으로 자전함에 따라 지구에 있는 관측자에게는 천구에 있는 천체들이 지구의 자전 방향과 반대 방향인 동쪽에서 서쪽으로 이동하는 것처럼 보이는 일주 운동을 한다.

446 모범답안 (1) A, 60°
(2) 지구가 하루에 한 바퀴씩 서쪽에서 동쪽으로 자전하기 때문이다.

해설 (1) 북쪽 하늘의 별들은 북극성을 중심으로 1 시간에 15°씩 시계 반대 방향으로 회전하므로, B의 위치에서 4 시간 후의 위치는 A이다. 4 시간 동안 북두칠성이 이동한 각도는 15°/시간×4 시간=60°이다.
(2) 북쪽 하늘의 별들이 북극성을 중심으로 시계 반대 방향으로 움직이는 것은 지구가 서쪽에서 동쪽으로 자전하기 때문이다.

447 모범답안 (1) 북쪽 하늘

(2) 지구가 자전하기 때문이다.

해설 지구가 서쪽에서 동쪽으로 자전하기 때문에 북쪽 하늘에서 별의 일주 운동은 북극성을 중심으로 시계 반대 방향으로 나타난다.

448 모범답안 (1) 30°
(2) A → B, 별들은 시계 반대 방향으로 일주 운동하기 때문이다.

해설 북쪽 하늘의 별들은 북극성을 중심으로 1 시간에 15°씩 시계 반대 방향(A → B)으로 회전한다. 따라서 별들이 2 시간 동안 회전한 각도(θ)는 15°/시간×2 시간=30°이다.

449 모범답안 (1) 24 시간(하루)
(2) 북극성, 북극성은 지구의 자전축 방향에 있어 거의 움직이지 않는 것처럼 보이기 때문이다.

해설 북극성은 지구 자전축 방향에 있어 거의 움직이지 않는 것처럼 보이기 때문에 북극성이 일주 운동의 중심으로 보인다.

450 모범답안 처녀자리, 별들은 1 시간에 15°씩 동쪽에서 서쪽으로 회전하기 때문에 6 시간 동안에는 서쪽으로 90° 움직인다.

해설 그림은 관측자가 남쪽을 향하여 관측한 모습이다. 별들은 1 시간에 15°씩 동쪽에서 서쪽으로 회전하므로 6 시간 동안 서쪽으로 90° 움직인다. 따라서 6 시간 후 남쪽 하늘에서는 처녀자리를 관측할 수 있다.

451 모범답안 태양의 연주 운동이 나타난다. 계절별로 보이는 별자리가 달라진다.

해설 태양이 별자리를 배경으로 이동하여 1 년 후 처음 위치로 되돌아오는 태양의 연주 운동은 지구의 공전에 의한 겉보기 운동이다. 계절별로 보이는 별자리가 달라지는 것은 지구가 태양을 중심으로 공전하여 별자리를 배경으로 태양이 보이는 위치가 달라져 나타나는 현상이다.

452 모범답안 지구가 태양을 중심으로 공전하기 때문이다.

해설 지구가 태양을 중심으로 공전하여 태양이 보이는 위치가 달라지므로 한밤중에 남쪽 하늘에서 볼 수 있는 별자리가 계절에 따라 달라진다.

453 모범답안 지구는 서쪽에서 동쪽으로 공전하며, 태양은 서쪽에서 동쪽으로 연주 운동을 한다.

해설 지구가 태양을 중심으로 서쪽에서 동쪽으로 공전함에 따라 태양이 서쪽에서 동쪽으로 움직이는 것처럼 보이는데, 이를 태양의 연주 운동이라고 한다. 태양의 연주 운동 방향은 지구의 공전 방향과 같다.

454 모범답안 2 월, 태양은 염소자리를 지나고, 한밤중에 남쪽 하늘에서 보이는 별자리는 게자리이다.

해설 태양과 지구의 위치로 보아 2 월이다. 한밤중 남쪽 하늘에서는 태양의 반대쪽에 있는 게자리를 볼 수 있고, 태양 쪽에 있는 염소자리에 태양이 위치하는 것처럼 보인다.

455 모범답안 (가): 지구가 자전하기 때문이다. (나): 지구가 공전하기 때문이다.

해설 태양의 일주 운동은 지구의 자전에 의해 나타나는 겉보기 운동이고, 태양의 연주 운동은 지구의 공전에 의해 나타나는 겉보기 운동이다.

456 모범답안 (1) 서 → 동
(2) 지구가 공전하기 때문이다.

해설 태양이 진 직후 서쪽 하늘의 별자리를 15 일 간격으로 관측해 보면, 태양은 별자리를 기준으로 매일 조금씩 서쪽에서 동쪽으로 움직이는 것처럼 보인다. 이러한 태양의 움직임은 지구가 공전하기 때문에 나타나는 겉보기 운동이다.

457 모범답안 (1) 천칭자리, 양자리
(2) 지구가 태양을 중심으로 공전하여 태양이 보이는 위치가 달라지기 때문이다.

해설 (1) 태양과 지구의 위치로 보아 한밤중에 남쪽 하늘에서는 천칭자리가 보인다. 지구의 공전으로 태양은 서쪽에서 동쪽으로 연주 운동하며 황도 12궁의 별자리를 한 달에 1 개씩 지나므로 6 개월 후에 태양은 천칭자리를 지나고 한밤중에 남쪽 하늘에서는 양자리가 보인다.

458 모범답안 태양은 물병자리에서 물고기자리로 이동한다.

해설 지구가 A의 위치에 있을 때 태양은 물병자리에 위치하는 것처럼 보이고, 지구가 B의 위치에 있을 때 태양은 물고기자리에 위치하는 것처럼 보인다. 지구가 A에서 B로 공전하는 동안 태양은 물병자리에서 물고기자리로 이동하는 것처럼 보인다.

459 모범답안 (1) 지구
(2) 더 서쪽으로 이동한다.

해설 (1) 별자리와 태양의 움직임은 지구가 공전하여 나타나는 겉보기 운동이다.
(2) 사자자리가 더 서쪽으로 이동하여 지평선 부근에 위치할 것이므로 사자자리는 태양 부근에 위치할 것이다.

460 모범답안 (1) B
(2) 태양 빛이 밝기 때문에 관측하기 어렵다.

해설 태양 쪽에 있는 별자리는 태양 빛 때문에 관측하기 어렵고, 태양 반대쪽에 있는 별자리를 한밤중 남쪽 하늘에서 관측할 수 있다.

10 달의 운동

OX로 개념 확인
106 쪽

461 ○	462 ×	463 ○	464 ×	465 ×
466 ○	467 ○	468 ×	469 ○	470 ×

461 달이 공전하여 위치가 변하면 햇빛을 받는 부분이 달라져 달의 위상이 변한다.

462 모범 답안 달의 위상 변화는 약 하루를 주기로 반복한다.
　　　　　　　　　　　　　　　　　　　한 달
바로 알기 | 달이 약 한 달 주기로 지구를 중심으로 공전하기 때문에 달의 위상도 약 한 달 주기로 반복된다.

464 모범 답안 음력 7 일∼8 일경에는 하현달을 볼 수 있다.
　　　　　　　　　　　　　　　　　　　상현달
바로 알기 | 음력 7 일∼8 일경에는 달이 상현에 위치하여 오른쪽이 밝은 반달인 상현달로 보인다.

465 모범 답안 달. 지구. 태양 순으로 일직선상에 위치할 때를 삭이라고 한다.　　　　　　　　　　　　　　　　　　　망
바로 알기 | 달이 태양의 반대 방향에 있어 달, 지구, 태양 순으로 일직선상에 위치할 때를 망이라고 한다. 삭은 달이 태양과 같은 방향에 있어 지구, 달, 태양 순으로 일직선상에 위치할 때이다.

468 모범 답안 일식이 일어나면 지구에서 밤이 되는 모든 지역에서 관측할 수 있다.　　　　　　월식
바로 알기 | 일식은 달이 지구를 중심으로 공전하면서 태양의 앞을 지나갈 때 일어나는 현상으로, 지구에서 달의 그림자가 생기는 지역에서만 볼 수 있다. 월식은 달이 지구를 중심으로 공전하면서 지구의 그림자 속에 들어갈 때 일어나므로, 지구에서 밤이 되는 모든 지역에서 볼 수 있다.

470 모범 답안 월식이 일어날 때 달은 왼쪽부터 가려지고, 오른쪽부터
　　　　　　　　　　　　　　　　　　　　　　　　　　　　　　왼쪽
빠져나온다.
바로 알기 | 월식은 달이 공전하여 지구의 그림자 속으로 들어감에 따라 달의 왼쪽부터 가려지고, 왼쪽부터 빠져나온다.

난이도별 필수 기출
107 쪽∼112 쪽

471 ①	472 ③	473 ③	474 ④	475 ④
476 ④	477 ⑤	478 ③	479 ②	480 ②, ⑦
481 ③	482 ④, ⑦	483 ④	484 ②	485 ①
486 ③	487 ①	488 ⑤	489 ②	490 ③
491 ③	492 ③	493 ②	494 ⑤	495 ⑤
496 ①	497 ③	498 ③	499 ④, ⑦	

471 ㄱ, ㄴ. 달이 지구를 중심으로 공전하여 달의 위상 변화가 나타나고 일식과 월식이 일어난다.
바로 알기 | ㄷ, ㄹ. 천체의 일주 운동은 지구의 자전으로 나타나는 현상이고, 태양의 연주 운동은 지구의 공전으로 나타나는 현상이다.

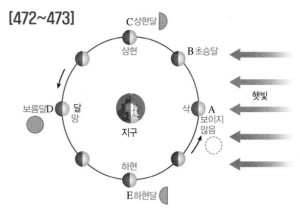

[472~473]

472 달이 상현(C)에 있을 때 달과 태양이 지구를 중심으로 직각을 이루어 달의 오른쪽이 밝은 반달인 상현달을 볼 수 있다.

473 D는 달이 태양의 반대 방향(망)에 있을 때 이므로 달의 앞면 전체가 보이는 보름달로 보인다.

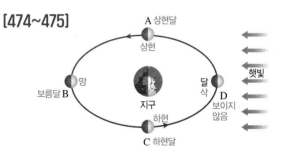

[474~475]

474 달이 C에 위치할 때 지구에서는 왼쪽 반원이 밝게 보이는 하현달로 보인다.

475 음력 1 일경에 달은 삭의 위치에 있다. 삭은 달이 태양과 같은 방향인 D에 있을 때이다. 이때는 지구에서 달이 보이지 않는다.

476 ④ 달이 태양과 반대 방향에 있어 달 – 지구 – 태양 순으로 놓일 때를 망이라고 한다.
바로 알기 | ①, ② 달은 지구를 중심으로 약 한 달에 한 바퀴씩 서쪽에서 동쪽으로 공전한다.
③ 달은 스스로 빛을 내지 못하므로 햇빛을 반사하여 밝게 보이는 부분이 우리 눈에 보이는 모양이 된다.
⑤ 달이 태양과 같은 방향에 있을 때는 달이 보이지 않는다. 보름달이 보일 때는 달이 태양과 반대 방향에 있을 때이다.

477 달은 햇빛을 반사하여 밝게 보이는데, 달이 공전하여 태양, 달, 지구의 상대적인 위치가 변하면 지구에서 보이는 달의 모양이 달라진다.

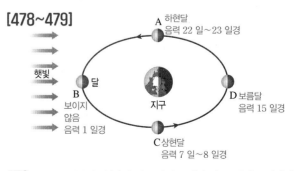

[478~479]

478 달의 위치가 삭(B)일 때는 달이 보이지 않고, 달이 공전함에 따라 상현달(C) → 보름달(D) → 하현달(A)의 순서로 위상이 변한다.

479 그림은 하현달의 모습이다. 하현달은 음력 22 일~23 일경에 달이 하현의 위치(A)에 있을 때 볼 수 있다.

480 ② 음력 2 일~3 일경에 달은 초승(B)에 위치한다.
⑦ 그믐달은 달이 하현(G)과 삭(A) 사이인 H에 위치할 때 볼 수 있다.
바로 알기 | ① 달이 태양과 같은 방향인 A에 있을 때는 삭이다.
③ 달이 C에 있을 때는 상현달을 볼 수 있다. 음력 8 월 15 일인 추석에는 달이 망(E)의 위치에 있어 보름달을 볼 수 있다.
④ 달이 D에 있을 때는 상현달에서 왼쪽으로 부푼 모양으로 보인다. 초승달을 볼 수 있는 달의 위치는 B이다.
⑤ 달이 E에 있을 때는 달이 태양 반대편에 위치하여 달의 앞면 전체가 보인다.
⑥ 달이 G에 있을 때는 하현으로, 달의 왼쪽이 밝은 반달인 하현달로 보인다.

481

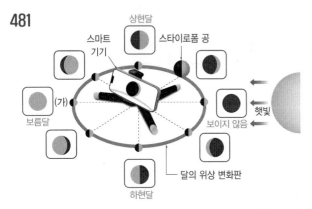

스마트 기기를 지구, 스타이로폼 공을 달이라고 했을 때 (가)의 위치는 달 – 지구 – 태양 순으로 놓이는 때이므로 보름달에 해당한다.

482

(가) 상현달　　　　(나) 보름달　　　　(다) 하현달

④ (가) 상현달은 음력 7 일~8 일경에 관측할 수 있고, (다) 하현달은 음력 22 일~23 일경에 관측할 수 있으므로 삭(음력 1 일경) 이후 (가) 상현달은 (다) 하현달보다 먼저 관측된다.
⑦ 달이 지구를 중심으로 공전하면서 태양, 지구, 달의 상대적인 위치가 변하기 때문에 지구에서 볼 때 달의 밝게 보이는 부분이 달라진다.
바로 알기 | ① (가)는 오른쪽 반원이 밝은 반달인 상현달이다. 하현달은 왼쪽 반원이 밝은 반달인 (다)이다.
② (나)는 보름달로, 달이 태양의 반대 방향인 망의 위치에서 보인다.
③ (다)는 달과 태양이 지구를 중심으로 직각을 이루어 왼쪽 반원이 밝은 반달로 보일 때 관측된다. 달 – 지구 – 태양 순으로 일직선을 이룰 때는 (나)가 관측된다.
⑤ 초승달은 달이 삭과 상현 사이에 위치할 때 관측된다. (나)와 (다) 사이에서는 하현달에서 오른쪽 부분이 부푼 모양의 달이 관측된다.
⑥ 태양으로부터의 거리는 달과 태양이 지구를 중심으로 직각을 이루는 (가) 상현달일 때 보다 달이 태양 반대편에 위치해 달, 지구, 태양 순서로 일직선으로 놓여 보이는 (나) 보름달일 때 더 멀다.

483

(가) 상현달　　　　　　(나) 보름달

②, ③ 해가 진 직후 상현달은 음력 7 일~8 일경에 남쪽 하늘에서 보이고, 보름달은 음력 15 일경에 동쪽 하늘에서 보인다.
⑤ 달은 지구의 자전에 의해 동쪽에서 서쪽으로 일주 운동을 한다. 상현달은 해가 진 직후 남쪽 하늘에서 보이고, 보름달은 동쪽 하늘에서 보이므로 상현달보다 보름달의 관측 가능 시간이 더 길다.
바로 알기 | ④ (가)는 달과 태양이 지구를 중심으로 직각으로 배열되어 오른쪽이 밝은 반달로 보이는 상현달이고, (나)는 달이 태양의 반대 방향에 있어 달, 지구, 태양 순서로 일직선으로 배열되어 달의 앞면 전체가 보이는 보름달이다.

484 ①, ④ (가)는 음력 2 일~3 일경 관측되는 초승달이며, 달이 공전함에 따라 약 4 일~5 일 후에는 상현달로 보인다.
③ (가) 초승달은 삭과 상현 사이에 위치할 때 보이므로 달이 A 근처에 있을 때 보인다.
⑤ 달이 약 한 달 주기로 공전하기 때문에 달의 위상도 약 한 달 주기로 반복된다.
바로 알기 | ② 달은 서쪽에서 동쪽으로 지구를 중심으로 공전하므로 B에서 A 방향으로 이동한다.

485 ② 달이 지구를 중심으로 공전하면서 태양, 지구, 달의 상대적인 위치가 달라지기 때문에 지구에서 볼 때 달의 밝게 보이는 부분의 모양이 달라진다.
④ 초승달은 음력 2 일~3 일경에, 상현달은 음력 7 일~8 일경에, 보름달은 음력 15 일경에 관측할 수 있으므로 달의 모양은 초승달 → 상현달 → 보름달 순으로 변한다.
⑤ 달은 지구의 자전에 의해 일주 운동을 하므로 보름달은 해가 진 직후 (일몰)에 동쪽 하늘에서 떠오르고 있으므로 자정에 남쪽 하늘에 남중하였다가 새벽(일출)에 서쪽 하늘로 진다. 따라서 보름달은 가장 오래(약 12 시간 동안) 관측할 수 있다.
⑥ 보름달이 보일 때 달은 태양의 반대 방향에 있다. 따라서 보름달이 동쪽 하늘에서 보이면 태양은 이와 반대 방향인 서쪽 하늘에 있다.
바로 알기 | ① 달의 위상은 약 한 달을 주기로 '보이지 않음 → 초승달 → 상현달 → 보름달 → 하현달 → 그믐달 → 보이지 않음'으로 변한다.

486

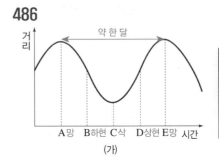 
(가)　　　　　　　　　(나) 상현달

③ C일 때는 달이 태양에 가장 가까운 때이므로 달의 위상은 삭이고, 지구 – 달 – 태양 순으로 배열되어 일식이 일어날 수 있다.

바로 알기 | ① A일 때 달이 태양에서 가장 먼 거리에 위치하므로 달의 위상은 보름달(망)이다.

② B일 때 달의 모양은 하현달이며, (나)와 같은 상현달은 D일 때 보인다.

④ D일 때는 상현이므로, 음력 7 일~8 일경이다.

⑤ A에서 E까지 걸리는 시간은 달이 한 바퀴 공전하는 데 걸리는 시간이므로 약 한 달이다.

487 지구에서 보았을 때 달이 태양을 가리는 현상을 일식이라 하고, 달이 지구의 그림자에 들어가 가려지는 현상을 월식이라고 한다.

488 월식은 달이 망의 위치에 있어 태양 – 지구 – 달의 순서로 일직선을 이룰 때 일어난다. 따라서 월식이 일어날 때 달은 보름달이다.

489

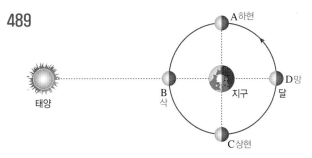

일식은 달의 위치가 삭(B)일 때, 월식은 달의 위치가 망(D)일 때 일어날 수 있다.

490 부분월식은 달의 일부가 지구의 그림자에 가려지는 현상이므로, 달이 ③의 위치에 있을 때 일어날 수 있다.

바로 알기 | 달이 ①의 위치에 있을 때는 일식이 일어날 수 있고, 달이 ④의 위치에 있을 때는 개기월식이 일어날 수 있다.

달이 ②와 ⑤의 위치에 있을 때는 월식이 일어나지 않는다.

491 ③ 월식은 지구에서 보았을 때 달이 지구의 그림자 속에 들어가 가려지는 현상이다.

바로 알기 | ① 일식은 지구에서 보았을 때 달이 태양을 가리는 현상이다.

②, ④, ⑤ 일식은 달이 삭의 위치에 있어 태양 – 달 – 지구가 일직선을 이룰 때 일어나고, 월식은 달이 망의 위치에 있어 태양 – 지구 – 달이 일직선을 이룰 때 일어난다. 따라서 일식이 일어날 때보다 월식이 일어날 때 태양과 달 사이의 거리가 더 멀다.

⑤ 일식과 월식은 달이 지구를 중심으로 공전하기 때문에 일어나는 현상이다.

492 ①, ⑤ 일식은 태양 – 달 – 지구의 순서로 일직선을 이룰 때 일어난다. 이때 달의 위치는 삭이므로 일식이 일어날 때는 음력 1 일경이다.

② 달이 공전하여 태양 앞을 지나감에 따라 태양의 오른쪽부터 가려지고, 오른쪽부터 빠져나온다. A 지역에서는 개기일식을 관측할 수 있으므로 일식이 진행됨에 따라 달에 의해 완전히 가려진 태양의 오른쪽부터 보이게 된다.

④ 일식은 지구에서 달의 그림자가 생기는 지역에서만 볼 수 있으므로 A와 B 지역에서만 일식을 볼 수 있다.

바로 알기 | ③ B 지역에서는 달이 태양이 일부를 가리는 부분일식을 관측할 수 있다. 달이 태양을 완전히 가리는 개기일식은 A 지역에서 관측할 수 있다.

493 ㄱ. 달이 서쪽에서 동쪽으로 지구를 중심으로 공전하면서 태양 앞을 지나갈 때 달이 태양을 가리는 일식이 일어난다. 일식이 진행되는 모습을 북반구에서 관측하면 태양의 오른쪽(서쪽)부터 가려지고, 오른쪽(서쪽)부터 빠져나오므로, 일식의 진행 방향은 A이다.

ㄹ. 일식은 지구에서 달의 그림자가 생기는 지역에서만 볼 수 있다.

바로 알기 | ㄴ. 일식은 달이 삭의 위치에 와서 태양 – 달 – 지구의 순으로 일직선을 이룰 때 일어난다.

ㄷ. 달이 지구의 그림자 속에 들어갈 때에는 월식이 일어난다.

494 ⑤ 월식은 달이 공전하여 지구의 그림자 속으로 들어감에 따라 달의 왼쪽(동쪽)부터 가려지고, 왼쪽(동쪽)부터 빠져나온다.

바로 알기 | ① 월식은 달의 위치가 망일 때 일어날 수 있다. 따라서 보름달이 보이는 날에 일어날 수 있다.

② 달이 A에 위치할 때는 달의 일부가 지구의 그림자 속에 들어가므로 부분월식이 일어난다.

③ 달이 B에 위치할 때는 달 전체가 지구의 그림자 속에 들어가므로 개기월식이 일어난다.

④ 월식은 지구에서 보았을 때 달이 지구의 그림자에 가려지는 현상이므로 달이 C에 있을 때는 월식이 일어나지 않는다. 달 전체가 붉게 보이는 것은 달이 B에 위치하여 개기월식이 일어났을 때이다.

495 ① 월식은 달이 망의 위치에 있어 태양 – 지구 – 달의 순서로 일직선을 이룰 때 일어난다.

② 월식은 달이 지구의 그림자 속에 들어가 가려지는 현상으로 지구에서 밤이 되는 모든 지역에서 관측할 수 있다.

③ 달이 지구의 그림자에 완전히 가려졌으므로 지구에서는 개기월식을 관측할 수 있다.

④ 월식은 달이 서쪽에서 동쪽으로 지구를 중심으로 공전하다가 지구의 그림자 속으로 들어감에 따라 일어난다.

바로 알기 | ⑤ 월식은 달의 왼쪽(동쪽)부터 가려지고, 왼쪽(동쪽)부터 빠져나온다. 그림은 달이 지구의 그림자에서 빠져나오는 모습이다.

496 (가)는 부분일식, (나)는 부분월식의 모습이다.

① (가)는 달이 태양의 일부를 가린 부분일식이 일어난 모습이다.

바로 알기 | ② (나) 부분월식은 달의 일부가 지구의 그림자에 가려지는 현상이다.

③ 달이 공전하면서 태양 앞을 지나감에 따라 달이 태양을 가릴 때 일식이 일어난다.

④ 일식은 삭일 때 일어나므로 달이 보이지 않고, 월식은 망일 때 일어나므로 달이 보름달로 보인다.

⑤ 일식은 지구에서 달의 그림자가 생기는 지역에서만 관측할 수 있다.

497 ㄱ. 손전등은 태양, 큰 스타이로폼 공은 지구, 작은 스타이로폼 공은 달을 나타낸다.

ㄴ. (가)는 달의 그림자가 생긴 곳으로, (가)의 위치에서는 작은 스타이로폼 공에 의해 손전등 빛이 가려진다.

바로 알기 | ㄷ. 그림과 같은 모습으로 천체가 위치할 때는 태양 – 달 – 지구의 순서로 일직선을 이루고 있으므로 일식이 일어난다.

498 ③ 달이 태양을 완전히 가리는 (가)와 같은 개기일식이 일어나면 태양의 대기인 코로나와 채층을 관측할 수 있다.

바로 알기 | ① 달이 삭의 위치에 있을 때 일식이 일어날 수 있지만, 달이 삭의 위치에 있을 때라도 태양, 지구, 달이 항상 정확하게 일직선상에 놓이는 것은 아니기 때문에 일식이 매달 일어나지는 않는다.

② (가)는 달이 태양을 완전히 가리는 개기일식의 모습이다.
④ (가) 개기일식은 달이 태양 전체를 가리는 A 지역에서 관측할 수 있다.
⑤ 일식은 달이 공전하여 태양 앞을 지나감에 따라 태양의 오른쪽부터 가려지고 오른쪽부터 빠져나온다.

499 ① 일식은 달의 위치가 삭일 때, 월식은 달의 위치가 망일 때 일어날 수 있다.
② A는 달이 태양 완전히 가리는 지역이므로 개기일식을 볼 수 있다.
③ B는 달이 태양의 일부를 가리는 지역이므로 부분일식을 볼 수 있다.
⑤ E는 달의 일부가 지구의 그림자에 들어간 모습으로 부분월식이 일어난다.
⑥ 일식은 달의 그림자가 생기는 지역에서만 볼 수 있어 관측 가능한 지역이 좁지만, 월식은 지구에서 밤인 지역 어디에서나 볼 수 있기 때문에 관측 가능한 지역이 넓다.
바로 알기 | ④ 달이 C에 위치할 때는 월식이 일어나지 않는다. 달이 D에 위치할 때는 개기월식이 일어나고, 달이 E에 위치할 때는 부분월식이 일어난다.
⑦ 달이 공전하여 지구의 그림자 속으로 들어감에 따라 달의 왼쪽(동쪽)부터 가려지고, 왼쪽(동쪽)부터 빠져나온다.

난이도별 서술형 필수 기출

500 모범 답안 (1) A: 상현달, B: 보름달, C: 하현달, D: 보이지 않음
(2) 햇빛의 방향이 반대가 되면 A에서는 하현달, C에서는 상현달이 관측된다.
해설 달과 태양이 지구를 중심으로 직각을 이루어 오른쪽이 밝은 반달로 보일 때 상현달을 볼 수 있고, 달과 태양이 지구를 중심으로 직각을 이루어 왼쪽이 밝은 반달로 보일 때 하현달을 볼 수 있다.

501 모범 답안 (1) E, 보름달
(2) 달은 햇빛을 반사하여 밝게 보이므로 달이 공전하면서 태양, 달, 지구의 상대적인 위치가 달라지기 때문에 달의 위상이 변한다.
해설 달은 스스로 빛을 내지 못하므로 햇빛을 반사하여 밝게 보이는 부분이 우리 눈에 보이는 모양이 된다.

502 모범 답안 (1) (가) → (다) → (마) → (라) → (나)
(2) 달-지구-태양(또는 태양-지구-달) 순으로 일직선을 이룬다.
해설

(가)	(나)	(다)	(라)	(마)
초승달	그믐달	상현달	하현달	보름달
음력 2 일 ~3 일경	음력 27 일 ~28 일경	음력 7 일 ~8 일경	음력 22 일 ~23 일경	음력 15 일경

(1) 달이 공전함에 따라 지구에서 관측되는 달의 모양을 음력 날짜 순으로 나열하면 (가) 초승달(음력 2 일~3 일경) → (다) 상현달(음력 7 일~8 일경) → (마) 보름달(음력 15 일경) → (라) 하현달(음력 22 일~23 일경) → (나) 그믐달(음력 27 일~28 일경) 순으로 변한다.
(2) (마) 보름달은 달이 태양의 반대 방향인 망의 위치에 있을 때 보이는 달이다.

---

503 모범 답안 (1) 전등은 태양, 스마트 기기는 지구, 스타이로폼 공은 달을 나타낸다.
(2)

(가)	(나)	(다)	(라)

해설 스타이로폼 공이 (가)에 위치하면 전등 빛을 받은 면이 보이지 않고, (나)에 위치하면 오른쪽 반원이 밝게 보이며, (다)에 위치하면 전등 빛을 받은 면 전체가 밝게 보인다. (라)에 위치하면 왼쪽 반원이 밝게 보인다.

504 모범 답안 (1) C, 상현달
(2) 달은 약 한 달을 주기로 지구를 중심으로 공전하기 때문이다.
해설 달은 지구를 중심으로 한 달에 한 바퀴씩 공전하기 때문에 달의 위상도 약 한 달을 주기로 반복된다.

505 모범 답안 개기일식이 일어나면 달이 태양을 완전히 가리고, 개기월식이 일어나면 달이 지구의 그림자에 완전히 가려져 붉게 보인다.
해설 일식은 달이 공전하여 태양의 앞을 지나갈 때 일어나고, 월식은 달이 공전하여 지구의 그림자 속에 들어갈 때 일어난다.

506 모범 답안 태양-달-지구(또는 지구-달-태양)의 순서로 일직선을 이룬다.
해설 달이 태양을 가리는 현상은 일식이다. 일식은 달이 삭의 위치에 있을 때 일어난다.

507 모범 답안 (1) A, E
(2) 일식이 일어날 때보다 월식이 일어날 때 태양과 달 사이의 거리가 더 멀다.
해설 일식이 일어날 때는 달이 삭(A)의 위치에 있어 태양-달-지구의 순서로 일직선을 이루고, 월식이 일어날 때는 달이 망(E)의 위치에 있어 태양-지구-달의 순서로 일직선을 이룬다.

508 모범 답안 (1) A 지역: 개기일식, B 지역: 부분일식
(2) 태양은 달에 비해 지구에서 매우 멀리 있기 때문에 지구에서는 태양과 달이 비슷한 크기로 보이므로 달이 태양을 가릴 수 있다.
해설 태양이 달보다 매우 크지만, 매우 멀리 있기 때문에 지구에서는 태양과 달이 비슷한 크기로 보인다. 따라서 달이 태양을 가릴 수 있다.

509 모범 답안 (1) (나) → (가) → (다)
(2) 달은 서쪽에서 동쪽으로 지구를 중심으로 공전하므로, 태양의 오른쪽(서쪽)부터 가려지기 시작하고, 오른쪽(서쪽)부터 빠져나오기 때문이다.
해설 일식이 일어날 때는 달이 공전하여 태양의 앞을 지나감에 따라 태양의 오른쪽(서쪽)부터 가려지고, 오른쪽(서쪽)부터 빠져나온다.

510 모범 답안 (1) A, B
(2) 달은 서쪽에서 동쪽으로 공전하므로 월식이 일어날 때 달은 왼쪽부터 지구의 그림자에 들어가기 때문이다.
해설 (1) 지구의 그림자에 달 전체가 가려지면 개기월식(B)이 일어나고, 지구의 그림자에 달의 일부가 가려지면 부분월식(A)이 일어난다.
(2) 월식이 일어날 때는 달이 지구를 중심으로 서쪽에서 동쪽으로 공전하여 지구의 그림자 속으로 들어감에 따라 달의 왼쪽(동쪽)부터 가려지고, 왼쪽(동쪽)부터 빠져나온다.

511 〔모범 답안〕 (1) 태양, 지구, 달의 순서로 일직선을 이룬다.

(2) 지구에서 밤이 되는 모든 지역에서 관측할 수 있다.

〔해설〕 (1) 월식은 달이 망의 위치에 와서 태양, 지구, 달의 순으로 일직선을 이룰 때 일어난다.

(2) 월식은 달이 지구의 그림자에 들어가 나타나는 현상으로 지구에서 밤이 되는 모든 지역에서 볼 수 있다.

512 〔모범 답안〕 (1) C, 부분월식

(2) 일식은 달의 그림자가 생기는 지역에서만 볼 수 있어 관측 가능한 지역이 좁지만, 월식은 지구에서 밤인 지역 어디에서나 볼 수 있어 일식보다 월식을 관측할 수 있는 지역이 더 넓다.

〔해설〕 (1) 그림은 달의 일부가 지구의 그림자에 가려진 부분월식의 모습이다. 부분월식은 달이 C의 위치에 있을 때 일어난다.

(2) 일식은 달의 그림자가 생기는 지역에서만 볼 수 있고, 월식은 달이 지구의 그림자에 들어가 나타나는 현상으로 지구에서 밤인 지역 어디에서나 관측할 수 있다.

최고 수준 도전 기출 | 08~10 | 116 쪽 ~ 117 쪽

513 명왕성은 자신의 궤도 주변에서 지배적인 역할을 하지 못하기 때문에 행성에서 퇴출되었다.

514 ②   **515** ①   **516** ④   **517** ②   **518** ①

519 ③   **520** ②

---

513 명왕성은 과거에 행성으로 분류되었지만, 공전 궤도 주변에 비슷한 크기의 천체들이 발견되었다. 왜소 행성은 모양이 둥글고, 태양을 중심으로 공전하지만 자신의 공전 궤도에서 지배적인 역할을 하지 못하므로 명왕성은 2006년 행성의 지위를 잃고 왜소 행성이 되었다.

514 A는 수성, B는 화성, C는 금성, D는 해왕성, E는 천왕성, F는 토성, G는 목성이다.

② 수성(A), 화성(B), 금성(C), 지구는 지구형 행성이다.

바로 알기 | ① 크기가 가장 작은 행성은 수성(A)이다.

③ 자전축이 공전 궤도면에 거의 나란한 행성은 천왕성(E)이다.

④ 해왕성(D), 천왕성(E), 토성(F), 목성(G)은 목성형 행성으로 표면에 단단한 암석이 없고 기체로 이루어진 행성이다. 표면이 단단한 암석으로 이루어져 있는 행성은 수성(A), 화성(B), 금성(C), 지구이다.

⑤ 실제로 태양에서 네 번째 가까이 있는 행성은 화성(B)이다.

515

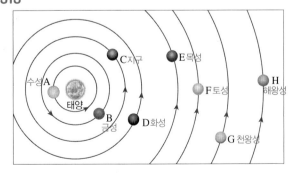

(가)에는 지구, 화성, 목성, 토성, 천왕성, 해왕성이 속하고, (나)에는 수성, 금성, 지구, 화성이 속한다. 따라서 (가)와 (나)에 모두 속하는 행성은 지구와 화성이다.

516 ㄱ. 흑점은 태양 표면에 고정되어 있고, 태양이 자전하기 때문에 시간이 지날수록 지구에서 관측되는 흑점의 위치가 변하는 것처럼 보인다.

ㄷ. 지구에서 볼 때 흑점은 동쪽에서 서쪽으로 이동하는 것처럼 보인다.

바로 알기 | ㄴ. 흑점은 주변보다 온도가 낮아 광구에서 어둡게 보이는 부분이다. 광구 아래에서 일어나는 대류 현상으로 생성되는 것은 쌀알 무늬이다.

517 ㄱ. 천체의 일주 운동은 지구의 자전으로 나타나는 천체의 겉보기 운동이다.

ㄷ. (가)는 북쪽, (나)는 남쪽, (다)는 서쪽, (라)는 동쪽이다. (나) 남쪽 하늘에서는 별이 동쪽에서 서쪽으로 이동하는 것처럼 보인다.

바로 알기 | ㄴ. (가) 북쪽 하늘에서는 별들이 북극성을 중심으로 하루에 한 바퀴씩 시계 반대 방향으로 원을 그리며 도는 것처럼 보인다.

ㄹ. (다) 서쪽 하늘에서는 별이 왼쪽 위에서 오른쪽 아래로 지는 것을 볼 수 있다.

518 ① 지구의 공전에 의해 별자리는 하루에 약 1°씩 동쪽에서 서쪽으로 이동하기 때문에 별자리는 1년 후에 처음 위치로 되돌아온다.

바로 알기 | ② 하루 동안 지구의 자전에 의해 별자리는 지구 자전 방향과 반대 방향인 동쪽에서 서쪽으로 이동하는 것처럼 보인다.

③ 지구의 자전으로 별이 동쪽에서 서쪽으로 1시간에 15°씩 움직이는 것처럼 보인다. 2시간 동안 별자리는 동쪽에서 서쪽으로 30° 이동하므로 2시간 후에는 사자자리가 남쪽 하늘에 위치하게 된다.

④ 지구의 공전으로 태양이 하루에 약 1°씩 연주 운동하므로 밤하늘에 같은 시각에 보이는 별자리도 하루에 약 1°씩 이동한다.

⑤ 별들은 하루에 약 1°씩 동쪽에서 서쪽으로 이동하므로, 별들은 6개월 후인 10월에는 동쪽에서 서쪽으로 180° 이동하여 서쪽 하늘에서는 천칭자리가 관측된다.

519 ① 달이 공전함에 따라 달을 매일 같은 시각에 관측하면 달의 위치가 전날보다 서쪽에서 동쪽으로 조금씩 이동한다.

② 달이 공전하면서 태양, 지구, 달의 상대적인 위치가 변하기 때문에 지구에서 볼 때 달의 밝게 보이는 부분의 모양이 달라진다.

④ 음력 15일경에는 달이 태양의 반대 방향인 망의 위치에 있다.

⑤ 초승달은 음력 2일경에 해가 진 직후 서쪽 하늘에 있어서 곧 지므로 관측할 수 있는 시간이 짧다. 보름달은 음력 15일경에 해가 진 직후 동쪽 지평선에 있어서 밤 12시(자정)경에 남쪽 하늘을 지나 새벽 6시경에 서쪽 지평선으로 지므로 가장 오래(12시간 동안) 관측할 수 있다.

바로 알기 | ③ 달은 매일 동쪽에서 떠서 서쪽으로 지는데, 상현달이 해가 진 직후에 남쪽 하늘에 있으므로 낮 12시(정오)경에 동쪽에서 뜬 것이고, 밤 12시(자정)경에 서쪽 지평선으로 질 것이다.

520 (가)는 달이 태양의 일부를 가리는 부분일식, (나)는 달이 태양을 완전히 가리는 개기일식, (다)는 달이 지구의 그림자에 완전히 가려지는 개기월식의 모습이다.

ㄱ. 부분일식은 달의 그림자가 생기는 지구의 일부 지역에서 낮에 관측할 수 있다.

ㄷ. 햇빛이 지구 대기를 지날 때 흩어지면서 달에 붉은 빛이 상대적으로 많이 도달하기 때문에 (다) 개기월식이 일어나면 달이 붉게 보인다.

바로 알기 | ㄴ. 일식은 달이 삭의 위치에 있어 태양 – 달 – 지구의 순서로 일직선을 이룰 때 일어난다. 달이 망의 위치에 있어 태양 – 지구 – 달의 순서로 일직선을 이룰 때는 월식이 일어난다.

ㄹ. 일식과 월식은 달이 지구를 중심으로 공전하여 나타나는 현상이다.

실전 대비 BOOK 해설

V. 힘의 작용

1 ②	2 ④	3 ①	4 ③, ⑤	5 ②	6 ③
7 ④	8 ④	9 ②	10 ⑤	11 ①	12 ④
13 ①, ②	14 ①	15 ⑤	16 ①		

17 (1) 지구의 중력은 달의 중력의 6 배이므로 지구에서 물체의 무게는 98 N × 6 = 588 N이다.

(2) 지구에서 물체의 질량은 (588÷9.8) kg = 60 kg이다. 물체의 질량은 장소에 따라 변하지 않으므로 달에서 물체의 질량은 60 kg이다.

18 (1) 추를 1 개 매달 때마다 용수철이 3 cm씩 늘어나므로 추를 6 개 매달았을 때 용수철이 늘어난 길이는 3 cm × 6 = 18 cm이다.

(2) 3 N짜리 추 하나를 매달았을 때 용수철이 3 cm 늘어나므로 3 N : 3 cm = x : 10 cm에서 물체의 무게 x = 10 N이다.

19 (가) = (나) = (다), (가)~(다)에서 쇠구슬은 계속 물에 완전히 잠긴 상태이므로 물속에 잠긴 부피가 일정하여 쇠구슬에 작용하는 부력의 크기는 같다.

20 (1) 가방에는 가방을 들고 있는 힘과 중력이 작용한다.

(2) 가방은 움직이지 않으므로 가방에 작용하는 알짜힘은 0이다.

(3) 가방을 들고 있는 힘과 가방에 작용하는 중력이 평형을 이루어 알짜힘이 0이므로 가방을 들고 있는 힘은 가방의 무게와 같은 30 N이다.

1 ① 물체에 힘을 작용하면 물체의 모양을 변화시킬 수 있다.

③, ④, ⑤ 물체에 힘을 작용하면 물체의 속력이나 운동 방향, 즉 물체의 운동 상태를 변화시킬 수 있다.

바로 알기 | ② 질량은 물체의 고유한 양으로 물체에 힘을 작용해도 물체의 질량은 변하지 않는다.

2 오른쪽이 동쪽이므로 북쪽으로 작용하는 힘을 나타내려면 화살표가 위쪽을 향해야 한다. 또 10 N의 힘을 2 cm의 화살표로 나타내었으므로 15 N의 힘을 나타내는 화살표의 길이를 x라 하면 10 N : 2 cm = 15 N : x에서 x = 3 cm이다.

3 눈금 한 칸은 2 N을 의미하므로 나무 도막에 왼쪽으로 6 N, 오른쪽으로 4 N의 힘이 작용하고 있다. 따라서 알짜힘의 방향은 왼쪽, 크기는 6 N − 4 N = 2 N이다.

4 ①, ② A는 5 N의 힘을 왼쪽으로 작용하고, B는 5 N의 힘을 오른쪽으로 작용한다. 따라서 A와 B는 힘의 크기는 같고 방향은 서로 반대이다.

④ A는 책의 왼쪽 아래에, B는 책의 오른쪽 위에 작용하므로 힘의 작용점이 다르다.

바로 알기 | ③, ⑤ A와 B는 일직선상에서 작용하고 있지 않으므로 힘의 평형을 이루지 않는다. 힘을 작용했을 때 책은 두 힘에 의해 시계 방향으로 회전하게 된다.

5 중력의 방향은 지구 중심 방향이다. 따라서 (가)는 아래쪽, (나)는 오른쪽, (다)는 위쪽으로 중력이 작용한다.

6 ①, ④, ⑤ 질량은 물체의 고유한 양으로 단위로는 g, kg 등을 사용한다. 질량은 양팔저울이나 윗접시저울 등을 이용하여 측정하며 측정하는 장소가 달라져도 값이 변하지 않는다.

② 무게는 물체에 작용하는 중력의 크기로 측정하는 장소에 따라 달라진다.

바로 알기 | ③ 지구에서 물체의 무게는 질량에 9.8을 곱하여 구한다.

7 지구의 중력은 달의 중력의 6 배이므로 지구에서 물체의 무게는 49 N × 6 = 294 N이다. 지구에서 물체의 무게는 질량에 9.8을 곱하여 구하므로 물체의 질량은 (294÷9.8) kg = 30 kg이다.

8 ①, ②, ③, ⑤ 탄성력은 변형된 물체가 원래 모양으로 되돌아가려는 힘이다. 고무줄, 용수철과 같이 탄성을 가진 물체를 탄성체라고 한다. 탄성체가 많이 변형될수록 탄성력의 크기는 크고, 탄성력의 크기는 탄성체를 변형시킨 힘의 크기와 같다.

바로 알기 | ④ 탄성력의 방향은 탄성체를 변형시킨 힘의 방향과 반대 방향이다.

9 ㄴ. 물체에 작용하는 탄성력의 방향은 용수철에 작용한 힘의 방향과 반대 방향이므로 (가)는 왼쪽, (나)는 오른쪽이다.

바로 알기 | ㄱ. 탄성력은 변형된 물체가 원래 모양으로 되돌아가려는 힘이므로 (나)에서 탄성력의 방향은 오른쪽이다.

ㄷ. (가)와 (나)에서 용수철이 변형된 정도가 6 cm로 같다. 탄성력의 크기는 용수철이 변형된 정도에 비례하므로 (가)와 (나)에 작용하는 탄성력의 크기는 같다.

10 마찰력은 물체의 무게가 무거울수록, 접촉면이 거칠수록 크다. 따라서 접촉면의 거칠기에 따라 (나) > (가) > (다)이고, 물체의 무게에 따라 (라) > (나)이므로 (라) > (나) > (가) > (다) 순으로 마찰력이 크다.

11 ㄱ. 마찰력의 크기는 접촉면이 거칠수록, 물체의 무게가 무거울수록 크다.

바로 알기 | ㄴ. 접촉면의 넓이와 마찰력의 크기는 관계없다.

ㄷ. 마찰력은 두 물체가 접촉해 있을 때 접촉면에서 물체의 운동을 방해하는 힘으로 두 물체가 떨어져 있을 때는 마찰력이 작용하지 않는다.

12 물체에 작용하는 중력의 크기는 물 밖에서나 물속에서나 같다. 따라서 물속에 잠긴 물체에 작용하는 중력은 15 N이다. 물속에서는 물체가 위쪽으로 부력을 받아 무게가 15 N − 12 N = 3 N만큼 줄어든 것이다. 그러므로 부력의 크기는 3 N이다.

13 ③ 같은 물체라도 물에 잠긴 부분이 많을수록, 즉 물에 잠긴 부피가 클수록 부력이 크게 작용한다.

④ 물체에 작용하는 부력과 중력의 크기가 같아 평형을 이룰 때 물체는 물 위나 물속에서 가만히 떠 있다.

바로 알기 | ① 물체의 질량과 부력의 크기는 관계없다. 부력은 물체가 물에 잠긴 부피가 클수록 크다.

② 강바닥에 가라앉은 돌에도 부력은 작용한다. 돌에 작용하는 부력보다 중력의 크기가 커서 가라앉은 것이다.

14 ㄱ. 운동 상태가 일정하려면 물체의 속력과 운동 방향이 변하지 않아야 한다. 따라서 정지해 있는 물체는 운동 상태가 일정하다.

ㄷ. 에스컬레이터는 일정한 속력으로 직선상에서 운동하므로 운동 상태가 일정하다.

바로 알기 | ㄴ. 스키를 타고 슬로프를 내려올 때는 속력이 점점 빨라진다. ㄹ. 대관람차는 일정한 속력으로 원운동을 하므로 운동 방향이 계속 변한다.

15

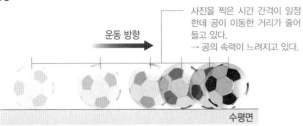

운동 방향

사진을 찍은 시간 간격이 일정한데 공이 이동한 거리가 줄어들고 있다.
→ 공의 속력이 느려지고 있다.

수평면

⑤ 공은 속력이 점점 느려지는 운동을 하므로 공에 작용하는 힘의 방향은 운동 방향과 반대이다.
바로 알기 | ① 공의 속력이 변하고 있으므로 공에 작용하는 알짜힘은 0이 아니다.
② 공은 속력이 느려지고 있으므로 운동 상태가 변한다.
③ 빗면을 굴러 내려오는 공은 속력이 점점 빨라지는 운동을 한다.
④ 공은 직선상에서 운동하고 있으므로 운동 방향이 변하지 않는다.

16

① 비스듬히 던져 올린 농구공은 속력과 운동 방향이 모두 변하는 운동을 한다.
바로 알기 | ② 인공위성은 속력은 일정하고 운동 방향이 변하는 운동을 한다.
③ 무빙워크는 속력과 운동 방향이 모두 일정한 운동을 한다.
④, ⑤ 자유 낙하 하는 공과 올라가는 엘리베이터는 속력은 변하고 운동 방향이 일정한 운동을 한다.

17

무게는 물체에 작용한 중력의 크기로 측정하는 장소에 따라 다르다. 질량은 물체의 고유한 양으로 측정하는 장소가 바뀌어도 변하지 않는다.

18

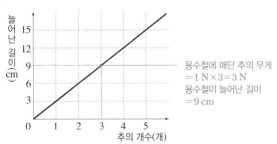

늘어난 길이(cm)

용수철에 매단 추의 무게
=1 N×3=3 N
용수철이 늘어난 길이
=9 cm

추의 개수(개)

(1) 무게가 일정한 추를 매달면 매단 추의 개수와 용수철이 늘어난 길이는 비례한다.
(2) 용수철에 매단 물체의 무게와 비례하여 용수철이 늘어난 길이가 증가한다.

19

물에 잠긴 물체에 작용하는 부력의 크기는 물체가 물에 잠긴 부피에 비례한다. (가)~(다)에서 쇠구슬이 잠긴 부피가 같으므로 쇠구슬에 작용하는 부력의 크기도 같다.

20

가방에는 가방을 들고 있는 힘과 가방에 작용하는 중력이 작용한다. 두 힘이 평형을 이루어 알짜힘이 0이므로 가방이 움직이지 않는 것이다. 그러므로 가방을 들고 있는 힘의 크기는 가방에 작용하는 중력의 크기와 같다.

1 ②	2 ③, ④	3 ③	4 ②	5 ③	6 ③
7 ④	8 ③	9 ②	10 ①	11 ①, ③	12 ②
13 ②	14 ⑤	15 ①	16 ②		

17 야구공이 찌그러지며 모양이 변한다. 야구공이 움직이는 속력과 운동 방향이 변한다.
18 질량은 물체의 고유한 양으로 측정하는 장소가 바뀌어도 변하지 않으므로 달에서도 300 g 추와 수평을 이룬다.
19 (1) 오른쪽, 마찰력은 물체의 운동을 방해하는 힘이므로 물체에 왼쪽으로 힘을 가했을 때 마찰력의 방향은 오른쪽이다.
(2) 20 N, 물체가 움직이지 않았으므로 물체에 작용한 힘의 크기와 마찰력의 크기는 같다.
20 (1) 자유 낙하 하는 공, 자이로 드롭 등
(2) 알짜힘이 물체의 운동 방향과 비스듬한 방향으로 계속 작용해야 한다.
(3) 알짜힘이 물체의 운동 방향과 수직 방향으로 계속 작용해야 한다.

1 ㄱ. 밀가루를 반죽할 때는 과학에서의 힘이 작용해 물체의 모양이 변한다.
ㄷ. 날아오는 야구공을 방망이로 치면 야구공에 힘이 작용해 야구공의 모양과 운동 상태가 모두 변한다.
바로 알기 | ㄴ, ㄹ. 아침에 일어나기 힘든 것과 힘이 되도록 응원을 하는 것은 물체의 모양이나 운동 상태를 변화시키는 것이 아니므로 과학에서의 힘이 작용한 예가 아니다.

2 ③ 화살표의 길이는 힘의 크기를, 화살표의 방향은 힘의 방향을, 화살표의 시작점은 힘의 작용점을 나타낸다.
④ 물체에 힘을 작용하면 물체의 모양이나 운동 상태가 변한다. 축구공을 세게 찼을 때와 같이 물체의 모양과 운동 상태가 동시에 변하기도 한다.
바로 알기 | ① 힘을 작용해도 물체의 질량은 변하지 않는다.
② 힘의 크기는 화살표의 길이로 나타낸다.
⑤ 물체에 힘을 작용하면 물체의 모양이나 운동 상태가 변한다.

3 ①, ②, ④, ⑤ 두 학생이 줄에 힘을 작용하고 있는데 줄이 움직이지 않았으므로 두 힘은 평형을 이루고 있는 것이다. 평형을 이루는 두 힘은 힘의 크기가 같고 방향은 반대이므로 합력이 0이다. 이때 두 힘은 일직선상에서 작용한다.
바로 알기 | ③ 줄을 손으로 잡고 있는 부분이 힘의 작용점이다. 두 학생이 서로 다른 부분을 잡고 당기고 있으므로 힘의 작용점이 일직선상에 있지만 작용점이 같지는 않다.

4 ㄷ. 무게는 물체에 작용한 중력의 크기이다. 중력의 크기는 측정하는 장소에 따라 달라진다.
바로 알기 | ㄱ. 천체마다 중력의 크기는 다르다. 지구의 중력은 달의 약 6 배이다.
ㄴ. 물체의 질량이 클수록 물체에 작용하는 중력의 크기가 크다.

5 질량은 물체의 고유한 양으로 kg, g이 단위이다. 무게는 물체에 작용하는 중력의 크기로 단위는 N이다.

6 지구에서 물체의 무게는 질량에 9.8을 곱하여 구한다. 따라서 어떤 물체의 질량은 (352.8÷9.8) kg=36 kg이고, 달에서도 이 물체의 질량은 변하지 않으므로 36 kg이다. 달의 중력은 지구에서 작용하는 중력의 $\frac{1}{6}$이므로 달에서 물체의 무게는 352.8 N×$\frac{1}{6}$=58.8 N이다.

7 추의 무게가 10 N씩 증가할 때마다 용수철이 2 cm씩 늘어나므로 70 N인 추를 매달면 용수철이 늘어난 길이는 2 cm×7=14 cm이다.

8 ㄱ, ㄷ, ㅁ. 장대높이뛰기, 트램펄린, 양궁의 활은 탄성력을 이용한 예이다.
바로 알기 | ㄴ. 물 미끄럼틀은 마찰력을 작게 하여 이용한 예이다.
ㄹ. 윗접시저울은 중력을 이용하여 물체의 질량을 측정한다.
ㅂ. 구명조끼는 부력을 이용하여 몸이 쉽게 물에 뜨도록 도와준다.

9 매단 추의 질량과 비례하여 용수철이 늘어난 길이가 증가한다. 추의 질량이 1 kg씩 증가할 때마다 용수철이 2 cm씩 늘어났으므로 2 kg을 매달았을 때는 4 cm가 늘어나 전체 길이가 7 cm가 된 것이다. 따라서 용수철의 처음 길이는 7 cm−4 cm=3 cm이다.

10 ㄱ. 미끄럼틀에 물을 뿌리면 마찰력이 작아져 잘 미끄러진다.
ㄴ. 자전거 체인에 기름을 칠하면 마찰력이 작아져 바퀴가 부드럽게 돌아간다.
바로 알기 | ㄷ, ㄹ. 펜에 고무를 덧대는 것과 타이어에 체인을 감는 것은 마찰력을 크게 하여 이용하는 예이다.

11

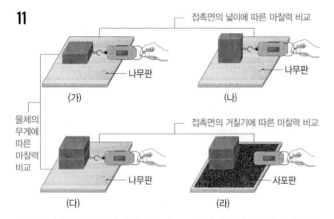

① (가)와 (나)는 접촉면의 넓이만 다르고 물체의 무게와 접촉면의 거칠기가 같다. 따라서 이 두 경우의 결과를 이용하여 접촉면의 넓이에 따른 마찰력의 크기를 비교할 수 있다.
③ (다)와 (라)는 접촉면의 거칠기만 다르고 물체의 무게와 접촉면의 넓이는 같으므로 결과를 비교하면 접촉면의 거칠기에 따른 마찰력의 크기 변화를 알 수 있다.
바로 알기 | ② (나)와 (다)는 접촉면의 넓이도 다르고 나무 도막의 무게도 다르므로 물체의 무게에 따른 마찰력의 크기 변화를 알아낼 때 두 경우를 비교하는 것은 적절하지 않다.
④, ⑤ 마찰력은 물체의 무게가 클수록, 접촉면이 거칠수록 크다. 접촉면의 넓이와 마찰력의 크기는 관계없다.

12 ② 나무 도막은 빗면을 따라 E 방향으로 미끄러져 내려가려고 하는데 이를 방해하는 것이 마찰력이다. 따라서 마찰력의 방향은 운동을 방해하는 방향인 B이다.
바로 알기 | ① 중력의 방향은 항상 연직 아래 방향이므로 D이다.
③ 나무 도막에 마찰력이 작용하기 때문에 빗면에서 미끄러지지 않고 정지해 있는 것이다.
④ 빗면의 기울기가 작아지면 미끄러져 내려가려는 힘이 작아지므로 나무 도막은 움직이지 않는다. 기울기가 더 커져야 움직이기 시작한다.
⑤ 빗면에 사포를 깔면 접촉면의 거칠기가 더 거칠어지므로 마찰력이 커져서 나무 도막은 더 잘 미끄러지지 않는다.

13 ㄷ. A와 C가 모두 물에 잠기면 A에도 위쪽으로 부력이 작용한다. 따라서 A와 C에 아래 방향으로 작용하는 힘의 합력이 작아지므로 막대는 B 쪽으로 기울어진다.
바로 알기 | ㄱ. A와 C의 무게는 이 실험의 결과만으로는 비교할 수 없다.
ㄴ. 지구의 중력은 언제나 작용하는 힘이다. 물체가 물에 잠겼을 때도 작용하므로 C에는 중력과 부력이 동시에 작용한다.

14 ⑤ 빗면을 내려오는 동안 탁구공은 속력이 점점 빨라지는 직선 운동을 한다.
바로 알기 | ①, ②, ③ 빗면을 내려온 탁구공은 운동 방향과 비스듬한 방향으로 선풍기 바람을 맞아 속력과 운동 방향이 바뀌는 운동을 한다.
④ 빗면을 내려오는 동안 탁구공의 속력은 점점 빨라지므로 탁구공에 작용한 알짜힘은 0이 아니다.

15 ㄱ. 동전 A와 B에는 모두 중력이 작용한다. 따라서 작용하는 힘의 방향은 중력이 작용하는 연직 아래 방향으로 같다.
바로 알기 | ㄴ. 동전 B는 알짜힘이 운동 방향과 비스듬한 방향으로 작용하여 속력과 운동 방향이 모두 변하는 운동을 한다.
ㄷ. 동전 A는 중력이 작용하여 아래로 떨어지면서 속력이 점점 빨라진다. 따라서 동전 A는 운동 방향이 변하지 않고 속력만 변하는 운동을 한다.

16 ② 물체의 운동 방향과 나란한 방향으로 알짜힘이 작용하면 물체의 운동 방향은 일정하고 속력만 변하는 운동을 한다.
바로 알기 | ①, ④ 물체의 운동 상태가 변하지 않는 경우는 물체에 작용하는 힘들이 평형을 이루어 알짜힘이 0이어야 한다.
③ 물체의 운동 방향만 변하려면 물체의 운동 방향과 수직으로 알짜힘이 작용해야 한다.
⑤ 물체의 속력과 운동 방향이 모두 변하려면 물체의 운동 방향과 비스듬한 방향으로 알짜힘이 작용해야 한다.

17 물체에 힘이 작용하면 물체의 모양이나 운동 상태가 변한다. 날아오는 야구공을 방망이로 세게 칠 때 야구공은 찌그러지면서 다른 방향으로 더 빠르게 날아간다. 따라서 야구공의 모양과 운동 상태가 모두 변한다.

18 윗접시저울로 측정할 수 있는 것은 질량이다. 물체가 추와 수평을 이룰 때 추의 질량과 물체의 질량이 같다는 것을 이용하여 질량을 측정한다. 질량은 장소가 바뀌어도 변하지 않으므로 동일한 물체의 질량은 지구와 달에서 같다.

19 물체에 힘을 작용했으나 물체가 움직이지 않은 까닭은 물체에 작용한 힘의 방향과 반대 방향으로, 작용한 힘의 크기와 같은 크기로 마찰력이 작용했기 때문이다.

20 (가)는 알짜힘이 운동 방향과 나란한 방향으로 작용하여 운동 방향은 변하지 않고 속력만 변하는 운동을 한다. 자유 낙하 하는 공, 자이로 드롭의 운동 등이 이에 해당한다.
(나)는 속력과 운동 방향이 모두 변하는 운동으로 물체의 운동 방향과 비스듬한 방향으로 알짜힘이 계속 작용할 때 포물선 운동과 같은 운동을 한다.
(다)는 속력은 일정하고 운동 방향이 변하는 운동으로 물체의 운동 방향과 수직 방향으로 알짜힘이 계속 작용해야 한다. 이와 같은 운동으로는 원운동이 있다.

VI. 기체의 성질

1 ⑤	2 ④	3 ③	4 ①, ③	5 ⑤	6 ⑤
7 ②	8 ②	9 ①, ④	10 ③	11 ②	12 ④
13 ④	14 ⑤	15 ③	16 ③		

17 (1) 기체의 압력은 모든 방향으로 작용한다.

(2) 기체 입자의 개수가 많을수록 기체 입자가 용기 벽에 충돌하는 횟수가 많으므로 기체의 압력이 크다.

18

19 (1) 온도가 일정할 때 압력이 커지면 기체의 부피는 감소한다.

(2) 압력이 일정할 때 온도가 높아지면 기체의 부피는 증가한다.

20 (가): 하늘 높이 올라갈수록 헬륨 풍선 속 기체에 가하는 압력이 작아져 기체의 부피가 커지므로 헬륨 풍선이 점점 커진다.

(나): 햇빛이 비치는 곳에 과자 봉지를 두면 과자 봉지 속 기체의 온도가 높아져 기체의 부피가 커지므로 과자 봉지가 부풀어 오른다.

---

1 ⑤ 압력은 일정한 면적에 작용하는 힘으로, 작용하는 힘의 크기가 클수록 크고 힘이 작용하는 면적이 좁을수록 크다.

바로 알기 | ① (가)와 (나)는 힘이 작용하는 면적이 같고, 작용하는 힘의 크기는 (나)가 (가)보다 크므로 (나)가 (가)보다 스펀지가 깊게 눌린다.

② 작용하는 힘의 크기는 (나)<(다)이다.

③ (가)와 (나)를 비교하면 작용하는 힘의 크기가 압력에 미치는 영향을 알 수 있다.

④ (나)와 (다)를 비교하면 힘이 작용하는 면적이 압력에 미치는 영향을 알 수 있다.

2 ①, ②, ③, ⑤ 힘이 작용하는 면적을 좁혀 압력을 크게 하는 경우이다.

바로 알기 | ④ 눈썰매는 힘이 작용하는 면적을 넓혀 압력을 작게 하는 경우이다.

3 ㄱ, ㄴ. 기체의 압력은 모든 방향으로 작용하며, 기체 입자가 운동하여 용기 벽에 충돌해서 힘을 가하기 때문에 나타난다.

바로 알기 | ㄷ. 일정한 부피에서 기체 입자가 용기 벽에 충돌하는 횟수가 많을수록 기체의 압력이 커진다.

4 **바로 알기** | ①, ③ 축구공에 기체를 넣으면 축구공 속 기체 입자의 개수가 많아지므로 기체 입자가 축구공 안쪽 벽에 충돌하는 횟수가 증가하여 축구공 속 기체의 압력이 커진다.

5 ⑤ 기체 입자가 끊임없이 운동하면서 물체에 충돌해 힘을 가하기 때문에 기체의 압력이 나타난다. 에어백, 풍선 놀이 틀, 구조용 공기 안전 매트는 모두 기체가 차면서 압력이 커져 부풀어 오르는 것을 이용한다.

6 ⑤ 온도가 일정할 때 일정량의 기체의 압력과 부피의 곱은 일정하다.

바로 알기 | ① $1 \times 30 = 2 \times \bigcirc = 3 \times 10$이 성립하여 $\bigcirc$은 15이다.

② 일정한 온도에서 일정량의 기체의 압력과 부피는 반비례한다.

③ 기체에 압력을 가해도 기체 입자의 개수는 변하지 않는다.

④ 온도가 일정할 때 일정량의 기체의 압력이 증가하면 기체의 부피는 감소한다.

7 ② 실험 결과 일정한 온도에서 일정량의 기체의 압력과 부피는 반비례한다.

8 ② 주사기의 피스톤을 누르면 주사기 속 기체 입자 사이의 거리가 감소하고, 기체의 부피가 감소한다.

9 ① 일정한 온도에서 일정량의 기체의 압력과 부피는 반비례하므로 압력과 부피를 곱한 값은 일정하다. 따라서 $1 \times 40 = \bigcirc \times 20 = 4 \times \bigcirc$이 성립하여 $\bigcirc$은 10, $\bigcirc$은 2이다.

④ 기체의 압력은 A<B<C이고 기체의 부피는 A>B>C이므로 기체 입자의 충돌 횟수는 A<B<C이다.

바로 알기 | ② 일정한 온도에서 일정량의 기체의 압력과 부피는 반비례한다.

③ 기체 입자의 개수는 일정하므로 A=B=C이다.

⑤ 기체의 부피는 A>B>C이므로 기체 입자 사이의 거리는 A>B>C이다.

10 ㄱ. 실린더 속 기체의 압력은 (가)<(나)<(다)이다.

ㄴ. 실린더 속 기체 입자의 충돌 횟수는 (가)<(나)<(다)이다.

바로 알기 | ㄷ. 실린더 속 기체의 부피는 (가)>(나)>(다)이다.

11 ② 높은 산에 올라가면 과자 봉지에 가하는 압력이 작아져 과자 봉지 속 기체의 부피가 커지므로 과자 봉지가 부풀어 오른다.

바로 알기 | ①, ④, ⑤는 힘이 작용하는 면적에 따른 압력, ③은 기체의 압력으로 설명할 수 있는 현상이다.

12 압력이 일정할 때 일정량의 기체의 부피는 온도가 높아지면 일정한 비율로 증가한다.

ㄴ. 온도는 (가)<(나)<(다)이므로 기체 입자의 충돌 세기는 (가)<(나)<(다)이다.

ㄷ. 기체의 부피는 (가)<(나)<(다)이므로 기체 입자 사이의 거리는 (가)<(나)<(다)이다.

바로 알기 | ㄱ. 온도는 (가)<(나)<(다)이므로 기체 입자 운동의 빠르기는 (가)<(나)<(다)이다.

13 ㄴ, ㄷ, ㄹ. 온도가 낮아지면 고무풍선 속 기체 입자 운동의 빠르기와 기체 입자의 충돌 세기가 감소하여 기체 입자 사이의 거리가 감소하고 기체의 부피가 감소한다.

바로 알기 | ㄱ. 기체 입자의 크기는 일정하다.

14 ①, ② 일정한 압력에서 일정량의 기체의 부피가 (가)<(나)<(다)이므로 온도는 (가)<(나)<(다)이다.

③ 실린더에 일정량의 기체가 들어 있으므로 기체 입자의 개수는 (가)=(나)=(다)이다.

④ 온도는 (가)<(나)<(다)이므로 기체 입자의 충돌 세기는 (가)<(나)<(다)이다.

바로 알기 | ⑤ 기체의 부피가 (가)<(나)<(다)이므로 기체 입자 사이의 거리는 (가)<(나)<(다)이다.

15 학생 A, B: 동전이 움직인 까닭은 빈 병 속 기체의 온도가 높아져 기체 입자의 운동이 활발해지므로 기체의 부피가 증가하기 때문이다.

실전 대비 BOOK

바로 알기 | 학생 C: 이 현상으로 기체의 온도와 부피 관계를 설명할 수 있다.

16 ③ 찌그러진 탁구공을 뜨거운 물에 넣으면 펴지는 것은 탁구공 속 온도가 높아져 기체의 부피가 증가하기 때문이다.
바로 알기 | ①, ②, ④, ⑤ 기체의 압력과 부피 관계로 설명할 수 있는 현상이다.

17 (1) (가)에서 쇠구슬은 페트병 안쪽 벽의 모든 방향으로 충돌하여 쇠구슬이 충돌하는 힘을 손바닥 전체에서 느낄 수 있으므로 기체의 압력은 모든 방향으로 작용한다는 것을 알 수 있다.
(2) (다)에서 기체 입자의 개수가 많을수록 기체 입자의 충돌 횟수가 증가하여 기체의 압력이 커진다는 것을 알 수 있다.

18 피스톤을 잡아당기면 기체의 부피가 커져 기체 입자 사이의 거리가 멀어지고 기체 입자가 주사기 벽에 충돌하는 횟수가 줄어든다. 이때 기체 입자의 개수, 기체 입자 운동의 빠르기는 변하지 않는다.

19 (1) (가)는 기체의 압력과 부피 관계로 설명할 수 있다. 뽁뽁이로 포장하면 외부 압력에 의해 뽁뽁이 속 기체의 부피가 줄어들면서 유리컵이 잘 깨지지 않는다.
(2) (나)는 기체의 온도와 부피 관계로 설명할 수 있다. 피펫을 감싸 쥐면 피펫 속 기체의 온도가 높아져·부피가 증가하기 때문에 남은 용액이 빠져나온다.

20 (가)는 일정한 온도에서 일정량의 기체의 압력과 부피가 반비례하는 보일 법칙, (나)는 일정한 압력에서 일정량의 기체의 온도와 부피가 일정한 비율로 증가하는 샤를 법칙을 나타낸 것이다.
• (가)로 설명할 수 있는 현상의 예: 하늘 높이 올라갈수록 헬륨 풍선이 점점 커진다. 잠수부가 내뿜은 공기 방울은 수면으로 올라갈수록 점점 커진다. 공기 주머니가 있는 운동화는 발바닥에 전해지는 충격을 줄여 준다. 높은 산에 올라가면 과자 봉지가 부풀어 오른다. 비행기가 이륙할 때 귀가 먹먹해진다. 소스가 담긴 용기를 누르면 내용물이 나온다. 점핑 볼이나 공기 침대에 올라가면 부피가 감소한다. 압축 천연가스 버스의 가스통에는 높은 압력을 가하여 부피를 줄인 천연가스가 들어 있다.
• (나)로 설명할 수 있는 현상의 예: 햇빛이 비치는 곳에 과자 봉지를 두면 과자 봉지가 부풀어 오른다. 열기구의 풍선 속 기체를 가열하면 풍선이 부풀어 오르면서 위로 떠오른다. 찌그러진 탁구공을 뜨거운 물에 넣으면 펴진다. 오줌싸개 인형의 머리에 뜨거운 물을 부으면 인형에서 물이 나온다. 물 묻힌 동전을 빈 병 입구에 올려놓고 병을 두 손으로 감싸 쥐면 동전이 움직인다. 날씨가 추워지면 자동차 타이어가 수축한다. 추운 겨울에 헬륨 풍선을 들고 밖으로 나가면 풍선이 쭈그러든다. 물이 조금 담긴 생수병을 냉장고에 넣어 두면 생수병이 찌그러진다. 냉장고에서 꺼낸 밀폐 용기의 뚜껑이 잘 열리지 않는다.

실전 대비 2 회 132쪽~135쪽

1 ③	2 ①, ③	3 ⑤	4 ②, ④	5 ⑤	6 ④
7 ③	8 ②	9 ①, ②, ④	10 ②	11 ④	
12 ⑤	13 ③	14 ④	15 ⑤	16 ④	

17 기체의 압력은 기체 입자가 운동하여 용기 벽에 충돌해서 힘을 가하기 때문에 나타난다.

18 피스톤을 누르면 주사기 속 기체의 부피가 감소하여 기체 입자의 충돌 횟수가 증가하므로 주사기 속 기체의 압력이 증가하여 고무풍선의 부피가 감소한다.

19 (가) → (나) → (다) 과정에서 증가하는 것은 기체의 압력, 기체 입자의 충돌 횟수이고, 일정한 것은 기체 입자의 개수, 기체 입자 운동의 빠르기이다.

20 (1) A는 '온도를 낮춤'이다. 압력이 일정할 때 일정량의 기체의 온도를 낮추면 기체 입자 운동의 빠르기가 감소하여 충돌 세기와 횟수가 감소하므로 기체의 부피가 작아진다.
(2) B는 '온도를 높임'이다. 압력이 일정할 때 일정량의 기체의 온도를 높이면 기체 입자 운동의 빠르기가 증가하여 충돌 세기와 횟수가 증가하므로 기체의 부피가 커진다.

1 ④ (가)와 (나)는 작용하는 힘의 크기가 같고 힘이 작용하는 면적이 다르므로, (가)와 (나)를 비교하면 힘이 작용하는 면적과 압력의 관계를 알 수 있다.
⑤ (나)와 (다)는 힘이 작용하는 면적은 같고 작용하는 힘의 크기가 다르므로, (나)와 (다)를 비교하면 작용하는 힘의 크기와 압력의 관계를 알 수 있다.
바로 알기 | ③ 스펀지가 깊게 눌릴수록 스펀지에 작용하는 압력은 크다. 압력은 작용하는 힘의 크기가 클수록, 힘이 작용하는 면적이 좁을수록 크다. 작용하는 힘의 크기는 (가)=(나)이고, 힘이 작용하는 면적은 (가)<(나)이므로 압력은 (가)>(나)이다. 또한 작용하는 힘의 크기는 (나)<(다)이고, 힘이 작용하는 면적은 (나)=(다)이므로 압력은 (다)>(나)이다. (가)와 (다)는 작용하는 힘의 크기와 힘이 작용하는 면적을 알아야 비교할 수 있다.

2 ①, ③ 힘이 작용하는 면적을 넓혀 압력을 작게 하여 이용한 예이다.
바로 알기 | ②는 기체의 압력을 이용한 예이고, ④와 ⑤는 힘이 작용하는 면적을 좁혀 압력을 크게 하여 이용한 예이다.

3 ㄱ, ㄴ, ㄷ. 축구공에 기체를 넣으면 축구공 속 기체 입자의 개수가 증가하여 기체 입자가 축구공 안쪽 벽에 충돌하는 횟수가 증가하고 모든 방향으로 운동하여 기체의 압력을 가하므로 축구공이 팽팽해진다.

4 ② 기체의 압력은 일정한 면적에 기체 입자가 충돌해서 가하는 힘으로, 기체 입자가 운동하여 용기 벽에 충돌해서 힘을 가하기 때문에 나타난다.
바로 알기 | ① 기체의 압력은 모든 방향으로 작용한다.
③ 용기의 부피가 일정할 때 용기 속 기체 입자가 용기 벽에 충돌하는 횟수가 적을수록 기체의 압력이 작다.
⑤ 일반적으로 공기의 압력은 위로 올라갈수록 작아진다.

5 ㄴ. 기체의 압력은 기체 입자가 운동하여 용기 벽에 충돌해서 힘을 가하기 때문에 나타난다.
ㄷ. 용기의 부피가 일정할 때 용기 속에 들어 있는 기체 입자의 개수가 많을수록 충돌 횟수가 많아 기체의 압력이 크다.
바로 알기 | ㄱ. 기체 입자는 모든 방향으로 운동하지만 이 실험 결과로는 알 수 없다.

6 ④ 온도가 일정할 때 일정량의 기체의 압력과 부피는 반비례한다.

바로 알기 | ① 기체의 압력과 부피를 곱한 값은 일정하므로 ㉠은 3, ㉡은 15이다.

② 피스톤을 눌러도 공기 입자의 개수는 일정하다.

③ 피스톤을 누르면 주사기 속 기체의 부피는 작아진다.

⑤ 주사기 속 기체 입자가 피스톤 벽에 충돌하는 횟수는 1 기압일 때가 2 기압일 때보다 적다.

7 ㄱ, ㄴ. 기체 입자의 개수는 A~C에서 모두 같고, 일정한 온도에서 일정량의 기체의 압력과 부피는 반비례하므로 압력과 부피를 곱한 값은 일정하다.

바로 알기 | ㄷ. 온도가 일정하므로 기체 입자 운동의 빠르기는 A~C에서 모두 같다.

8 **바로 알기 |** ㄴ, ㄹ. 실린더 속 기체의 압력이 감소하므로 기체의 부피는 증가하고, 기체 입자의 충돌 횟수가 감소한다.

9 ①, ②, ④ 감압 용기 속 공기를 빼내면 용기 속 기체 입자의 개수가 감소하여 충돌 횟수가 감소하고 기체의 압력이 작아지므로 과자 봉지 속 기체에 작용하는 압력이 작아진다.

바로 알기 | ③ 과자 봉지 속 기체의 부피는 증가한다.

⑤ 온도가 일정하므로 과자 봉지 속 기체 입자 운동의 빠르기는 일정하다.

10 ② 온도가 일정할 때 일정량의 기체의 압력과 부피는 반비례한다.

바로 알기 | ①은 확산, ③은 샤를 법칙, ④는 힘이 작용하는 면적에 따른 압력, ⑤는 기체 입자의 개수와 압력으로 설명할 수 있다.

11 ㄴ, ㄷ. 물의 온도가 높아질수록 스포이트 속 기체의 부피가 증가하므로 물방울의 위치가 높아진다.

바로 알기 | ㄱ. 물방울 위치는 (가)<(나)<(다)이므로 물의 온도는 (가)<(나)<(다)이다.

12 ⑤ 압력이 일정할 때 일정량의 기체의 부피는 온도가 높아지면 일정한 비율로 증가하며, 0 ℃에서 기체의 부피는 0이 아니다.

13 **바로 알기 |** ①, ②, ⑤ 압력이 일정할 때 일정량의 기체의 온도가 높아지면 기체의 부피가 일정한 비율로 증가하고 기체 입자 사이의 거리와 충돌 세기는 증가한다.

④ (가)~(다)에서 기체 입자의 개수는 일정하다.

14 ㄴ, ㄷ. 기체의 온도가 높아져 기체 입자 운동의 빠르기가 증가하고, 기체 입자가 실린더 안쪽 벽에 충돌하는 세기가 증가하므로 기체 입자 사이의 거리와 기체의 부피가 증가한다.

바로 알기 | ㄱ. 기체의 온도가 높아지므로 기체 입자의 충돌 세기는 증가한다.

15 제시한 현상은 기체의 온도와 부피 관계로 설명할 수 있다.

ㄴ. 열기구의 풍선 속 기체를 가열하면 풍선 속 기체의 부피가 커지면서 일부 기체가 밖으로 빠져나와 열기구가 가벼워지므로 위로 떠오른다.

ㄷ. 손으로 피펫 윗부분을 막고 중간을 감싸 쥐면 피펫 속 기체의 부피가 증가하여 끝에 남아 있는 액체가 빠져나온다.

바로 알기 | ㄱ. 점핑 볼을 누르면 점핑 볼 속 기체에 가하는 압력이 증가하므로 점핑 볼의 부피가 감소한다. 이는 기체의 압력과 부피 관계로 설명할 수 있다.

16 (나), (다), (마)는 기체의 압력과 부피 관계를 보일 법칙으로 설명할 수 있고, (가), (라)는 기체의 온도와 부피 관계를 샤를 법칙으로 설명할 수 있다.

17 기체의 압력은 일정한 면적에 기체 입자가 충돌해서 가하는 힘으로, 기체 입자가 운동하여 용기 벽에 충돌하여 힘을 가하기 때문에 나타난다.

18 주사기의 피스톤을 누르면 주사기 속 기체의 부피가 감소하여 기체 입자 사이의 거리가 가까워지고 충돌 횟수가 증가하므로 주사기 속 기체의 압력이 증가한다. 따라서 고무풍선의 크기가 작아진다.

19 (가) → (나) → (다) 과정에서 기체의 압력이 증가하므로 기체의 부피가 감소하여 기체 입자 사이의 거리가 감소하고 충돌 횟수는 증가한다. 이때 기체 입자의 크기와 개수, 질량과 입자 운동의 빠르기는 일정하다.

20 (1) 압력이 일정할 때 일정량의 기체의 온도를 낮추면 기체 입자 운동의 빠르기가 감소하여 충돌 세기와 횟수가 감소하므로 기체의 부피가 작아진다.

(2) 압력이 일정할 때 일정량의 기체의 온도를 높이면 기체 입자 운동의 빠르기가 증가하여 충돌 세기와 횟수가 증가하므로 기체의 부피가 커진다.

Ⅶ. 태양계

실전 대비 1 회
136 쪽~139 쪽

1 ④	**2** ②, ④	**3** ②	**4** ③	**5** ①	**6** ②
7 ⑤	**8** ①, ④	**9** ②	**10** ③	**11** ⑤	**12** ②
13 ①	**14** ⑤	**15** ①	**16** ②		

17 코로나의 크기가 커지고, **홍염**과 플레어가 더 자주 발생한다.

18 (1) 낮과 밤이 반복된다. 천체의 일주 운동이 나타난다.

(2) 태양의 연주 운동이 나타난다. 계절별로 보이는 별자리가 달라진다.

19 (1) (가) C, D, (나) A, B

(2) (가) 집단에 해당하는 행성들은 표면이 단단한 암석으로 이루어져 있고, 고리가 없다. (나) 집단에 해당하는 행성들은 표면이 기체로 이루어져 있고, 고리가 있다.

20 (1) B, 일식은 태양, 달, 지구 순으로 일직선상에 놓여 달이 태양을 가려 태양의 전체 또는 일부가 보이지 않게 되면서 일어난다.

(2) D, 월식은 지구에서 밤이 되는 모든 지역에서 볼 수 있다.

1 태양계에는 태양, 행성, 위성, 소행성, 왜소 행성, 혜성 등이 있다. 북극성은 태양계 밖에 있는 별이다.

2 그림은 화성의 모습이다. 화성은 극지방에 얼음과 드라이아이스로 이루어진 흰색의 극관이 있고, 표면에 과거에 물이 흘렀던 흔적이 있다.

바로 알기 | ① 화성은 2 개의 위성(포보스와 데이모스)이 있다.

③ 화성은 고리가 없다.

⑤ 태양계 행성 중 크기가 가장 큰 행성은 목성이다.

3 A는 지구형 행성이고, B는 목성형 행성이다. 수성, 금성, 지구, 화성은 지구형 행성에 속하고, 목성, 토성, 천왕성, 해왕성은 목성형 행성에 속한다. 목성형 행성은 지구형 행성보다 태양으로부터 멀리 떨어져 있으며, 목성형 행성은 고리가 있고 위성 수가 많다.

4 A는 보조 망원경, B는 접안렌즈, C는 균형추이다. 보조 망원경은 관측하려는 천체를 찾을 때 사용되고, 접안렌즈는 상을 확대하여 눈으로 볼 수 있게 하는 렌즈이며, 균형추는 망원경의 균형을 잡아주는 추이다.

5 A는 흑점, B는 코로나, C는 채층이다. 태양 활동이 활발할 때 흑점의 수가 많아지고, 코로나의 크기가 커진다. 태양의 대기는 달에 의해 태양의 광구가 완전히 가려질 때 잘 관측된다.

6 주어진 자료는 태양 활동이 활발할 때 나타나는 현상들이다. 태양 활동이 활발해지면 지구에서는 전파 신호 방해를 받아 무선 전파 통신 장애가 발생한다.

7 북쪽 하늘에서 별들은 북극성을 중심으로 1 시간에 15°씩 시계 반대 방향으로 회전하므로, 북두칠성이 움직인 방향은 B → A이고, A와 B 시간 차이는 3 시간이다.

8 **바로 알기 |** ② 지구의 자전으로 천체가 동쪽에서 서쪽으로 원을 그리며 도는 것처럼 보이는 천체의 겉보기 운동을 천체의 일주 운동이라고 한다.
③ 지구는 하루에 한 바퀴씩 서쪽에서 동쪽으로 자전한다.
⑤ 우리나라 북쪽 하늘에서 관측한 별은 북극성을 중심으로 시계 반대 방향으로 도는 것처럼 보인다.

9 (가)는 동쪽 하늘, (나)는 남쪽 하늘, (다)는 서쪽 하늘을 관측한 모습이다. 우리나라에서 관측할 때 동쪽 하늘에서는 별이 오른쪽으로 비스듬히 떠오르고 서쪽 하늘에서는 오른쪽으로 비스듬히 진다. 남쪽 하늘에서는 지평선과 거의 나란하게 동쪽에서 서쪽으로 이동한다.

10 태양이나 별자리는 고정되어 있지만, 지구의 공전으로 지구에 있는 관측자가 볼 때 태양이 별자리 사이를 이동하는 것처럼 보인다.
③ 지구는 태양을 중심으로 1 년에 360°를 공전하므로 하루에 약 1°씩 이동한다.
바로 알기 | ① 태양의 연주 운동은 지구의 공전에 의해 나타나는 현상이다.
②, ④ 태양이 별자리 사이를 서쪽에서 동쪽으로 이동하여 1 년 후 처음 위치로 되돌아오는 것처럼 보이는 현상을 태양의 연주 운동이라고 한다.
⑤ 태양은 황도 12궁의 별자리를 한 달에 1 개씩 지나간다.

11 ㄴ, ㄷ, ㄹ. 지구가 공전하기 때문에 태양은 별자리를 기준으로 하루에 약 1°씩 서 → 동으로 이동하는 것처럼 보이며, 별자리는 태양을 기준으로 하루에 약 1°씩 동 → 서로 이동하는 것처럼 보인다.
바로 알기 | ㄱ. 관측한 순서는 (가) → (다) → (나)이다.

12 지구가 A 위치에 있을 때 태양은 사자자리를 지나며, 한밤중에 남쪽 하늘에서는 태양의 반대 방향에 있는 물병자리(=6 개월 후 별자리)가 보인다.

13 하현은 달과 태양이 지구를 중심으로 직각을 이루어 달의 왼쪽이 밝은 반달로 보이는 위치로 A이다.

14 D는 달이 태양의 반대 방향에 있을 때이므로 달의 앞면 전체가 보이는 보름달로 보인다.

15 개기일식은 달이 태양 전체를 가리는 지역인 A에서 관측 가능하고, 부분일식은 달이 태양의 일부를 가리는 지역인 B에서 관측 가능하다.

16 ㄴ. 월식이 일어날 때 달은 왼쪽부터 가려진다.
바로 알기 | ㄱ. 달이 B에 위치할 때는 망일 때이다.
ㄷ. 월식은 지구에서 보았을 때 달이 지구의 그림자에 가려지는 현상이므로 C에서는 월식이 일어나지 않는다.

17 A 시기는 태양의 흑점 수가 많은 시기로 태양 활동이 활발한 시기이다. 태양 활동이 활발해지면 코로나의 크기가 커지고 홍염과 플레어가 자주 발생한다.

18 낮과 밤이 반복되는 것과 천체의 일주 운동은 지구의 자전으로 나타나는 현상이다. 태양이 별자리 사이를 이동하는 것처럼 보이는 것과 계절에 따라 지구에서 볼 수 있는 별자리가 달라지는 것은 지구가 태양을 중심으로 공전하기 때문이다.

19 A는 목성, B는 토성, C는 화성, D는 수성이다. A와 B는 목성형 행성에 속하고, C와 D는 지구형 행성에 속한다. 지구형 행성은 단단한 표면이 있고 목성형 행성은 단단한 표면이 없고 기체로 이루어져 있으며, 지구형 행성은 고리가 없고 목성형 행성은 고리가 있다.

20 일식은 달이 공전하여 태양의 앞을 지나갈 때 일어나고, 월식은 달이 공전하여 지구의 그림자 속에 들어갈 때 일어난다.

실전 대비 2 회
140 쪽~143 쪽

1 ④	2 ⑤	3 ②	4 ②	5 ④	6 ⑤
7 ②	8 ①	9 ①	10 ④	11 ②	12 ②, ⑤
13 ②	14 ④	15 ③	16 ①		

17 A 집단은 지구형 행성, B 집단은 목성형 행성이다. 수성, 금성, 지구, 화성은 A 집단에 속하고, 목성, 토성, 천왕성, 해왕성은 B 집단에 속한다.
18 흑점, 주변보다 온도가 낮기 때문이다.
19 (1) (나) → (가) → (다)
(2) 지구가 공전하기 때문이다.
20 달이 공전하기 때문이다.

---

1 소행성은 태양을 중심 공전하는 모양이 불규칙한 천체로, 주로 화성과 목성 궤도 사이에서 띠를 이루어 분포한다.

2 **바로 알기 |** ⑤ 대기가 거의 없어 낮과 밤의 표면 온도 차가 크고 표면에 충돌 구덩이가 많은 행성은 수성이다.

3 지구형 행성은 질량과 반지름이 작고, 표면이 단단한 암석으로 이루어진 행성이다. 목성형 행성은 질량과 반지름이 크고, 단단한 표면이 없고 기체로 이루어져 있다.
바로 알기 | ㄴ. (가)는 목성형 행성, (나)는 지구형 행성이다.
ㄷ. 토성은 목성형 행성인 (가)에 해당한다.

4 평평한 곳에 삼각대를 세운 뒤 망원경을 조립하고 균형을 맞춘 다음, 보조 망원경으로 천체의 위치를 찾은 뒤 접안렌즈를 보며 천체를 관측한다.

5 (가)는 쌀알 무늬, (나)는 홍염, (다)는 코로나, (라)는 플레어이다.
바로 알기 | ④ 코로나의 온도는 100만 ℃ 이상으로 매우 높다.

6 ⑤ A 시기는 B 시기보다 흑점 수가 많고 태양 활동이 더 활발하다. 태양 활동이 활발해지면 강한 태양풍이 위성 위치 확인 시스템(GPS)을 교란시켜 위치 정보를 받는 것을 방해한다.
바로 알기 | ① 흑점 수는 약 11 년을 주기로 증감한다.
② 흑점 수가 많을수록 태양 활동이 활발하므로 태양 활동이 더 활발한 시기는 A 시기이다.
③ 태양 활동이 활발하면 태양에서 전기를 띤 입자가 많이 방출되므로 B 시기보다 A 시기에 태양에서 전기를 띤 입자가 더 많이 방출된다.
④ 태양 활동이 활발하면 오로라가 더 넓은 지역에서 더 자주 나타나므로 B 시기보다 A 시기에 오로라를 볼 수 있는 지역이 더 넓었을 것이다.

7 ㄴ. 지구는 하루(24 시간) 동안 360°를 자전하므로 북쪽 하늘의 별들은 북극성을 중심으로 1 시간에 15°씩 시계 반대 방향으로 회전한다. 따라서 4 시간 동안 북두칠성이 이동한 각도(θ)는 15°/시간×4 시간 =60°이다.
바로 알기 | ㄱ, ㄷ. 지구의 자전으로 별들은 북극성을 중심으로 시계 반대 방향으로 회전한다. 따라서 북두칠성은 C → A 방향으로 이동했다.

8 ㄱ, ㄴ. 낮과 밤의 반복, 별의 일주 운동은 지구의 자전으로 나타나는 현상이다.
바로 알기 | ㄷ, ㄹ. 태양이 별자리를 배경으로 이동하는 것처럼 보이는 현상인 태양의 연주 운동과 계절별로 관측되는 별자리가 달라지는 것은 지구가 태양을 중심으로 공전하여 나타나는 현상이다.

9 ② 지구가 A 위치에 있을 때 태양은 물고기자리를 지난다.
③ 지구가 A 위치에 있을 때 한밤중에 남쪽 하늘에서는 태양이 지나는 방향의 반대편에 위치한 처녀자리가 보인다.
④ 지구의 공전으로 태양은 서쪽에서 동쪽으로 연주 운동하며 황도 12궁의 별자리를 한 달에 1 개씩 지나므로 한 달 후에 태양은 양자리를 지난다.
⑤ 지구가 서쪽에서 동쪽으로 공전함에 따라 태양이 서쪽에서 동쪽으로 이동하는 것처럼 보인다.
바로 알기 | ① 지구가 A 위치에 있을 때 태양은 물고기자리를 지나므로 이때는 4 월이다.

10 12 월에 태양은 전갈자리를 지나고, 지구에서는 태양의 반대편에 있는 황소자리를 한밤중에 남쪽 하늘에서 볼 수 있다.

11 지구의 자전으로 천체가 동쪽에서 서쪽으로 원을 그리며 도는 것처럼 보이는 천체의 겉보기 운동을 천체의 일주 운동이라고 한다. 지구의 공전으로 태양이 별자리를 배경으로 서쪽에서 동쪽으로 이동하여 1 년 후 처음 위치로 되돌아오는 운동을 태양의 연주 운동이라고 한다.

12 ① 달이 태양과 같은 방향에 있는 A일 때는 삭이다.
③ 달이 E에 있을 때는 달이 태양 반대편에 위치하여 달의 앞면 전체가 보인다.
④ 달이 G에 있을 때는 하현으로 달의 왼쪽이 밝은 반달인 하현달로 보인다.
바로 알기 | ② 음력 2 일~3 일경에는 초승달, 음력 7 일~8 일경에는 상현달, 음력 15 일경에는 보름달, 음력 22 일~23 일경에는 하현달이 보인다.

⑤ 달이 H에 있을 때는 그믐달을 볼 수 있다. 초승달을 볼 수 있는 달의 위치는 B이다.

13 달이 C의 위치에 있을 때는 오른쪽 반원이 밝은 상현달을 볼 수 있다.

14 (가)는 상현달, (나)는 보름달, (다)는 하현달이다.
④ (가)는 음력 7 일~8 일경에 관측할 수 있고, (다)는 음력 22 일~23 일경에 관측할 수 있으므로 음력 날짜 순으로 (가)는 (다)보다 먼저 관측되었다.
바로 알기 | ① (가)는 달과 태양이 지구를 중심으로 직각을 이루어 오른쪽 반원이 밝은 반달로 보일 때 관측된다.
② (나)는 보름달로, 달이 태양의 반대 방향에 있는 망의 위치에서 보인다.
③ (다)는 왼쪽 반원이 밝은 반달인 하현달이다. 상현달은 오른쪽 반원이 밝은 반달인 (가)이다.
⑤ 초승달은 달이 삭과 상현 사이에 위치할 때 관측된다. (가)와 (나) 사이에서는 상현달에서 왼쪽 부분이 부푼 모양의 달이 관측된다.

15 ③ 달이 D에 위치할 때는 개기월식이 일어나고, 달이 E에 위치할 때는 부분월식이 일어난다.
바로 알기 | ① 달의 위치가 삭일 때 일식이, 달의 위치가 망일 때 월식이 일어날 수 있다.
② A에서는 개기일식이, B에서는 부분일식이 관측된다.
④ 일식은 달의 그림자가 생기는 지역에서만 볼 수 있고, 월식은 지구에서 밤인 지역 어디에서나 볼 수 있다. 따라서 월식이 일식보다 관측 가능한 지역이 더 넓다.
⑤ 달이 C에서 D로 진행할 때는 달의 왼쪽부터 서서히 가리기 시작한다.

16 ㄱ. 일식은 달이 공전하여 태양의 앞을 지나감에 따라 태양의 오른쪽(서쪽)부터 가려지고, 오른쪽(서쪽)부터 빠져나온다.
바로 알기 | ㄴ. 일식은 달의 위상이 삭일 때 일어난다.
ㄷ. 달이 지구의 그림자에 가려져서 나타나는 현상은 월식이다.

17 지구형 행성인 A 집단에는 질량과 반지름이 작은 수성, 금성, 지구, 화성이 해당하고, 목성형 행성인 B 집단에는 질량과 반지름이 큰 목성, 토성, 천왕성, 해왕성이 해당한다.

18 흑점은 온도가 약 4000 ℃로 주변보다 약 2000 ℃ 낮아 어둡게 보인다.

19 태양이 진 직후 서쪽 하늘의 별자리를 관측해 보면, 별자리는 태양을 기준으로 동쪽에서 서쪽으로 움직이는 것처럼 보인다. 이러한 별자리의 움직임은 지구가 공전하기 때문에 나타나는 겉보기 운동이다.

20 달이 공전하기 때문에 매일 같은 시각에 관측한 달의 위치와 모양이 변한다.

오답 노트
정리 방법

① 오답 노트 정리가 왜 필요할까?

- 내가 자주 틀리는 문제를 알 수 있어요.
- 문제를 분석하는 방법을 익힐 수 있어요.
- 복습하는 습관을 기를 수 있어요.

② 어떤 문제를 고를까?

☑ 자주 틀리는 문제

☑ 틀린 문제 중 틀린 까닭을 모르는 문제

☑ 틀린 문제 중 개념을 잘 모르는 문제

유의할 점

- 모든 틀린 문제의 오답 노트를 만들 필요는 없어요!
- 다른 해설을 그대로 베끼는 것은 효과가 떨어져요!

③ 과학 오답 노트 정리 방법

> 문제를 붙여요.

⬇

> 발문을 이해해요. 모르는 용어는 찾아서 적어요.

⬇

> 과학은 자료 해석이 중요해요. 그림 자료나 표 등, 제시된 자료에 분석 내용을 적어요.

⬇

> 해설을 읽고 풀이를 이해한 후, 그대로 쓰는 것이 아니라 나의 방식으로 풀이를 적어요.

⬇

> 메모에 이 문제에서 기억해야 할 사항을 적어요.

날짜 : 20○○년 9월 17일	단원 : V. 힘의 작용

문제 :

☆ 빈출

025 중

┌ 두 힘의 방향이 반대 ┐

그림은 나무 도막에 동쪽으로 2 N의 힘과 서쪽으로 6 N의 힘을 동시에 작용하고 있는 모습을 나타낸 것이다.

나무 도막에 작용하는 <u>알짜힘의 방향과 크기</u>를 옳게 짝 지은 것은?
= 두 힘의 합력의 방향과 크기

	방향	크기		방향	크기
①	동쪽	2 N	②	동쪽	4 N
③	서쪽	2 N	④	서쪽	4 N
⑤	북쪽	6 N			

틀린 까닭 : 알짜힘의 방향을 잘 이해하지 못하였다.

풀이 :

알짜힘의 방향과 크기는 두 힘의 합력의 방향과 크기를 구하면 된다.

· 나무 도막에 작용하는 두 힘의 방향이 반대이다.

· 합력의 방향: 큰 힘의 방향이므로 서쪽이다.

· 합력의 크기: 큰 힘 – 작은 힘이므로
  6 N – 2 N = 4 N이다.

· 나무 도막에는 서쪽으로 4 N의 알짜힘이 작용한다.

메모 : · 반대 방향으로 작용하는 두 힘에서
  ┌ 합력의 크기: 큰 힘 – 작은 힘
  └ 합력의 방향: 큰 힘의 방향

날짜 :　　　년　　　월　　　일　　　　　　　**단원 :**

문제 :　　　　　　　　　　　　　　　　　　**풀이 :**

틀린 까닭 :　　　　　　　　　　　　　　　**메모 :**

날짜 :　　　년　　　월　　　일　　　　　　　**단원 :**

문제 :　　　　　　　　　　　　　　　　　　**풀이 :**

틀린 까닭 :　　　　　　　　　　　　　　　**메모 :**

오답 노트

| 날짜 :   년   월   일 | 단원 : |

문제 :

풀이 :

틀린 까닭 :

메모 :

| 날짜 :   년   월   일 | 단원 : |

문제 :

풀이 :

틀린 까닭 :

메모 :

완자 기출 PICK   완자가 pick한 내신 기출의 모든 것, 내신 필수템!

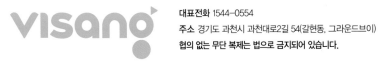

대표전화 1544-0554
주소 경기도 과천시 과천대로2길 54(갈현동, 그라운드브이)
협의 없는 무단 복제는 법으로 금지되어 있습니다.